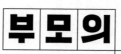

THE ART OF TALKING WITH CHILDREN

부모의 문답법

리베카 롤런드 지음
이은경 옮김

아이의 마음이 보이는 하버드 대화법 강의

The Art of
Talking with Children

우리 아이, 왜 저렇게 말할까?

윌북

차례

아이와의 대화가 막힌다고 느끼는 부모라면

"숙제했니? 학원은 다녀왔어? 알림장 가져와봐."

　우리는 부모의 역할을 해내기 바쁜 나머지, 아이와 친밀한 관계를 만들기 위한 대화를 소홀히 할 때가 많습니다. 아이의 마음과 생각이 궁금할 겨를도 없이 그저 스쳐 지나가는 말들만 나누는 거지요. 공감과 이해는 뒷전으로 미룬 채 일정과 결과만 확인하는 업무적 대화가 일상이 되었다는 사실을 문득 자각하는 날이면 이런 걱정이 들곤 합니다.

"앞으로도 영원히 이런 대화만 하게 되는 건 아닐까?"

　『부모의 문답법』은 바로 그런 걱정을 깨주는 책입니다. 일상 속에서 아이와 유대감을 형성하고 서로를 알아가는 대화를 어떻게 풀어나가면 좋을지 자세한 방법을 알려주기 때문이지요. 하버드대학교에서 교육학을 전공한 저자는 언어학자로서 연구한 학문적 고찰과 폭넓은 임상 실험 결과에 두 아이를 직접 양육한 경험까지 녹여내, 각자의 개성에 맞는 대화법을 쉽고도 명쾌하게 안내합니다.

아이와의 대화는 부모가 이끌어야 한다고 생각하는 경우가 많지만 이 책은 질문과 대답을 주고받으며 서로를 알아가는 쌍방향 대화법을 제시합니다. 우리 아이와 어떻게 대화를 풀어나갈지 막막한 부모라면 이 책을 이정표 삼아 대화의 방향을 찾을 수 있을 거예요. 저도 책을 읽으면서 "이런 상황에서 아이들은 이런 마음을 가지는구나, 내 아이는 어떻게 생각할지 궁금하네. 직접 물어봐야겠다"라고 다짐하게 되었거든요.

그렇다면 우리는 여태껏 어떤 화법으로 아이와 대화를 나누었을까요?

"아무래도 난 피아노를 못 치는 것 같아. 그만둘래."

"시작한 지 얼마 안 되지 않았어? 좀 더 해보고 얘기해."

피아노를 예로 들었지만 이런 대화는 무언가를 그만두겠다는 아이에게 하는 흔한 대답이라는 걸 아실 겁니다. 자신의 판단이 옳다는 믿음 때문에 아이의 성향을 간과하는 거지요. 물론 배움의 즐거움을 느끼려면 어느 정도 시간을 투자해야 하는 게 맞지만 그보다 먼저 우리 아이가 어떤 기질을 가졌는지 알아야 합니다. 아이들은 모두 다르니까요. 아이가 자신의 생각이나 주장을 말했을 때는 터무니없다고 생각하거나 반대부터 하기보다는 그 이유를 찬찬히 들어볼 필요가 있어요. 이럴 때 옳다고 생각한 방향으로 밀어붙이는 대신 대화의 물꼬를 틀 질문을 해보자는 저자의 제안은 무척 다정하면서도 유용합니다. "언제부터 그렇게 느꼈어?" "그럼 이거 말고 하고 싶은 게 있어? 이유는?" "지금 그만둬도 정말 괜찮을 것 같아? 혹시 놓치는 게 있다면 어떤 걸까?"처럼 이 책에는 아이의 마음에 한 걸음 더 다가갈 수 있는 의외의 질문들이 가득합니다.

아무리 아이와 가까운 사이라 해도 직접 물어보지 않으면 정확히 어떻게 생각하고 느끼는지 알 수 없어요. 모든 아이가 한 가지 면만 가지고 있는 것도 아니고요. 그렇기에 진정한 대화의 시작은 솔직한 생각을 나누는 것에서부터 시작합니다. 제가 그랬듯 여러분도 이 책을 통해 소극적이고 말수가 적은 아이, 천방지축인 아이, 낙천적인 아이, 이기적인 아이 등 저마다 다른 기질을 가진 아이와 어떻게 소통하면 좋을지에 대한 구체적인 팁을 얻을 수 있을 거예요.

아이도 부모도 모두 각기 다른 성향의 존재이기에 서로 간의 대화에 정답이란 없습니다. 『부모의 문답법』을 읽고 우리 아이의 성향에 맞는 대화법을 찾고 이를 실생활에 적용해 아이와 어제보다 가까운 사이가 되는 행운을 누리기 바랍니다.

윤지영

『엄마의 말 연습』『초등 자존감 수업』 저자

들어가며

내가 이 책에서 소개하고 싶은 것은 대화를 활용한 새로운 육아법이다. 여기서 '새로운'이란 과학적인 연구 결과를 바탕으로 아이의 정서적 성장을 돕는 대화 방법을 말한다. 내가 정리한 대화법은 아이의 잠재력을 꽃피우는 데 큰 영향을 미칠 것이다. 아동 발달의 일곱 가지 핵심 영역, 즉 학습, 공감, 자신감, 독립심, 인간관계, 놀이, 차이를 받아들이는 열린 마음, 기질을 다스리는 법에서 양질의 대화는 매우 중요하다.

지금부터 우리는 유아부터 10대 청소년에 이르는 아이들과의 더 나은 소통을 위한 전략적 대화법을 탐구해나갈 것이다. 모든 아이에게 동일하게 적용할 수 있는 한 가지 방법이 아니라 아이마다 다른 고유한 강점을 이끌어내는 데 초점을 맞추었다. 정확히 말하자면 '무엇'을 이야기할 것인가가 아니라 좋은 대화를 하는 '방법'을 익히는 것이 우선이다. 그 방법은 대부분 흔히 하는 대화 습관에서 시작된다. 대화 습관들은 완전한 소통으로 문을 열어준다. 책에서 소개하는 습관들은 연구를 거쳐 만들어졌으며 실생활에서 검증을 마친 방법이다. 이 대화 습관을 가진 가족은 서로가 이어져 있다는 느낌을 받기에 보다 화기애애하고 즐거운 일상을 함께 영위한다.

원래 천성이 사교적이거나 대화 기술을 익힌 사람이더라도 다른 의미에서 더 나은 소통 방식을 배울 수 있을 것이다. 아이를 돌보거나 치료하거나 가르치는 사람이라면 누구든지 말이다. 하지만 긍정적인 이야기만 나오진 않는다. 노력을 들여 소통하지 않을 때 어떤 일이 일어나는지에 대해서도 짚고 넘어갈 테니 말이다. 대화의 대부분이 농담과 피상적인 말인 이 시대를 살아가는 아이들에게는 그 어느 때보다도 진정한 소통이 필요하다. 이는 짜임이 완벽한 교향곡이라기보다는 재즈라고 생각하면 된다. 아무리 가족이라도 구성원은 저마다 다른 특성을 가진 사람이기 마련이고 소통하는 방법도 단 하나가 아니다.

한 챕터씩 읽어나가며 상세히 설명된 전략들을 열린 마음으로 받아들이고 흥미롭게 느껴지는 전략이 있다면 직접 시도해보기를 추천한다. 하버드대 심리학과 교수 로버트 케건이 학생들에게 말한 것처럼 아이디어를 구매한다기보다는 임대한다는 생각으로 직접 실천해보고 얼마나 잘 맞는지 확인해보자. 효과가 없는 전략도 있을 텐데 지극히 정상이다. 어떻게 보면 바람직한 일이기도 하다. 책에 나오는 모든 내용이 내게 딱 맞을 거라 생각한다면 핵심을 놓친 셈이다. 이 무수한 제안은 대본이 아닌 출발점으로 삼아야 한다. 가장 중요한 건 조금씩 변화를 만들어나가는 것이다.

이미 우리는 기진맥진하거나 녹초가 된 상태에서도 인내심과 사랑을 기울여 아이를 돌보고 있다. 양육은 힘든 일이다. 하나든 넷이든, 유치원생이든 사춘기 직전이든, 홀로 키우든 보호자가 많든, 알아야 할 정보는 끊임없이 생기고 그만큼 해야 할 일도 많다. 아이가 크는 모습을 바라볼 때면 이루 말할 수 없는 보람과 기쁨을 느끼지만 거기에는 셀 수 없이 많은 일상 스트레스가 따라붙어 있다. 어떻게 하면 아이를 성숙한 어른으로 키워낼지에 대한 장기적 과제도 따라온다. 하지만 양육 과정에서 찾아오는 어떤 고민이든 시작은 아이와 마음을 터놓고 이야기하는 것이다. 지금부터 나는 그 대화의 방법들을 소개하려 한다.

이상에 못 미치는 대화의 현실

두 아이를 재우고 청소를 마친 뒤 나는 남편 필립에게 말했다. "우리 오늘 분명 많이 말한 것 같은데 무슨 이야기를 했는데 기억이 안 나네." 필립은 평소처럼 솔직하게 "글쎄, 나도 모르겠네. 뭐 늘 하는 말이었겠지. 그러고 보니 진짜 기억이 안 난다"라고 대답했다.

바빴던 주말이 끝나갈 무렵, 나와 필립은 일요일이면 늘 그래왔듯 다음 주 일정을 계획했다. 월요일이 오기 전에 한 주의 계획을 미리 세워야 했다. 하지만 아무리 최선을 다해 계획해도 처리해야 할 일이 워낙 많은 탓에 늘 깜빡하는 부분이 생기곤 했다. 다른 가족들처럼 온갖 자잘한 일상에 파묻혀 평일이 지나갔고 주말도 마찬가지였다. 일주일을 돌아보며 생각할 시간 같은 건 거의 없었다. 그러던 어느 날 나는 부부끼리 혹은 아이들과 좀처럼 이야기를 나누지 못하고 있다는 사실을 자각했다.

내 직업을 고려했을 때 대화할 시간이 부족하다는 사실은 무척이나 아이러니했다. 나는 10년 넘게 언어병리학자, 강사, 연구자로 일하며 아이들의 언어능력 향상과 문해력 발달에 기여했다. 하버드교육대학원과 하버드의과대학에서 강의를 맡았고 극빈층 지역의 유치원, 몬테

소리학교, 병원 진료소에 이르기까지 여러 곳에서 다양한 어린이와 가족들을 접했으며, 언어와 읽기 수준에 맞는 말하기, 듣기, 읽기, 쓰기를 직접 가르치기도 했다.

학습 전문가로 활동하면서 난독증에 시달리는 아이, 자폐 스펙트럼을 가진 아이, 읽기에 심각한 어려움을 겪는 아이를 교육했다. 곁에서 지켜보며 발달 과정을 이해하고 도울 방법을 생각해내는 일은 큰 즐거움이었다. 직업인으로 이런 삶을 살아왔기에 필립에게 한 말 자체는 언뜻 사소해 보일지 몰라도 내게 굉장히 중요한 질문이었다. 바쁜 하루를 보내는 사이 우리는 대체 정확히 어떤 얘기를 나눈 걸까?

놀랍게도 다른 부모들과 이야기하며 우리 가족만 그런 게 아니라는 걸 알게 되었다. 다들 하나같이 따로 대화를 나눌 시간을 내기가 어렵다고 했다. 한 친구는 "우리 부부는 저녁밥 먹는 시간이 되어서야 간신히 귀가해. 그렇게 허겁지겁 먹고 나면 애들한테 동화책 읽어줘야 하고, 그러고 나면 재울 시간이지"라고 말했다. 다른 친구는 이렇게 털어놓았다. "우리 아들은 밥 먹을 때 관심을 받고 싶어 하거든? 그런데 생각해보니까 정작 아들이 말을 먼저 안 꺼내면 나랑 남편은 보통 이메일을 확인하면서 밀린 일을 확인했더라고."

가족생활이 정신없이 돌아가는 통에 모두가 피상적 내용을 넘어서는 대화를 할 시간이 별로 없었다. 내가 아는 많은 부모가 일과 육아를 병행하는 동시에 자신의 부모까지 돌봐야 하는 샌드위치 세대였다. 학교생활 관리, 학원 일정 조율, 심지어는 입시 지원 마감까지 앞두고 있어 기진맥진한 상태의 부모들도 있었다.

'많은' 대화가 아니라 '좋은' 대화를 하자

나는 평소 가족 간의 대화를 중시하는 스타일이다. 몇 년 전, 소피를 데리고 보스턴 미술관에 간 적이 있었다. 소피는 고대이집트 전시관의 어두컴컴한 복도를 뛰어다니며 석관을 하나하나 들여다보더니 끝없이 질문을 해댔다. 그렇게 한바탕 구경을 마친 뒤에는 말없이 벤치에 앉아 생각에 잠겨 있었다.

한참 조용하던 소피가 입을 뗐다. "미라들은 다 어디로 갔어?" 나는 소피 옆에 멍하니 앉아 있다가 되물었다. "미안, 뭐라고 했어?" "엄마가 여기에 더는 미라들이 없다고 했잖아. 몸이 여기 있긴 해도 미라들은 없는 거라고. 그럼 다들 어디로 간 거야?" "음, 좋은 질문이야." 대답을 준비해둔 사람처럼 반응하기는 했지만 막상 말하려니 괜찮은 설명이 떠오르지 않아 그냥 얼버무리고 말았다. "고대 이집트인들은 미라가 다른 세계로 간다고 믿었어. 그래서 열심히 미라를 만든 거야." 소피는 안달이 난 듯했다. "그러면 어떤 부분이 떠난 거야? 몸은 아직 여기 있잖아." "그래, 하지만 미라들은 죽었어." 소피는 잠깐 말을 멈추더니 다시 질문을 쏟아냈다. "그러면 어디로 갔어? 태어나기 전에는 어디에 있었고?"

말을 이어가던 소피는 어느 순간 내 눈을 바라보더니 다음 말을 덧붙였다. "엄마는 태어나기 전에 어디에 있었어?" 괜찮은 답변을 찾고 싶었던 나는 시간을 벌기 위해 역으로 질문을 던졌다. "와, 어려운 질문이네. 엄마는 기억이 안 나. 너는 그걸 기억해?" 소피는 눈을 가늘게 뜨더니 고개를 저으며 아니라고 말했다. "그럼 맞혀볼래?" 그러자 소피는 놀라울 만큼 확신에 찬 목소리로 말했다. "나는 할머니였어. 그러다 이제는 늙는 게 지긋지긋해서 다시 아이가 된 거야!"

돌아오는 길에 나는 아까의 대화를 곱씹었다. 생각해보니 그렇게 심오한 통찰을 별거 아니란 듯 너무 쉽게 얘기한 소피가 놀라웠다. 어쩌다 그런 말을 한 건지는 몰라도 소피는 그 나이에 윤회의 개념을 우연히 발견한 셈이었다. 왜 그때 딱 그 얘기를 꺼냈을까. 나는 소피가 미라에 처음 열광했던 때를 떠올려보았다. 시작은 핼러윈 그림책 몇 권이었다. 말문이 트일 즈음부터는 미라에 관한 이런저런 것들을 물어보기도 했다. 미라가 실재하는지, 정말 인간을 물어뜯는지 등등을 말이다. 오늘 한 심오한 질문도 난데없이 튀어나온 게 아니라 오랜 시간 소피만의 깊이가 조금씩 더해져 만들어진 생각이었다.

우리의 대화를 돌이켜보던 나는 어떤 사실을 알아차리고 이 현상에 굉장한 끌림을 느꼈다. 바로 내가 답을 몰랐기에 소피가 대화에 더 열정적으로 참여했다는 점이었다. 지난 몇 달 동안 나는 소피가 하는 수많은 질문에 최선을 다해 답하려 노력했다. 그게 아는 것이든 모르는 것이든 어른으로서 정답을 주고자 했다. 그러다 이번에는 전문가인 척하지 않고 소피가 주체적으로 대화에 참여할 기회를 준 것이다. 아이의 말에 호기심을 보이면서 기다리기만 했다. 아이에게 말할 기회를 준 것이다.

사실 미술관에서 소피와 나눈 대화는 흔치 않은 종류의 것이었다. 그렇기에 3년이나 된 일을 지금까지도 또렷이 기억하고 있는 것이다. 그후로 아직까지 그날만큼 특별히 기억나는 대화가 없는 걸 보면 이런 이야기를 나누기란 좀처럼 쉽지 않다는 걸 알 수 있다. 물론 차분히 이야기할 장소와 시간이 주어진 덕분에 좀 더 수월하게 소피에게 집중할 수 있었던 건 맞지만 꼭 특별한 상황이 마련되어야만 좋은 대화를 나눌 수 있는 것은 아니다. 멋진 대화는 책을 읽으면서 나눌 수도 있고 시리얼 상자 뒷면을 보다가 우연히 튀어나올 수도 있다.

좋은 대화에 대해 곱씹던 나는 어떻게 해야 대화의 중요성을 일깨울 수 있을지, 매주 양질의 대화를 나눌 수 있는 방법은 무엇일지 궁금해졌다. 언어를 다루는 직업인으로서 우리 집에서 일어나는 대화에는 다른 집과 차별점이 있어야 한다고 생각했다(어쩌면 다른 부모들도 이미 그렇게 생각하고 있었을지 모르겠다). 궁극적으로 이 책을 집필하며 확인하고 싶었던 것은 부모가 아이와의 대화를 해야 할 일이나 또 하나의 걱정거리가 아닌, 기회로 여긴다면 전혀 다른 소통이 이루어질 수 있다는 믿음이었다.

다음 장으로 넘어가기 전에 용어에 관해 간단히 언급해두고자 한다. 나는 아이를 사랑하고 보살피는 모든 이들을 통틀어 '부모'라고 지칭했다. 조부모, 사촌, 이모와 고모, 이웃, 양부모, 결연 가정, 교사, 캠프 지도자, 아이 돌보미… 세상에는 사랑하는 마음으로 아이를 키우는 사람이 많다. 한 아이를 키우려면 온 마을이 필요하다는 말은 대화에도 적용된다. 아이들과 자주 소통하는 사람이라면, 그리고 그럴 의지가 있는 사람이라면 분명 이 책이 도움이 될 것이다.

대화란 일상 속 수많은 기회다

아이와 마지막으로 멋진 대화를 나눈 게 언제인지 생각해보자. 여기서 말하는 멋진 대화란 철학적 토론 같은 것이 아니라 양쪽 모두 호기심을 느낀 대화다. 서로를 더 잘 이해하는 데 도움이 되었거나 사이가 전보다 가까워졌거나 논쟁을 해결했거나 주제에 몰두해 서로의 생각을 편안하게 주고받은 대화 말이다. 소리 내어 웃었거나 딱히 특별하지 않았지만 나중에 아이가 다시 대화 내용을 언급하며 그때 뭔가를 배웠다고 이야기한 경우도 멋진 대화다. 그저 편안하게 즐긴 대화도 마찬가지다. 말하자면 밀린 숙제, 방바닥에 널린 옷가지, 내일 있을 학교와 학원 일정, 픽업 시간 같은 평상시 스케줄을 언급하지 않는 대화가 멋진 대화다. 확인용 질문이 난무하는 대화는 진정한 소통이 아니기 때문이다.

대부분의 부모는 아이가 불평하거나 신나서 종알종알 떠들 때도 매일같이 인내심을 발휘해 귀 기울여 듣기 위해 노력한다. 하지만 이런 노력을 기울이는데도 많은 대화가 사소하거나 평범해져버리기 일쑤다. 요점을 전달하는 데 초점을 맞추느라 말하는 방식이나 듣는 아이의 입장이 어떨지 세심하게 주의를 기울이지 못하는 것이다. 그러다 보면 놀랄 정도로 빠르게 성장하는 아이들의 수준에 발맞추어 소통할 시기를 놓치게 된다.

멋진 대화는 두 가지를 약속한다. 하나는 그 무엇으로도 대체할 수 없는 방식으로 아이와 연결될 수 있다는 것이며, 다른 하나는 장기적으로 봤을 때 아이의 학습 능력과 행복이 증진된다는 것이다. 첫 번째 약속은 매일같이 일어난다. 멋진 대화라고 해서 건강에는 좋지만 맛없는 브로콜리 같은 건 아니다. 오히려 정반대다. 멋진 대화는 즐겁고 흥미진진하면서도 생각을 가다듬게 하고 시간이 흐르면서 유대감까지 형성한다. 부모는 아이의 말을 경청하고 이야기할 때 친밀함과 배려심이 깃든 유대감을 느끼고, 아이도 부모의 권위적인 모습을 볼 때보다 자신이 존중받는다고 느낄 때 존경심을 가진다. 설사 부모가 내세우는 주장에 동의하지 않더라도 좀 더 들어보려는 태도를 취할 것이다. 이런 과정을 거쳐 대화를 나누고 나면 부모와 아이 모두 서로가 어떤 생각을 하는지 더 잘 이해하게 된다. 관점이 다른 경우라면 특히 그렇다.

부모가 먼저 호응하는 듣기와 말하기 방법을 본보기로 보여주면 아이도 같은 기술을 익힐 가능성이 훨씬 높다. 그러면 마음을 열고 관심사와 걱정을 털어놓는 일도 한결 쉬워진다. 이렇게 부모와 든든한 관계를 쌓은 아이는 소통의 경험을 기반으로 다른 사람들과도 더 수월하게 어울릴 수 있다. 반항, 불안, 우울같이 감당하기 힘든 기분을 느끼거나 별다른 이유 없이 짜증이 나거나 쉽게 주눅 드는 일도 줄어들 것이다. 이런 부정적 감정들이 줄어들면 부모와 아이는 자연스레 순조롭고 즐거운 대화를 이어나가며 더 끈끈한 유대감을 형성하게 된다.

두 번째 약속인 학습 능력이 좋아지고 행복감을 느끼는 일은 장기간에 걸쳐 일어난다. 대화를 나누는 동안 피어난 질문들을 차차 깊이 있게 파고들다 보면 놀라운 창의력이 길러지고 이때 함께 성장하는 어휘력은 추상적이기만 했던 감정과 생각을 정확하게 표현하는 발판이 된다. 이렇게 자신의 정신과 감정의 배경을 분석하다 보면 내가 무엇에 가장 자신이 있고 무엇에 가장 취약한지를 알게 되어 나라는 사람과 한층 가까워진다. 자기가 어떤 사람인지를 아는 아이는 훗날 사회적으로도 훨씬 조화로운 관계를 맺으며 살아갈 확률이 높으므로 자연스레 삶에 대한 만족도가 높아진다.

지금까지 언급한 아이의 멋진 성장은 부모와의 유대감에서 시작된다. 유대감은 마냥 긍정적인 상황에서만 강해지는 게 아니다. 논쟁하고, 충돌하는 의견을 이해하고, 심지어 상대의 부정적인 생각을 알아차리고 여기에 반응하는 과정이 모두 모여 강한 유대감이 형성되는 것이다.

어른과의 대화가 아이에게 주는 것

아이가 말을 시작할 무렵부터 성인이 된 초반까지 활용할 수 있는 대화의 원칙이 있다. 시간이 지날수록 단어와 말투는 달라지기 마련이고 같은 화제를 논하지도 않겠지만 이면에 깔린 근본 원칙들은 나이에 관계없이 이어지기 때문이다. 좋은 대화는 대개 즉흥적이고 장난기 넘치며 물 흐르듯 이어진다. 중대한 대화를 한 번에 끝내겠다거나 연속으로 하겠다는 생각을 버리고 일상 속에서 일어나는 소통을 최대한 활용해보자. 아이들이 관심을 가지는 대상을 출발점으로 사용하면 좋다.

의외로 짜증이 나거나 어색한 순간에 좋은 대화가 발생하는 경우도 많다. 한 친구가 여섯 살 난 딸 사샤와의 일화를 말해준 것이 생각난다. 사사건건 딴청을 피우는 사샤를 달래 필요한 준비물 목록을 살펴본 뒤 간신히 옷을 입혀 현장학습에 보낼 채비를 마친 날이었는데, 아이는 뭐가 불만인지 차를 타고 가는 내내 투덜거렸다. 친구는 이 상황을 환기하기 위해 참신한 질문을 던졌다. "사샤, 만약 달에 여섯 가지를 가져갈 수 있다면 뭘 가져갈 거야?" 그러자 사샤는 "엄마는 잠수함을 타고 여행한다면 뭘 가져갈 거야?"라고 되물었다. 그렇게 시작된 대화는 독창성 넘치는 질문으로 이어졌고 결국 둘은 차에서 내릴 때쯤 웃음꽃이 만개한 상태였다. 사샤는 기분을 풀고 엄마와의 유대감을 느끼며 현장학습을 떠났다.

또 다른 친구 데비 블리처는 입양한 딸이 여섯 살일 때 이런 말을 한 적이 있다고 했다. "우리 가족 중에 나만 빨간 머리야. 너무 외로워." 그러자 데비는 "글쎄, 안경 끼는 사람도 엄마밖에 없는걸?"이라 대답했고 남편도 장난스러운 목소리로 "대머리는 나쁜인걸?"이라며 덧붙였다. 그러자 딸은 한층 밝아진 목소리로 "진짜 짜증 나는 사람은 오빠뿐이야!"라고 대답했다.

언뜻 보기에는 별거 아닌 대화처럼 느껴지지만 대화의 진정한 힘은 이런 단순함에서 나온다. 미리 계획하지도, 대본에 집착하지도 않은 흐름이 무엇보다 중요하다. 각기 다른 두 상황 속에서 부모는 아이에게 필요한 게 무엇인지 알아차렸고 이후의 대화는 그저 흘러가도록 두었다. 첫 번째 사례는 사샤를 상상력의 대화로 초대해 지루한 일상을 깨뜨렸고 두 번째 사례는 딸에게 입양이라는 구체적인 주제를 꺼내는 대신 가족 구성원 모두가 얼마나 독특한지 느낄 수 있도록 재치를 발휘했다. 남들과 달라도 괜찮다는 사실을 깨달을 수 있는 방향으로 대화를 이끈 덕에 세 사람은 함께 유머를 나누며 유대감을 느낄 수 있었다.

두 가족의 사례는 모든 고민을 쉽사리 해결할 수 있다는 뜻이 아니다. 데비는 심각하고 중요한 주제도 가벼운 마음으로 다룰 수 있다는 걸 보여주고 싶어 했다. 이야기가 예상과 다르게 흘러갈 여지를 남겨 두고, 아이가 허를 찌르도록 허락하고, 며칠 혹은 몇 주에 걸쳐 생각을 곱씹어보자. 아이가 반응을 시험해볼 대상이 기꺼이 되어주는 것이다.

가족 외에도 수많은 타인의 영향을 받으며 자라나는 아이에게 마음 편히 의지하고 기댈 부모가 있다는 사실은 큰 힘이 된다. 이 힘은 다른 관계를 잘 만들어나가는 기반이기도 하다. 국립발달아동과학위원회는 트라우마를 극복한 아이들이 자신을 돌봐주던 어른과 탄탄하고 안정적인 관계를 맺고 있었다는 사실을 발견해 서브 앤드 리턴serve and return 대화 방식이 지닌 힘을 밝혀냈다. 테니스를 하듯 서로 상호작용한다는 의미의 '주고 받기' 대화 방식은 아이의 회복탄력성을 키워줄 뿐만 아니라 뇌 신경 회로를 재배선하는 데 특히 효과적이었다. 이처럼 힘든 시기를 지나면서 지혜로운 위로를 건네주고 기쁜 일을 함께 축하해줄 어른과 좋은 관계를 맺는 일은 아이의 이후 삶에 값진 영향을 미친다.

무한한 잠재력을 가진 대화의 힘

양질의 대화는 이제 막 소통이 이루어지는 성장 초기 단계부터 시작할 수 있으며 앞서 이야기한 임상 경험과 실제 가족이 나눈 대화에서 보았듯 쉽게 실천할 수 있다. 비용이 드는 것도 아니고 사전에 훈련을 받아야 하는 것도 아니다. 그저 틈틈이 성찰하고 몇 가지 중요한 습관을 익히면 된다.

대단한 노력을 들이지 않고도 할 수 있는 대화가 어떻게 그렇게 큰 힘을 발휘하는 걸까? 왜냐하면 말이란 것이 사전에 실린 항목에 그치지 않기 때문이다. 만약 대화가 뭔가를 설명하는 데 그친다면 지독하게 지루할 것이다. "안녕" "잘 가" "부탁해"같이 어린아이가 처음에 배우는 단어들은 모두 관계를 맺는 데 필요한 말이다. 하버드대에서 함께 일한 동료이자 유명한 언어학자인 캐서린 스노는 말이란 개념이자 발상이자 감정이며, 아이들이 세계를 받아들이고 관계를 맺도록 이끄는 도구라고 주장한다. 적극적으로 말하고 더 많은 피드백을 받을수록 내면의 도구 상자가 더욱 커지는 셈이다.

단순히 어휘만 많이 안다고 해서 좋은 대화가 이루어지는 건 아니다. 어휘를 많이 외우는 것보다 실제로 대화를 나누어보는 게 훨씬 더 도움이 된다. 학습 전략을 말로 설명할 줄 아는 아이는 그렇지 않은 아이에 비해 문제를 잘 해결하는 편이며 더 자신감이 높다. 말로 정서적 스트레스를 충분히 표현하는 사람이 더 뛰어난 대처 능력을 보인다는 연구 결과도 있다.

또 스스로를 여러 각도에서 다양한 인물로 묘사(예를 들어 누군가의 형이자 친구이자 야구 선수이기도 한)할 줄 아는 사람의 창의력이 더 뛰어난 경우가 많다. 심지어 양질의 대화는 높은 행복감과도 관련이 있는데, 깊이 있는 대화를 많이 나눈 대학생이 그렇지 않은 대학생보다 더 큰 행복을 느낀다는 연구 결과가 이를 말해준다. 여기서 놓치지 말아야 할 점은 대화란 쌍방향으로 일어나므로 듣기도 마찬가지로 중요하다는 것이다.

대화에 열중하는 것은 근본적이자 본능적 욕구다. 아이들은 음식을 갈망하는 만큼 의사소통에도 목말라한다. 심지어 태어난 지 6주밖에 되지 않은 신생아도 말하는 사람과 눈을 마주치고 반응하는 것으로 의사소통에 참여한다. 아기는 말을 하기 전부터 몸짓으로 상대의 기분을 알아차리고 외부 세계가 안전한지 위험한지를 파악한다. 비록 잠재의식 수준에서지만 아기도 어른과 같은 감정을 느낀다. 더 놀라운 사실은, 성인과 소통할 때면 심장박동수가 비슷해진다는 것이다.

반대로 양질의 대화를 하지 못하면 고통을 겪는다. 소통의 고리가 끊어지거나 문제가 생기면 아이는 관계를 맺는 아주 기본적인 방식조차 어렵다고 받아들인다. 고립 상태가 길어질수록 점점 외로워지고, 이런 상태가 지속돼 악순환에 빠지기라도 하면 언어능력 발달까지도 타격을 입을 수 있다. 큰 사건 없이 평범하게 성장한다고 해서 아이의 언어능력이 항상 순조롭게만 발달하는 것도 아니다. 모든 아이는 제대

로 된 언어능력을 갖추기까지 의사소통 과정에서 크고 작은 실수를 저
지른다. 그러므로 듣고 말하는 능력을 갈고닦을 꾸준한 기회가 필요한
것이다.

1장

눈높이를 맞추고
다가가는 기회 대화

진정한 대화는 항상 누군가를 초대한다.

데이비드 화이트

어느 비 오는 화요일 아침, 작은 마을에 사는 중산층 가정 에드워즈 가족은 각자 출근과 등교 준비로 여념이 없다. 10대 청소년인 두 아들은 핸드폰 알람 소리에 잠에서 깨어나고 둘째 아들 토드가 벌써 시간이 이렇게 되었냐며 투덜거린다. 토드는 오늘 있을 수학 시험을 걱정하느라 밤늦도록 잠을 이루지 못했다. 아침을 먹으러 식탁에 모인 토드와 형 찰스는 SNS 계정에 접속해 응원하는 야구 팀의 승리 소식에 좋아요를 누른다. 찰스는 "그나마 다행이네"라 말하고 토드는 고개를 끄덕이며 아직 하지 않은 숙제를 떠올리며 급하게 밥을 삼킨다.

차를 타고 학교로 가는 길에 두 아들은 뒷좌석에 쓰러지듯이 앉아 꾸벅꾸벅 존다. 아이들의 어머니 잰은 병원 원무과에서 일하며 아버지 빌은 마케팅 직무에 종사한다. 찰스와 토드는 학교에 도착해 과학 수업을 듣고 곧바로 사회 수업이 진행되는 교실로 달려간다. 두 수업 모두 시험이 있어 마지막까지 부랴부랴 준비를 하느라 정신이 없다. 쉬는 시간에는 친구들에게 문자를 보내고 SNS에 접속해 짧은 영상들을 넘겨보지만 정작 누군가와 만나 이야기를 나누지는 않는다.

하루 일과가 끝나고 저녁 식사 자리에 모인 네 사람은 곧 있을 찰스의 대학 지원에 대해 이야기를 나눈다. 잰은 서류를 훑어보며 "앞으로 한 달밖에 안 남았다니. 믿기지가 않네"라고 걱정하고 얼마 지나지 않아 아들들은 곧 식사 자리를 뜬다.

짧게 묘사된 이 하루는 두 아이가 있는 가족의 일상이다. 네 사람은 말을 많이 하지 않았고 그나마 이어진 대화마저 대개 짧게 끝났다. 미디어도 각자 취향에 맞게 시청했다. 어떤 경험도 함께하지 않으니 뭔가를 타협할 필요 자체가 없다.

에드워즈 가족은 여러모로 운이 좋은 경우다. 가족 모두가 건강하고 잰과 빌이 연봉이 높은 직장에 다니며 찰스와 토드의 성적도 괜찮은 편이니 말이다. 그런데도 잰은 어느 날 저녁에 무언가 잘못되었다는 느낌이 들었다. 네 사람이 이어져 있다거나 서로의 삶에 존재한다는 느낌이 들지 않았기 때문이다. 10대인 두 아들과 긴밀히 소통하지 않는 것도 보통 그 또래 남자아이들은 수다스럽지 않으니 그런 거라고 생각했다.

그러던 어느 날 전화가 걸려왔다. 전화를 건 사람은 두 아들이 다니는 학교의 상담사였다. 상담사는 찰스가 자신의 우울을 엄마에게 알리고 싶지만 차마 말을 꺼내지 못하는 상황이라고 알려주었다. 며칠 뒤에는 토드의 축구 코치에게서 전화가 걸려왔다. 토드가 팀원들에게 못되게 굴어 곤란하다는 내용이었다. 잰은 통화를 마치고 토드에게 왜 그랬는지 물었다. 토드는 학교 일로 스트레스가 심했는데 얼마 전에 여자친구와 헤어지기까지 해서 예민해져 그런 것 같다며 털어놓았다. 잰은 깜짝 놀랐다. 찰스는 왜 우울한 마음을 털어놓지 않았을까? 토드가 집에서와는 다르게 밖에서 공격성을 드러낸다는 걸 왜 알아차리지 못한 걸까? 심지어 여자친구가 있었다는 사실도 처음 듣는 이야기였다. 잰이 빌에게 이 상황을 알리자 빌도 똑같이 할 말을 잃었다.

얼마 뒤 잰은 나를 찾아와 이 상황을 털어놓았다. "저는 우리 가족이 다들 잘 지내고 있다고 생각했는데 알고 보니 그렇지 않더라고요." 잰은 지난 시간을 돌이켜보며, 가족끼리 희망과 계획을 논의하거나 뭐가 걱정스럽고 뭐가 신나는지 공유한 적이 거의 없다는 걸 깨달았다. 심지어 그날그날의 일을 이야기할 기회조차 없을 때가 많았다. 온라인상에서는 사람들과 끊임없이 연결되어 있으면서도 가족끼리는 매일 스쳐 지나가듯 생활한 것이다. 각자 구성원으로서 역할을 다하고 있긴 했지만 거기서 멈춰버린 채 점점 흩어지고 있는 듯했다.

잰의 사연은 아주 특이하거나 극단적이기 않기에 소개했다. 상황이 조금씩 다르긴 하겠지만 여러 해에 걸쳐 내가 들은 사연 중에도 잰의 가족과 비슷한 고민을 가진 경우가 굉장히 많았다. 우리는 크고 작은 고비들을 넘기며 하루하루를 잘 헤쳐나가는 중이라 생각하지만 정작 금이 간 곳이 있는지, 거기가 어디인지 살펴볼 시간은 내지 않는다. 오히려 문제점을 화제에 올리지 않으려 한다. 긍정적인 면도 마찬가지다. 상을 받거나 우수한 성적을 내는 등으로 표면에 드러나는 성공은 칭찬하고 추켜세우는 반면 아이가 창의적으로 문제를 해결했다거나 놀라운 방법으로 공감을 표현했다거나 논쟁을 잘 풀어낸 일은 제대로 조명하지 않는다.

스트레스만 주는 대화

아이들은 수다에 둘러싸여 있는 것처럼 보이지만, 정작 의미 있는 소통에 성공하거나 어른에게 자신의 깊은 생각이나 감정을 말로 표현해보라고 격려받는 일이 드물다. 온갖 디지털 매체로 이어져 있음에도 점점 고립되고 취약해진 아이들은 완벽주의 성향을 띠어가고 불안, 두려움, 우울함을 자주 느낀다. 연구 결과와 더불어 주변 학부모들과 대화를 나누어보면 아이가 성적 걱정 때문에 스트레스를 받는 일이 전염병처럼 번지고 있다는 걸 알 수 있었다. 미국 국립정신건강연구소에 따르면 10대 청소년 중 약 3분의 1이 불안 장애를 경험하며 대학생 중에서도 상당수가 정신 건강에 해로울 정도로 극심한 완벽주의 성향을 보였다.

성취를 제일로 내세워 강조하는 대화를 하다 보면 아이는 결국 비판의 화살을 자신에게로 돌린다. 다른 아이들이 노력한 과정은 쏙 빼고 얼마큼 성공했는지만 듣다 보면 자신을 둘러싼 환경까지 탓하게 된다. 정답을 맞히는 속도만 가지고 학습 능력을 평가하기까지 하면 아이들은 자신이 가진 만큼의 창의력, 공감 능력, 포용력을 한껏 발휘하지 못한다. 상황이 술술 풀릴 때는 다행히 괜찮아 보일 수도 있지만 난관에 한번 부딪히기라도 하면 곧바로 옴짝달싹 못 하는 모습을 보이게 된다.

어려운 말을 써야 똑똑해 보인다는 생각이 마음속 깊이 박혀 있으면, 아는 어휘가 많아도 감정을 표현하거나 이해하는 능력이 부족해져서 주변 사람들과 점점 멀어지게 된다. 부모를 실망시키는 게 두렵고 자기를 이해해주는 사람이 아무도 없다고 하는 아이의 부모를 만나보면 오히려 아이와 친해지고 싶다고 절실히 말하는 경우가 많다. 내게 이야기를 털어놓은 수많은 부모가 아이와 가까워지고 싶어 했지만 숙제를 도와줘야 한다는 압박감, 단란하게 모일 수 있는 시간을 귀중하게 써야 한다는 초조함 때문에 친밀함을 형성하기 어려워하곤 했다.

나는 얼마나 많은 아이가 생각과 감정을 정리하고 다른 사람들에게 진정한 자신의 모습을 보여줄 대화의 기회를 갈망하는지 살폈다. 그리고 그런 기회가 없을 때 아이들이 얼마나 괴로워하는지도 알게 되었다. 아이들은 잔소리하고 다그치고 명령하는 어른을 원하지 않는다. 통제하려는 어른은 아이의 관심사가 무엇인지 파악하고 질문을 깊이 있게 이해할 기회를 곧잘 놓치니 말이다.

세심하게 주의를 기울이지 않으면 깊은 대화가 부족하다는 사실 자체를 알아차리지 못할 수도 있다. 하지만 그 후유증만큼은 명확하게 느낄 수 있을 것이다. 30년에 걸쳐 1만 4000명이 넘는 대학생을 대상으로 실시한 대규모 검토 보고서에 따르면 대학생들은 전 세대보다 공감 능력이 떨어지고 공동체 중심 성향이 줄어들었는데, 이런 성향은 2000년 이후로 더욱 두드러진다.

많은 어린이, 심지어 아주 어린 유아들도 창의력을 발달시키는 지적 사고의 위험을 감수하지 않으려는 경향을 보인다. 나도 앞서나가는 데 지나치게 집중하느라 브레인스토밍과 협력에 어려움을 겪는 아이들을 지난 수년간 봐왔다. 친구가 어떤 기분을 느끼는지 잘 이해하지 못하고, 실수가 두려워서 위험을 감수하려 하지 않는 아이들이었다. 직접 추측해보라고 하면 "못하겠어요. 틀릴 것 같아요"라는 대답을 들었다. 이런 아이들은 무언가를 배우는 데 어려움을 겪는 경우가 많다.

사실 이는 사회적 문제이기도 하다. 현세대는 본질에서 벗어난 수다를 떨고, 뉘앙스에 집중하기보다는 빠르게 업데이트되는 정보를 흡수하고, 좁은 의미의 성취를 우선시하는 사회를 살아가고 있다. 아이뿐만 아니라 부모도 자식이 뒤처지지 않도록 돕기 위해 최신 두뇌 계발 프로그램, 코딩 단기 속성 캠프, 과외 수업 같은 온갖 요란한 뒷바라지에 집중해야 한다는 부추김을 받는다. 그러다 보니 당연히 아이와 나누는 일상 대화에 그다지 많은 관심을 쏟을 수 없는 게 현실이다. 정보 전달같이 단순한 상황 공유형 대화만 할 때가 더 많다.

내가 대화를 연구하며 깨달은 건 부모와 아이가 함께 노력해 이 이상한 구도를 원래대로 돌려놓아야 한다는 것이다. 더 많이, 더 빨리를 외치며 부추기는 대신 한 발짝 물러나 서로가 나누는 대화에 주의를 기울여야 한다. 아이의 발달에 정말 중요한 게 무엇일지를 곰곰이 생각해보고 거기에 초점을 맞추는 것이 훗날의 삶에 더 보탬이 된다.

패멀라 선생님의 지피지기 대화법

극심한 언어와 문해력 불안 장애에 시달리던 고등학교 1학년 학생 제니를 만난 적이 있다. 제니는 심하게 긴장한 탓에 수업 중에 자주 뛰쳐나가 교사들을 당황시켰다. 그러고 나면 학교 안을 샅샅이 찾아야 했다. 제니는 주어진 시간에 제대로 학습할 기회를 놓쳤고 수업에 방해를 받은 학생들과 교사들은 화를 냈지만, 한편으로는 제니의 행방을 알 수 없어서 걱정하기도 했다. 그런 제니가 유일하게 얌전해질 때는 나긋나긋한 목소리로 요가를 가르치던 패멀라 선생님의 수업 시간이었다. 심지어 수업이 끝나고도 교실에 남아 있는 날도 있었다. 어떻게 된 건지 이유를 묻는 내게 패멀라 선생님은 웃으며 이렇게 말했다. "저는 제니에게 말하거나 침묵할 시간과 공간을 주었을 뿐이에요. 어느 쪽이든 선택은 제니의 몫이지요."

다른 교사들은 학습 태도에 대해 설교를 늘어놓으며 제니를 당황하게 만들었지만 패멀라 선생님는 달랐다. 그는 매일 제니에게 먼저 말을 걸었고 묵묵히 대답을 기다렸다. 대개 머뭇거릴 때가 많았지만 일단 어떻게든 제니가 자신의 감정을 설명하기 시작하면 열심히 이야기를 경청했다. 어떻게, 왜 그렇게 느끼는지를 스스로 천천히 살필 수 있게끔 도왔다. 제니가 들떴든 슬퍼하든 똑같이 귀 기울여 들었다. 패멀라 선생님은 심호흡으로 불안한 마음을 가라앉히는 방법을 알려주기도 했다. 그러자 제니는 조금씩 불안을 조절할 수 있게 되었고 자기가 느끼는 감정들을 받아들이기 시작했다. 제니는 패멀라 선생님과 대화를 나누면서 자신을 좀 더 잘 이해하게 되었고 마음을 가라앉히는 데 어떤 방법이 유용한지, 그 방법이 언제 필요한지를 알아갔다.

패멀라 선생님이 언제나 조용하고 이해심 많은 사람이기만 했던 건 아니다. 매일같이 숙제를 불평하는 남학생에게 패멀라 선생님은 놀라울 만큼 엄격해졌다. 돌이켜 생각해보면 패멀라 선생님은 학생의 필요에 맞춰 대화 유형을 바꾸는 데 뛰어난 재능을 가진 교사였다. 마냥 상냥하거나 엄격하게 구는 대신 호응하는 태도와 학생에 대해 알게 된 정보를 바탕으로 말투와 대화 내용을 알맞게 바꿀 수 있는 능력이 그의 힘이었다.

학생들과의 유형별 맞춤 소통만큼이나, 스스로가 어떤 사람인지를 잘 파악하는 것도 그의 비결이었다. 의외롭지만 패멀라 선생님은 원래 내향적인 편이라 반항하는 학생들을 관리하는 것보다 제니와 대화하는 게 더 편했다. 하지만 본디 성격이란 딱 한 가지 면만 있는 건 아니기에 그는 때때로 단호하거나 유머러스한 면을 끌어내 소통에 활용했다. 나눈 대화들을 돌아보며 활기를 띠었는지 우울한 분위기가 지배적이었는지 곰곰이 생각한 뒤, 활기가 감돌았던 대화의 특징을 짚어보곤 했다. 스스로를 배려하려는 노력도 게을리하지 않았다. 양쪽 모두가 배려받아야 건강한 관계가 이루어질 수 있다는 걸 잘 알고 있었기 때문이다.

어린이 치과 선생님의 놀라운 기술

여러 해 동안 각양각색의 배경을 가진 양육자를 만나면서 나는 패멀라 선생님과 비슷한 기량을 지닌 많은 사람에게 용기를 얻었다. 소피가 여섯 살 때 치과를 방문했던 날도 그랬다. 소피는 병원에 들어서자마자 비명을 지르며 있는 힘껏 공포스러움을 표현했다. 하지만 의사 선생님은 당황하지 않고 차분하게 자신을 소개하더니 소피에게 제일 좋아하는 만화가 무엇인지 물었다. 〈퍼피 구조대〉와 〈시머 앤 샤인〉 이야기를 나누며 소피는 점점 긴장을 풀었다. 선생님은 자기 딸도 같은 만화를 좋아한다고 얘기하며 공감대를 형성했다. 소피가 세척 도구를 가리키며 뭐냐고 묻자 선생님은 소피의 분석 본능과 호기심을 알아차렸는지 친절하게 답해주었다. 하지만 몇 분 뒤 대화는 이를 뽑느냐 마느냐의 문제로 돌아왔다. 소피는 엑스레이를 찍은 뒤 입을 꽉 다문 채 돌아왔다.

잠시 후 엑스레이 사진이 나왔고 선생님은 사진을 꺼내 소피에게 건네며 말했다. "소피야, 여기 봐봐. 치아 아래에 염증이 생겼어. 너도 보이지? 지금은 느낌이 없을 수도 있는데 시간을 끌면 아마 염증이 더 심해질 거야." 소피는 눈을 크게 뜨더니 대답했다. "어딘지 알겠어요." "선택권을 줄게." 선생님은 엑스레이 사진을 치웠다. "지금 뺄 수도 있고 좀 더 두고 볼 수도 있어. 그런데 기다리면 더 아플 수도 있다는 건 알고 있어야 해." 소피는 한숨을 쉬더니 말없이 앉아 생각에 잠겼다. "알았어요. 그럼 뽑을게요. 대신 안 아프게 뽑아주세요." 그러고는 입을 크게 벌렸다.

의사 선생님은 선택을 강요하거나 과장되게 달래는 대신 필요한 말을 명확히 설명해주었다. 어떤 상황인지를 파악하고 싶어 하는 소피에게 엑스레이 사진을 보여주며 구체적인 정보를 제공했고 덕분에 소피는 궁금증을 해결할 수 있었다. 소피는 자신에게 어느 정도 선택권이 있기를 원했고 상황을 통제하고 있다는 느낌을 받고 싶어 했다. 의사 선생님은 뽑을지 말지를 결정할 수 있는 선택권을 넘겨주면서도 무작정 회피하는 게 최선이 아니라는 사실을 강하게 암시했다.

건강과 안전이 달린 문제였기에 나는 가만히 지켜보기만 했다. 처음에는 억지로라도 소피가 말을 듣도록 했어야 하는 게 아닐까 생각했지만 종국에는 반성하고 말았다. 만약 우리가 강요했다면 소피는 기분이 상한 채로 무력감을 느끼며 스트레스를 받았을 것이다. 어떻게든 막무가내로 치료를 마쳤더라도 다음번에 또 진료를 받아야 하는 일이 생긴다면 아무리 별일 아니라 말해도 소피는 우리를 믿지 않았을 것이다. 이런 강제성이 하나의 패턴으로 굳어지면 장기적으로 봤을 때 서로 간의 관계까지 무너뜨릴 수 있다. 대화를 평가하는 진정한 척도는 이야기를 나눈 시간이 얼마나 길었는지, 내용이 얼마나 인상적이었는지가 아니다. 오히려 대화를 나눈 뒤에 어떤 일이 일어났는지가 중요하다.

누가 빨래를 할지, 도서관에서 빌린 책이 어디로 사라졌는지 같은 사소한 내용도 모두 소통의 창구다. "잘 지내고 있지?" "오늘은 어땠어?" 같은 잡담도 위로가 될 수 있다. 사소한 대화는 친밀감을 높이며 인지능력과 정신 건강까지도 향상시킨다. 과연 어떻게 잡담이 이런 효과를 낳는 걸까? 바로 이야기를 나눌 때 상대방이 어떻게 생각하고 느낄지를 자연스레 상상하기 때문이다. 인사치레 정도라도 공감 능력과 조망 수용 능력(타인의 입장에 놓인 자신을 상상하여 의도, 태도, 감정, 욕구를 추론하는 능력—옮긴이)을 기르는 데 도움이 된다. 하지만 여기서 멈춰버린다면 풍부한 대화가 얼마나 많은 일을 해낼 수 있는지 놓치는 셈이다.

선생님과의 대화가 성취도를 높인다

MGH 보건전문연구소에서 훈련을 받을 때 나는 구어와 문어가 얼마나 밀접하게 연관되어 있는지를 배웠다. 쓰기를 어려워하는 아이는 생각을 떠올리는 일도 힘들어한다. 반면 자기 생각을 끝까지 이야기할 줄 아는 아이는 생각을 글로 적는 일도 수월하게 해냈다.

학교에서 근무하는 동안에도 교사와 학생 사이의 소통이 학습을 돕는 데 얼마나 중요한지를 느낄 수 있었다. 읽고 쓰는 수업이 학습과 발달의 전부가 아니었다. 진짜 핵심은 교실에서 일어나는 일상 대화에 있었다. 소통을 연구하기로 마음먹은 나는 하버드대학교 교육학 박사 과정에 등록한 뒤 '수업 분위기'라는 개념을 집중적으로 공부했다. 교사와 학생 사이의 어떤 면이 긍정적 효과를 만들어내는지, 그리고 이 긍정성이 학생의 학습 동기와 능력에 어떤 영향을 미치는지 알아보고 싶었다.

일단 찾을 수 있는 모든 연구를 검토해보기로 했다. 연구의 초점은 '고학년'과 '교실 분위기'. 연구의 목표는 숙달과 성취라는 두 가지로 나누어 진행했다. 숙달을 목표로 하는 반에서는 실수를 학습의 증거라 여기고, 실패는 성공을 위해 필요한 단계라고 이해한다. 반면 성취를 강조하는 경우는 정답을 맞히고 실수를 피하는 것을 중시하기에 누가 가장 빨리 끝내는지, 누가 가장 잘하는지를 경쟁하는 경향을 보인다.

학생들은 평소 듣는 대화를 바탕으로 목표를 세운다. 때문에 부모와 친구의 말과 더불어 교사의 부추김과 미묘한 뉘앙스가 영향을 미친다. 결과적으로 더 좋은 성적을 받고 학습에 더 관심을 가진 쪽은 숙달을 강조하는 수업을 들은 학생들이었다. 성취에 초점을 맞춘 반의 성적은 떨어지는 추세를 보였다. 정답을 꼭 맞혀야 한다는 부담을 느낄 때 오히려 정답률이 떨어진 것이다. 이런 연관성은 중학교 1학년에게서 가장 강하게 나타났는데, 막 입학한 아이들은 다른 사람이 자신을 어떻게 보는지에 유독 더 예민하기 때문인 듯했다. 안 그래도 잘하지 못할까 봐 걱정하는 학생들에게 성취를 강조하는 분위기까지 더해진다면 상황이 더 안 좋아질 가능성이 크다. 교사의 도움 역시 학습에 중요한 영향을 끼쳤다. 선생님의 도움을 받고 있다고 느낀 학생들은 같은 시험에서 더 높은 성적을 받았다. 목표를 달성할 수 있다고 느끼는 자기효능감과 학습 동기 수준도 높았으며 사교적이고 배려심도 깊었다.

우리는 무언가를 학습할 때 배움 자체가 핵심이고 따라오는 부수적 감정들은 중요하지 않다고 생각하곤 한다. 하지만 학생들이 수업에서 느끼는 여러 감정은 배움의 몰입도와 강한 연관 관계를 나타냈다. 교사와 학생 간의 소통은 학습에 중대한 영향을 미친다. 이 연구 결과는 표면으로 드러나는 교과과정보다 그 내부에 훨씬 많은 의미가 담겨 있다는 것을 잘 보여주었다. 일상 대화가 그토록 중요하다면 어떻게 해야 대화의 양과 질을 늘릴 수 있을지, 그러면 아이는 어떤 모습으로 변화하는지를 알고 싶었다.

나는 극빈 지역 유치원의 교사들이 감정을 조절하고 스트레스를 관리하는 훈련 팀에 들어가 그들을 인터뷰하며 연구에 나섰다. 그 지역의 많은 아이와 부모, 정규직으로 일해도 빈곤층을 벗어나기 어려운 교사들은 만성 스트레스를 겪고 있었다. 하지만 그럼에도 교사들은 친절과 사랑을 담은 마음으로 아이들을 대했고 나는 이를 지켜보며 감동을 받았다. 한편으로는 극심한 스트레스를 직면하고 있음에도 침착함을 유지하기 위해 얼마나 노력하는지가 느껴져 겸허한 기분이 들기도 했다. 스트레스를 얼마나 잘 관리하는지는 교사들이 말하는 방식에, 그리고 아이들의 행동 방식에 영향을 미쳤다. 이는 빈곤을 비롯한 여러 요인이 아이의 학습과 발전 가능성에 얼마나 중대한 영향을 미치는지 알려주었다. 한 가지 강조하자면, 부모와 교사가 책임져야 할 영역에 빈곤은 포함되지 않는다.

대학원에 다니는 동안은 보스턴에 있는 한 병원에서 학제간 팀에 참가해 구어와 문어 전문가로 일했다. 심리학자, 신경심리학자, 수학 전문가 등으로 이루어진 우리 팀은 언어나 학습 장애를 겪는 아이들을 진단하고 부모, 교사, 학교에 추천 사항을 전달하는 역할을 했다. 병원의 어린이들은 여러 전문가를 번갈아 만나며 온종일을 보냈다. 상담이 끝나면 각 아이의 사례를 한 시간 이상 논의하며 아이마다 학습 개요를 작성하고 좋은 성적을 얻을 수 있는 장기간 학습 방법을 추천했다. 이 일을 하는 동안 어린이의 학습과 발달 여정이 얼마나 복잡한지, 아이를 다방면으로 바라보는 것이 얼마나 중요한지를 확인할 수 있었다. 한 아이를 이해하는 과정이 일종의 수사 같다는 생각도 했다.

수사는 사전에 정보가 담긴 파일을 읽는 것부터 시작한다. 어느 정도 꼼꼼히 파악하고 나면 아이를 만난 순간부터는 말하고 소통하는 방식에서 발견할 수 있는 모든 것을 관찰해야 한다. 나 같은 경우는 항상 사교 대화로 시작하는 편이다. 지금 얼마나 피곤하거나 쌩쌩한지, 다가올 방학을 위해 세워둔 계획이 있는지, 상담이 끝난 오후에는 무엇을 할 예정인지를 물어보는 것이다. 실없는 잡담이 아니라 아이가 낯선 사람과 어떻게 소통하는지를 알아보는 중요한 과정이다. 때로는 동료들의 의견을 들으면서 기존에 알고 있던 것 외의 새로운 통찰을 얻기도 한다. 예를 들어 신경과 전문의가 "저 아이는 주의력 장애가 있어서 듣거나 참여하는 능력이 부족해요"라고 알려주면 좀 더 마음을 열고 경청하기 위해 노력하곤 한다.

아이가 어떤 부분에서 자부심을 느끼는지, 무엇에 취약하고 수치심을 느끼는지 아는 것이 중요하다. 아이 스스로 수학을 못한다고 생각한다 해서 교사도 똑같이 그렇게 생각하는 건 아니다. 친구가 없는 것 같다 느껴도 실제로는 그렇지 않기도 하다. 성적보다 더 중요한 것은 자신의 강점과 약점을 어떻게 느끼는지다. 바로 이 감정이 아이가 가정과 학교에서 어떻게 행동하는지, 다른 사람과 어떻게 관계 맺는지, 스스로를 어떻게 생각하는지에 영향을 미치기 때문이다. 장기적으로 보자면 그 어떤 시험 성적보다도 아이의 성패를 좌우하는 요소라 할 수 있다.

예전에 내가 맡았던 마이클이라는 아이는 자기가 글을 잘 읽지 못한다고 생각해서 수업 시간에 소리 내어 책을 읽지 않으려 했다. "저는 책을 잘 읽는 애가 아니에요." 그런데 알고 보니 마이클의 읽기 실력은 자기 학년에 딱 맞는 수준이었다. 다만 같은 반에 유난히 성적이 높고 평균 이상으로 글을 잘 읽는 아이들이 많았을 뿐이었다. 이 사실을 이해한 마이클은 스스로에 대한 인식을 바꿀 수 있었다. 시시하다는 소리를 들을까 봐 눈치 보는 일 없이 도서관에서 마음에 드는 책들을 마음껏 빌릴 수 있었다.

아이의 인식에 눈높이를 맞춰 대화를 주고받으면 스스로를 더 잘 이해하게끔 도울 수 있다. 왜 부정적인 생각을 하는지 알게 되기도 하고 새로운 일을 시도하지 못하도록 방해하던 사고방식을 바꿀 수도 있다. 성공을 향해 도전하는 과정 중 지금 어디쯤에 있으며 최종적으로 가고자 하는 곳이 어디인지를 깨달을 수도 있다. 이런 과정이 쌓이다 보면 학습과 인간관계는 물론 아이 인생 전체의 궤적까지 바뀌기 마련이다. 모든 변화는 작디작은 순간에서 시작된다.

대화 속의 악순환을 끊는 법

이런 궁금증을 한가득 품은 나는 어딜 가든 부모와 아이가 나누는 대화에 귀를 쫑긋 세우고 다녔다. 물론 순조롭게 흘러가는 경우도 많았다. 대부분은 함께 있는 시간을 즐기는 듯했고 아이는 부모를 모범적 대화 상대로 여기며 자기 말에 대한 반응을 살폈다. 하지만 어두운 분위기의 대화도 흔했다. 일단 누군가와 이어져 있다는 느낌을 받지 못한 채 있는 그대로의 나를 받아들이기 어려워하는 아이, 가정과 학교가 바라는 기대치를 맞추기 위해 허덕이는 아이가 너무나 많았다. 불안과 우울에 시달리는 아이, 완벽주의 성향을 나타내는 아이가 있는가 하면 주의가 산만하거나 목표 의식 없이 고립되어 있거나 지쳐버린 아이도 있었다. 언어와 문해력에 문제가 있는 아이뿐만 아니라 평균 혹은 그 이상의 능력을 지닌 경우도 마찬가지였다.

아이러니하게도 아이의 발달을 염려하는 부모일수록 만족스러운 관계 맺기에 어려움을 겪는 사례가 많았다. 제니퍼 시니어는 『부모로 산다는 것』에서 아이의 학교 숙제를 일컬어 오래 걸리고 싸움으로 끝나기도 하는 '가족의 새로운 저녁 식사'라고 표현했는데, 이런 경우는 실제로 많이 찾아볼 수 있었다. 심지어 성취를 크게 강조하지 않은 부모까지도 '아이에게 제대로 집중하지 못한 것 같다' '아무래도 너무 서두른 것 같다'고 말하며 죄책감이 든다고 했다. 이들은 아이와 단절된 느낌을 받으며 불안해하는 악순환을 겪었다.

1980년 아델 페이버와 일레인 마즐리시가 출간한 『하루 10분 자존감을 높이는 기적의 대화』는 많은 부모의 사랑을 받은 베스트셀러인데 아이와의 원활한 소통을 하기 위한 시작점을 제시한다. 두 저자는 아이의 부정적 감정을 마냥 제쳐놓기보다는 이를 인정하고 드러내야 하며 거기에 주목해서 다음 상황을 함께 해결해나갈 것을 강조한다. 중요한 건 본 대로 묘사하는 것이다. 예를 들어 아이가 식탁에 물을 엎질렀을 때 "대체 왜 또 카펫을 더럽힌 거야?"와 "바닥에 물이 흥건하네"는 무척 다르게 들린다. 아이가 해결 방법을 직접 선택하도록 한 뒤, 현명한 칭찬을 건네서 다음에도 좋은 결정을 내릴 수 있도록 격려하는 데까지 이어진다면 최고의 시나리오라 할 수 있다.

대화는 아이의 잠재된 협동심을 이끌어내는 도구이자 영감을 주는 수단이다. 그러기 위해서는 지속적인 대화가 필요하다. 지속적 대화는 아이가 원하는 것과 부모인 나의 대응을 매 순간 이해하는 데서 시작한다. 소통 방식이란 사람마다 다르기에 대화에 이렇게 말해야 하고 저렇게 말하면 안 된다는 명확한 규칙 같은 것은 없다. 오늘 나눈 대화에서 필요하다고 생각한 무엇이 내일은 그렇지 않을 수도 있다. 형제자매 사이도 마찬가지다. 성격이 어떤지, 그날 하루가 어땠는지, 함께 있는지 혼자 있는지에 따라서도 각기 다른 대화 양상이 필요하다. 이런 차이는 정밀과학이 아닌 대화 기술로 충분히 감지하고 맞출 수 있다.

시작은 가족 구성원의 듣기와 말하기 습관을 따뜻한 마음으로 살펴보는 것이다. 모든 부모는 아이와 대화할 때 각자만의 강점과 약점을 보이는데 특히 약점은 급한 상황이거나 피곤하고 스트레스가 심할 때 쉽게 드러난다. 고군분투하는 부모의 모습을 보여주기 창피할 수도 있겠지만, 아이 입장에서는 난관이 닥쳤을 때 이런 부모의 모습을 떠올리며 오히려 편안함을 느낀다. 물론 항상 훌륭한 대화만 할 수는 없다. 때로는 가장 후순위로 밀리기도 하는 것이 대화다. 하지만 아주 잠깐이라도 시간을 낸다면 부모와 아이가 서로를 보는 방식을 바꿔 관계를 크게 개선시킬 수 있는 것 또한 대화다. 소통 과정에서 마음을 열고 이해하고 활기를 느끼다 보면 내면에 어떤 기반이 쌓이는데, 바로 이런 것들이 훗날 다가올 힘든 시간을 잘 이겨낼 자양분으로 작용한다.

대화의 거장들

대화의 중요성을 이해하기 위해 한 세기 넘도록 대화에 관한 대화에 영향을 미친 주요 학자 두 사람을 만나보자. 첫 번째로 소개할 인물은 20세기 스위스 심리학자 장 피아제다. 피아제가 제안한 단계 이론은 아이가 성장하며 사고가 발달하는 것은 맞지만 꾸준히 상승하는 건 아니라는 주장이다. 아이의 통찰력은 새로운 경험을 하는 동안 겪는 시행착오를 바탕으로 길러지는데, 여기서 부모가 해야 할 역할은 새로운 기회를 제공하고 아이가 직접 탐색할 수 있도록 돕는 것이다. 바로 이때 대화가 필요하다. 대화는 꾸준한 피드백을 주고받을 기회이기 때문이다. 부모는 대화를 통해 아이가 어떤 말을 어떤 식으로 하는지 주의 깊게 들으며 몰랐던 생각을 배울 수 있다. 어떤 부분에서 실수를 하는지, 어떤 일에 흥분하거나 좌절하는지, 무엇에 재미를 느끼는지, 얼마나 의욕이 샘솟는지를 말이다. 그런 과정을 거치고 나면 부모는 막연한 가정이나 추측 없이도 아이가 실제로 느끼는 걱정거리나 의문을 명쾌하게 알게 된다. 과연 잘 들어주는 것만으로 아이의 성장에 도움이 될지 의문스러울 수 있겠지만 실제로 아이의 성장과 발전 가능성은 부모가 자신의 말을 제대로 듣고 있다는 느낌을 받을 때 높아진다.

두 번째 인물은 피아제와 같은 해에 태어나 대화를 한층 더 강조한 구소련 심리학자 레프 비고츠키다. 비고츠키는 지식이 사람 간의 교류로 축적된다고 말하며 훨씬 쌍방향식인 접근법을 시도했다. 아이는 비계설정scaffolding(비계란 높은 곳에서 일할 때 임시로 설치하는 건축 공사용 통로나 발판이다. 심리학에서는 아동이나 초보자가 주어진 과제를 잘 수행할 수 있도록 유능한 성인이나 또래가 제공하는 도움을 뜻한다—옮긴이)을 통해 혼자 달성할 수 있는 수준 이상의 통찰력에 도달할 수 있다. 비고츠키가 내세운 근접 발달 영역은 아이가 스스로 달성할 수 있는 수준과 부모의 도움을 받아 달성할 수 있는 수준의 격차를 보여준다. 결국 아이의 잠재력이 확장되도록 돕는 비결은 부모와의 소통인 셈이다. 오랫동안 부모와의 대화로 도움을 받은 아이의 근접 발달 영역은 점점 확대되어 종국에는 혼자서도 많은 일을 할 수 있게 된다. 그 과정에서 배우는 방법 자체를 배우는 것이다. 더불어 생각이 섬세하고 정교해져 감정 능력도 함께 성숙한다.

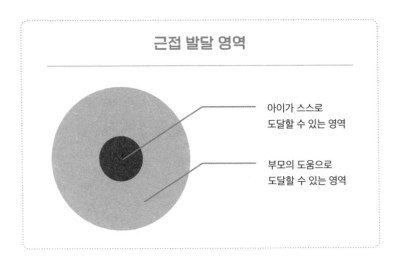

근접 발달 영역

아이가 스스로
도달할 수 있는 영역

부모의 도움으로
도달할 수 있는 영역

지금까지 설명한 확장 개념을 한눈에 알아보기 쉽게 그림으로 나타내자면 다음과 같다. 비고츠키가 주장했듯 비계설정은 아이의 잠재력이 제대로 발휘되게끔 돕는다. 하지만 아이가 너무 힘겨워할 수준이거나 반대로 너무 사소해서 도전 정신을 불러일으키지 못할 정도라면 도움이 되지 않을 것이다. 이럴 때는 부모로서의 직감을 믿어야 한다. 책을 읽는다고 알 수 있는 영역이 아니기 때문이다.

체현 대화와 매개 대화

"안녕하세요?" "잘 지내요" 같은 단순한 인사는 완전한 대화라고 할 수 없다. 강연이나 수업 역시 마찬가지로 의사소통이기는 하지만 대화라고 보기는 어렵다. 아이 입장에서 개입해 참여할 만한 지점도 딱히 없고, 예상치 못한 방향으로 흘러가 색다른 이야기가 이어질 여지도 거의 없으니 말이다. 아이는 상대방이 혼자 끊임없이 말할 때보다 서로의 공통 관심사에 대해 이야기를 나눌 때 대화에 몰두하고 관심을 가질 가능성이 훨씬 높다.

대화 중에서도 오감을 사용하는 대화는 체현 대화다. 아이들은 찌푸림, 미소, 침묵을 통해 더 깊이 있는 대화에 참여할 수 있다. 부모와 아이는 가까이 앉아 있을 때 서로의 행동과 표정을 따라 하는 경향을 보이며 강력한 사회적 친밀감을 형성한다. 이런 친밀감은 아이가 부모의 관점을 받아들이는 출발점이 되므로 공감대를 이루는 기초라 할 수 있다. 얼굴을 바라보면 상대방이 어떤 기분이고 어떤 생각을 하는지 말로 알아차릴 수 있는 수준 너머의 실마리가 보이기 때문이다. 아이는 체현 대화를 하는 동안 따뜻함을 주고받으며 이 과정에서 대화 스킬을 배움과 동시에 관계 맺는 법을 터득한다.

체현 대화는 관계를 증진하고 장기적으로 아이들의 기량을 키우는 데 큰 힘을 발휘하는 대화 방식이며 서로가 물리적으로 한 공간에 있을 때, 몸과 마음이 온전하게 같은 곳에 존재할 때 가능하다. 부모가 아이에게 몸짓과 표정을 비롯한 비언어 단서에 주의를 기울이는 법을 알려주면 아이는 조심스레 상대를 살피며 타인이 말하는 내용과 대화 방식을 받아들인다.

이메일, 화상 채팅, 전화로도 대화를 나눌 수 있을까? 물론이다. 매개 대화라고 하는 이 방식은 직접 만나지 않는 대신 디지털 기기를 이용해 이야기를 나눈다. 매개 대화도 서로 관계를 맺고 연락하는 훌륭한 방법이긴 하지만 체현 대화처럼 감각 정보를 얻을 수는 없다. 현대사회에서 체현 대화 못지않게 중요하고 때로는 필수적이라 해도 이것만으로 충분하다고 할 수는 없다.

그렇다고 매개 대화는 나쁘고 체현 대화가 좋다는 말은 아니다. 아이와 함께 먹을 식사를 준비하며 이메일에 회신한다고 해서 아이에게 안 좋은 영향을 끼치는 것도 아니다. 때로는 매개 대화가 필요하기도 하다. 마감이 코앞인 업무가 있거나 아이와 주말 약속 일정을 잡아야 하거나 친척이 영상통화를 걸어올 때 핸드폰을 멀리하기란 불가능하며 바람직하지도 않다.

특히나 요즘은 매개 대화가 일상으로 자리 잡은 시대이며, 체현 대화보다 훨씬 효율적으로 사용될 때도 있다. 비행기 표를 예매하거나 서비스 센터에 연락하려면 직접 찾아가기보단 전화를 걸거나 이메일을 보내는 편이 훨씬 더 현명하다. 가족과의 소통도 마찬가지다. 지금 어디인지, 누구랑 함께 있는지, 잘 지내는지 같은 것들을 물어볼 때는 전화가 가장 쉽고 효과적이다. 멀리 떨어져 살아야 하는 경우라면 SNS의 순기능이 더욱 빛을 발한다. 자칫 섣부른 SNS 금지령은 현실적이지 않을뿐더러 괜히 아이가 도리어 금단의 열매처럼 여기게 만들 우려가 있다.

하지만 SNS를 비롯한 매개 대화에는 중대한 한계점이 있다. 바로 체현 대화에 담긴 진정한 힘을 놓치게 된다는 것이다. "대면이나 온라인이나 어차피 다 똑같아요" "그냥 전부 다 온라인으로 통일합시다" 같은 제안은 훨씬 풍부하고 다채로운 체현 대화의 힘을 놓치게 할 우려가 있다. 서로 간에 아무런 장치가 없는 상태로 직접 마주해야 아이의 말을 보다 완전하게 듣고 부모로서 최선을 다할 수 있다. 그렇다면 어떻게 해야 체현 대화를 최대한 활용할 수 있을까? 바로 풍부한 대화를 위한 ABC에 초점을 맞추는 것이다.

풍부한 대화를 위한 ABC

부모들과 인터뷰하고 언어학, 아동심리학, 심지어 인공지능 연구자들과 이야기를 나누는 과정에서 좋은 대화를 이끌어내는 주요 수단 몇 가지가 되풀이된다는 걸 알아챘다. 풍부한 대화는 세 가지를 갖추고 있었다. 나는 각 요소의 앞 글자를 따 이를 풍부한 대화를 위한 ABC라 이름 지어보았다.

A. 적응성Adaptive

적응력이 있으면 언제 어떤 도움을 어떻게 주면 좋을지 비교적 쉽게 판단할 수 있다. 아이를 통해 보고 들은 내용을 바탕으로 단어나 말투를 바꾸는 것이다. 대화하는 순간순간 판단할 수도 있고 대화를 마친 다음 곰곰이 생각하면서 장기적으로 어떻게 하는 것이 좋을지를 조정해나가는 방법도 있다. 작년에 필요한 방법이었다고 해서 지금까지 유효하다는 보장은 없으며 형제자매에게 유용했던 방법이라고 해서 지금의 아이에게 딱 들어맞는 것도 아니다. 각자의 특성에 맞춰 대화할 때 비로소 부모는 아이의 정확한 필요를 채워줄 준비를 갖추게 된다.

또래보다 훨씬 말이 많은 세 살배기 아이라면 오히려 어려운 책을 읽어주는 게 좋을 수도 있다. 반대로 열한 살이지만 여전히 표정을 잘 읽지 못하는 아이라면 어려운 책보다 다양한 얼굴을 보며 어떤 감정을 느끼는지 이야기하는 과정에서 도움을 얻을 것이다. 이런 필요는 언뜻 봐서 파악하기 어렵고 얼추 알더라도 무심코 넘어가버리기 십상이다.

아이는 부모와의 관계를 본보기 삼아 타인과 관계 맺는 기분을 가늠하며 다른 사람과 진지한 관계를 맺기 위한 기반을 쌓는다. 또 자신이 한 말을 부모가 어떻게 받아들이는지 이해하며 조망 수용 능력을 키운다. 예전에 친구 딸에게서 이런 모습을 본 적이 있다. 당시 다섯 살이던 친구의 딸은 순한 편이었는데 한번 종이에 베여 작은 상처가 나자 히스테리를 부리며 예민하게 반응했다. 특별한 트라우마가 있는 것도 아니었는데 말이다. 나중에 알고 보니 아이는 아파서가 아니라 손가락에서 나온 빨간색 피를 보고 너무 놀라 민감하게 반응한 것이었다.

누군가는 "그냥 종이에 살짝 베인 것뿐이야"라고 말할 수도 있다. 물론 사실이다. 하지만 작은 일이라고 해서 아이 마음이 상하지 않은 건 아니다. "고작 그런 일로 세상이 끝나지 않아" 같은 말은 아이에게 전혀 위로가 되지 않는다. 이럴 때 필요한 것이 바로 적응의 힘이다. 아이의 연령과 발달단계마다 세심한 주의를 기울인다면 상황에 맞춰 대응을 달리할 수 있다. 적응력이 있다면 강박적으로 집착하지 않고 유연하게 대응해서 무엇이 필요한지를 파악할 수 있다. 아이가 칭찬받기를 원한다면 머리를 쓰다듬어줄 수도 있고 혼자 있고 싶어 하는 느낌이 들면 그러도록 물러나줄 수도 있다. 중요한 것은 '어떤' 행동을 하는지가 아니라 '어떻게' 주의를 기울이는지다. 즉 아이가 보내는 신호를 알아차리고 호응하는 방식에 의미가 있는 것이다.

B. 주고받기 Back-and-forth

대화 자리에 있는 모두가 이야기에 참여하고 몰두하며 차례로 말을 해야 한다는 원칙을 말한다. 대화에서는 아주 작은 신호도 큰 기회가 되니 이 특징을 잘 이용하면 좋다. "응"이나 "아, 정말?" 같은 맞장구는 아이 입장에서 부모가 자신의 말을 귀 기울여 듣고 있다는 느낌을 주며, 계속 말을 이어가도 좋다는 신호다. 함께 산책을 하던 중에 아이가 무언가를 발견했다면 먼저 말을 꺼낼 때까지 기다릴 수도 있고 내 의견을 말한 뒤 아이의 생각을 물어볼 수도 있다. 『최고의 교육』을 쓴 저자이자 심리학자 로베르타 미치닉 골린코프와 캐시 허시-파섹은 이런 주고받기를 '대화형 이중주'라고 표현했다. 대화형 이중주가 잘 이루어질 때면 마치 춤추는 듯한 기분이 드는데 이런 대화에는 제약이 없다. 끝나는 지점이 정해져 있지 않고 아이와 부모가 서로 관점을 바꿀 여지도 남아 있기 때문이다.

주고받기는 상호적이다. 부모의 반응은 아이의 반응에, 아이의 반응은 부모의 반응에 달려 있다. 대화에서 상호적 반응은 정서적으로나 정신적으로나 대화에 집중하고 있음을 보여준다. 아이가 원하는 대로 해주지 않더라도 배려하고 호응하는 게 포인트다. 아이가 말한다. "달콤한 시리얼이 없네." 기분이나 상황에 따라 "다 먹었어" "내일 사러 갈 거야" "단 시리얼은 사지 않을 거야" 등 다양한 반응을 보일 수 있다. 이 대화의 관건은 시리얼을 사느냐 마느냐가 아니라 아이의 말을 인정하고 부모 스스로 수긍할 수 있는 방식으로 대답하는 것이다.

반응을 주고받지 않으면 부모는 아이가 무슨 말을 하려 했는지 놓치고 아이는 혼란스러워지고 만다. 아이가 어떤 질문을 했는데 부모가 자기만의 언어로 길게 설명한 다음 "자, 무슨 말인지 잘 알아들었을 거야" 하는 경우가 있다. 설령 그 대답이 아주 완벽했다 하더라도 아이는 더 명확하게 받아들이거나 잘 이해되지 않는다고 말할 기회를 잃은 셈이다. 그러므로 그저 반응하거나 대답을 하기 전에 아이의 생각을 먼저 물어보는 과정이 필요하다. 그래야 아이가 새로운 것을 배우는 만큼 부모도 아이에게 무엇이 필요한지를 배울 수 있으니 말이다. 서로가 적극적으로 경청하고 받아들일 때 학습은 비로소 양방향으로 이루어진다.

C. 아이 주도Child-driven

그렇다면 정확히 어떤 이야기를 해야 하는 걸까? 이 질문에 대한 답은 '아이 주도'라는 말 자체에 들어 있다. 아이 주도 원칙은 아이에게 가장 중요한 지점에서 시작한다는 뜻이다. 아이디어나 질문일 수도 있고, 흥미를 느끼거나 걱정하는 대상일 수도 있고, 새롭게 배우는 기술일 수도 있다. 보통은 아이가 무엇에 마음을 쏟고 있는지 굳이 찾지 않아도 알게 될 때가 많다. 대부분은 새로 나온 장난감이나 게임 세트, 연예인 굿즈를 사달라고 조르니 말이다.

반면 알아차리기 위해 관심을 기울여야 하는 경우도 있다. 축구를 자주 하는 아이가 골을 꽤 많이 넣는 편인데도 매주 연습이 끝나고 돌아올 때마다 시무룩해 있다면 그 이유는 무엇일까? 자기보다 골을 더 많이 넣은 친구를 질투해서일 수도 있고, 체력적으로 너무 피곤해서일 수도 있고, 어쩌면 더 이상 축구가 즐겁지 않아서 그럴 수도 있다. 아이 주도 원칙을 바탕으로 어떤 일이 일어나고 있을지 곰곰이 생각해보는 것은 아이를 이해하는 데 큰 도움이 된다. 마냥 괜찮을 거라고만 생각지 말고 직접 기분을 물어보는 것도 괜찮은 방법이다. 아이의 생각을 알아가며 같은 눈높이에서 바라보면 거기에 따라 대응할 수 있기 때문이다.

아이가 일찍부터 주도권을 가질 수 있게 하려면 부모가 때맞춰 적절한 반응을 보여주어야 한다. 아직 말을 못하는 시기더라도 아이의 시선을 따라가며 대상을 가리키거나 묘사하면서 반응하는 정도면 충분하다. 얼마나 옹알대는지, 울어대는지 살피면서 무엇이 필요한지 알아차리면 된다. 이처럼 아이가 어떻게 행동하고 느끼는지 알아차린 뒤 반응하는 양육법을 마음 인식mind-minded이라고 한다.

생후 초기 몇 달 동안 부모가 보여주는 반응은 이후 아이의 행복감, 사회성, 언어능력에 중요한 영향을 미친다. 한 연구에서 양육자가 마음 인식을 더 많이 보여준 생후 6개월 유아들은 4년 뒤에도 또래에 비해 높은 수준의 행복감, 사회성, 뛰어난 언어능력을 보였고 문제 행동을 덜 일으켰다.

부모는 아이를 키우며 관찰하고 그 아이가 느끼는 기쁨과 좌절 같은 다양한 감정을 상상해 말로 표현한다. "많이 아팠지." "그렇게 좋아?" 이처럼 아이의 느낌과 생각을 곰곰이 곱씹어본 다음 소리 내어 말하는 능력을 정신화라고 한다. 정신화는 아이가 말을 할 수 있기 전에 대화를 구성하는 중요한 요소다. 정신화는 어린아이도 생각하고 느낄 수 있다는 사실을 내포한다. 아이라고 심적으로나 육체적으로 아무 변화가 없는데 갑자기 울거나 옹알이를 하지는 않는다. 아이의 마음은 부모의 마음과 별개이기에 부모에게 불쾌한 감각이 아이에게는 즐거울 수도 있고 반대의 경우도 마찬가지다. 아이가 말하지 않은 감정을 제대로 맞혔거나 비슷하게라도 대신 표현해준 경우 아이는 이해받았다고 느끼며 단순히 필요가 충족되었다는 만족감을 넘어 위안을 받는다. 부모의 관심을 받은 아이일수록 대화에 마음을 열고 솔직하고 건강하게 약점을 드러낼 가능성이 높다.

풍부한 대화의 ABC, 이 세 요소는 부모와 아이가 한 팀으로 움직일 수 있게 한다. 서로가 동의하지 않는 지점이 있다고 해도 어긋나는 것은 아니다. 아이의 말과 감정에 귀 기울이고, 솔직하게 터놓을 수 있도록 격려하고, 비난받는다는 기분을 느끼지 않는 선에서 자신의 믿음과 신념에 의문을 품어보게끔 다정하게 이의를 제기하면 괜찮다. 이 과정을 거친 아이는 생각하거나 관계 맺을 때 필요한 독립성을 기를 수 있으며 자신의 스타일을 유지하면서도 상대를 배려하는 법을 배우게 된다. 이 모든 과정에서 아이는 상대가 속상하거나 슬플 때 도움이 될 수 있는 위로와 공감을 익히고 슬픔을 함께 이해할 질문을 찾는다. 그렇게 아이는 타인과 스스로에 대해 더 많이 알아가며 말의 미묘한 뉘앙스까지 이해하게 된다.

대화를 성공으로 이끄는 지름길

이 세 가지를 잘 숙지했다면 만족스러운 대화로 가는 여정에 오른 셈이다. 세 요소를 염두에 두고 대화를 하다 보면 전보다 소통이 수월하다고 느낄 것이다. 그간 쌓여온 오해를 풀거나 긍정적인 말다툼을 통해 아이의 불만을 잘 해결할 수도 있다. 서로 함께 있는 시간을 즐기며 상대방에게 웃음을 주었을 수도 있다. 대화 중 이따금씩 벌어지는 충돌을 피할 수는 없겠지만 억지로 애쓰는 느낌 없이 꽤 유쾌한 소통을 이어나갈 수 있을 것이다. 제대로 된 소통을 하고 있다면 악기의 두 현이 맞물려 화음을 내듯 서로 잘 맞아가는 듯한 느낌을 받을 것이다.

하지만 이야기를 많이 나누는 게 전부가 아니다. 중요한 건 대화를 나눈 공간, 내용, 사이사이의 머뭇거림과 침묵 같은 모든 순간을 정리하고 생각해볼 시간을 갖는 것이다. 그러다 보면 그간 저지른 여러 실수가 떠오르겠지만… 아이가 그 실수를 만회하는 법을 배울 가장 안전한 곳이 바로 가정이라는 걸 잊지 말자. 어릴 때는 부모를 절대적 존재이자 울타리처럼 느끼지만, 나이가 들수록 동반자나 멘토처럼 함께 생각을 나누고 신뢰할 수 있는 존재가 되면 좋다. 부모와 이 같은 관계 기반을 쌓은 아이는 성장할수록 의지하던 범위를 점차 줄여가며 스스로 문제를 파악하고 해결하는 단계에 이른다.

그렇다고 모든 것을 아이 위주로 맞추고 오직 부모와만 대화해야 한다는 뜻은 아니다. 삶은 대화할 사람이 많을수록 풍요로워지며 본보기가 많을수록 아이는 더 나은 분별력을 지니게 될 확률이 높다. 여러 사람을 만나고 다양한 화법을 접하며 모두가 똑같이 생각하거나 말하지 않는다는 사실을 깨닫는 것은 무척 중요하다. 언어병리학자이자 오번대학교 교수인 메건-브렛 해밀턴은 "모든 사람은 같은 언어를 다르게 말한다"고 했다. 또한 아이는 가족과 있을 때와 달리 대화의 중심이 아닌 변두리에 놓이는 상황을 맞닥뜨리게 되는데, 그 과정에서 나만 욕구와 필요를 지닌 존재가 아니라는 사실을 받아들이고 이해하며 경청하는 법을 익히게 된다.

풍부한 대화를 나누는 공간이 만들어지면 가정뿐만 아니라 사회적으로도 도움이 된다. 일상에서 자연스럽게 이루어지는 다양한 대화가 세상에 존재하는 여러 방식을 존중하는 본보기가 되기 때문이다. 신뢰와 존재감, 배려와 공감, 상호 이해, 생각을 바꿀 기회 등등. 그런데도 우리는 왜 이 유용한 대화라는 도구를 제대로 활용하지 않는 걸까?

대화 기회를 놓치는 세 가지 이유

부모와 아이가 모두 참여하는 풍부하고 유익한 대화가 서로에게 좋은 건 누구나 안다. 하지만 정작 그런 대화를 나눌 기회는 흔치 않다. 왜 그런 걸까? 성취 지향에 치중된 전통적 학교 교육, 항상 전력을 다해야 한다고 강요하는 집중 양육 원칙, 부모와 아이가 사용하는 기술 방식의 차이라는 세 가지 이유로 요약할 수 있다.

먼저 지나치게 성취와 속도를 강조하는 사회 탓에 아이의 행복이 후 순위로 밀려나기도 한다. 언어와 수학 능력을 평가하는 크고 작은 시험이 주는 부담도 상당하고, 일상 대화에 은근한 방식으로 공부 관련 이야기가 틈입하는 경우도 많다. 시험을 위한 대화는 창조적이거나 비판적인 사고를 추구하는 대신 정답을 찾는 전략에 위주로 이루어진다. 아이는 객관식 질문에 집중해 끊임없이 정답을 찾으려 하고 결국 깊이 있는 논의는 자연스럽게 뒷전으로 밀린다.

대화에는 성적이나 시험 점수와 달리 성공을 가늠하는 척도가 없다. 부모로서 아이를 이끌고 있다는 감각을 느끼고 싶은 거라면 육체적 활동을 시키는 편이 훨씬 간단하다. 아이의 수영 선생님이 다섯 번째 수업 후에 말한다. "아이가 배영을 잘해요. 발차기는 아직 미숙해서 조금 더 익혀야 할 듯합니다." 그 주 토요일 수업에서 아이는 발차기를 집중적으로 연습할 것이고 부모는 실력이 눈에 띄게 나아졌다며 만족스러운 마음으로 돌아갈 것이다. 하지만 대화와 소통은 이런 식으로 이루어지지 않는다. 대화는 뚜렷한 흔적이나 증표를 남기지 않으며 체크리스트 같은 별다른 양식이 있는 것도 아니다.

그렇다고 부모와 아이의 입에서 나오는 모든 말을 낱낱이 지켜봐야 한다거나 어떤 말을 할지 사전에 면밀히 계획해야 한다는 뜻은 아니다. 오히려 그 반대인데, 부모로서 언제나 전력을 다해야 한다는 집중 양육 원칙은 풍부한 대화를 방해한다. 이런 양육 방식은 2018년《뉴욕타임스》기사 제목에 쓰인 표현처럼 "무자비한" 추구가 되어버렸다. 우리는 운전기사, 가정교사, 놀이 친구, 선생님이 되어 부모로서의 욕구를 포기하지 않으면서도 아이의 필요를 채워주고자 최선을 다해 명령하고 조종한다.

간섭하고 싶은 마음은 당연하다. 그것 자체를 부정할 수는 없다. 하지만 방해가 될 정도로 지나치게 간섭하면 아이는 지금 느끼는 관심사와 목표를 놓치기 쉽다. 부모는 누구보다 아이를 사랑하지만 아이가 말하는 방식과 그 이면에 숨은 뜻에까지는 큰 관심을 기울이지 않는다. 그보다는 다음 목표와 성공 비법을 더 궁금해하는 편이다. 아이의 미래를 위해 현재 진행형으로 일어나고 있는 일보다는 앞으로 무엇을 해야 할지에 집중하기 때문이다.

스스로를 대화자가 아닌 강사라 생각하고 말하다 보면 적응성을 잃고 아이의 말을 무시하게 된다. 말의 요지를 빠르게 전하기 위해 서둘러 용건만 강요하다 보면 관계가 어긋나버리기 쉬운데 이런 상황은 일상에서 쉽게 찾아볼 수 있다. 일을 마치고 집으로 돌아온 부모는 아이에게 인사를 건넨다. 아이는 장난감 기차를 가지고 노는 중이었는데 철길 위를 달리다가 그만 벽에 부딪히고 만다. 부모가 "오늘 잘 놀았어?"라 물어도 아이는 "기차 배터리가 나갔어"라고만 대답한다. "오늘 과외 선생님 두 분은 다 오셨니? 동생 아픈 건 좀 나아졌어?" "작은 건 전지가 필요해." 부모는 아이의 하루 일과를 궁금해하며 계속해서 질문을 던지고 아이는 가지고 놀던 장난감이 고장난 것에 대해서만 이야기한다.

서로 자기 할 말만 하는 이런 대화는 왠지 아주 자연스럽다. 당장은 딱히 이상한 게 없다고 생각할 수 있지만 이런 대화가 반복되다 보면 부모와 아이 모두 불만을 느끼게 된다. 아이는 자신의 말을 제대로 들어주지 않는 부모에게 징징거릴 것이고 부모는 가만히 좀 있으라며 짜증을 낼 것이다. 그렇게 아이는 부모와 소통할 의지를 잃어버리고 부모는 아이와 어울릴 기회를 놓치게 된다.

그럴 만한 여유가 없는데도 집중 양육을 하고 싶어 하는 부모가 굉장히 많다. 코넬대학교에서 박사 후 과정 연구원으로 재직 중인 패트릭 이시즈카는 2019년 모든 소득 계층의 부모 중 4분의 3이 집중 양육 방식을 선호한다는 조사 결과를 확인했다. 이런 이상향을 선호하는 현상이 더욱 확산 중이라고도 했다. 하지만 집중 양육 방식처럼 완벽을 추구하면서도 다 해내지 못했을 때 받을 비난을 두려워하는 마음은 대화의 질을 떨어뜨린다. 대화 내내 스스로를 재단하고 쉽게 죄의식에 사로잡히는 탓에 주의력이 점점 산만해지기 때문이다. 대화에서 완벽을 추구하는 것 자체가 핵심에서 벗어나는 일이다. 원래는 대화를 하면 스트레스가 쌓이는 게 아니라 풀리는 것이 맞다.

그럼에도 우리가 평소 나누는 대화는 노동 집약적인 경우가 많다. 무언가를 계획하거나 숙제를 하라며 잔소리하는 일은 다반사고, 결과에 초점을 맞춘 채 대화를 이어나가곤 한다. "'ㄹ'로 시작하는 단어로는 라마가 있어. 'ㅈ'으로 시작하는 단어는…" 이때 부모가 "젤리빈!"이나 "주스!"라고 대답하며 슬쩍 놀이에 끼어들면 아이는 "잼"이나 "점프" 같은 말을 덧붙이며 신나게 놀이를 이어갈 것이다. 그러나 반대로 "잘 모르겠네. 일단 얼른 가서 신발부터 신자"라고 말할 수도 있을 것이다. 물론 두 번째 대답이 이상하거나 문제가 있는 것은 아니다. 서둘러야 하는 상황에서는 어쩌면 당연하고도 합리적인 반응이다. 하지만 적어도 가끔씩은 첫 번째 대답처럼 눈높이를 맞춘 대답을 던져 아이와 대화할 여유를 확보해야 한다.

성공에 초점을 맞추면 아무래도 아이가 일찍 빛을 발하는 분야에 투자하기 마련이고 이제 막 시작한 탓에 아직 서툴거나 썩 뛰어나지 않은 분야는 그다지 신경 쓰지 않게 된다. 아이가 또래 친구들에 비해 늦게 축구를 시작했다면, 재밌어한다 해도 실력이 두드러지게 눈에 띌 확률은 낮을 것이다. 이럴 때 부모가 일등을 요구하거나 단기간에 실력을 키우라고 강조한다면 아이는 좋아하는 마음이 있음에도 부담감 때문에 꾸준히 노력하기 힘들다. 성격도 마찬가지다. 수줍음을 타지만 새 친구를 사귀려고 노력 중인 아이에게 다른 형제자매의 뛰어난 사교성을 운운하며 비교한다면 더 이상 친구 사귀는 일을 포기해버릴지도 모른다. 이러다 보면 아동기에 거치는 각 발달단계에서 완전한 인격체로 대우받지 못해 특질과 기량이 고루 발달하지 않게 된다.

때로는 놀 때마저도 관심이 가는 대상을 탐구할 기회를 놓치곤 한다. 아이가 연못으로 둘러싸인 성을 상상하며 레고 블록을 쌓고 있으면 부모는 보통 이런 질문을 던지곤 한다. "이 블록은 어디에 쌓을 거야? 저기는 파란색으로 할 거야, 주황색으로 할 거야?" 성을 얼마나 높게 쌓을지, 연못에 무엇을 띄울지 의논하려던 아이는 부모의 이런 물음들에 방해를 받아 하려던 말을 까먹어버린다.

좀 더 자라서도 마찬가지다. 아이가 신나게 게임 이야기를 해도 학업에 관심을 쏟고 있는 부모라면 숙제를 했는지를 더 궁금해하며 아이가 하는 말을 귓등으로 듣기 십상이다. 재미를 위해 위험을 감수하는 성향의 아이라면 야외 모험을 경험시켜줄 수도 있고, 친구들과 어울리는 게 좋아 게임을 즐기는 거라면 우정을 쌓을 기회일 수도 있는데 말이다. 바로 이런 연결고리를 찾아내고 혼자서도 발견할 수 있도록 돕는 것이 아이의 세상을 풍요롭게 하는 관건이다.

핸드폰과 컴퓨터는 대화를 촉진할까 방해할까? 어른 입장에서는 아이들이 맨날 핸드폰만 쳐다보고 있으니 서로 얼굴을 보며 대화할 생각이 없어 보인다고 하겠지만 실상은 복잡하다. 물론 2019년을 기준으로 10대 청소년들은 하루에 7시간 넘게 핸드폰을 사용했고 8세에서 12세 사이 아이들도 5시간 정도로 꽤 많은 시간을 핸드폰 사용에 투자했으니 어느 정도 맞는 말이긴 하다. 다만 이런 첨단 기기를 사용하는 아이들이라면 사고방식과 시각도 다를 수 있다는 걸 고려해야 한다. 그중 한 가지가 '상향 사회 비교'로, SNS를 하며 행복하거나 부유해 보이는 타인과 자신을 비교하는 것인데 심하게 비교하는 아이일수록 우울감 또한 높은 편이다.

태블릿으로 게임을 하거나 인터넷에 접속해 이메일을 확인하는 등 첨단 기기를 사용하면 소통 양상이 바뀌기 마련이다. 하지만 핸드폰을 들여다보는 일이 너무 잦아지는 건 대화를 끊는 요인이 된다. 말의 내용보다 중요한 것은 대화자가 주의를 어디에 두는지다. 상대방의 시선이 계속해서 핸드폰 액정에 향하는 것을 느끼면 반대쪽은 괜한 소외감과 미안한 마음이 들며 상대가 대화에 완전히 열린 마음으로 임하지 않는다고 받아들인다. 설령 상대는 그럴 의도가 없었다 하더라도 말이다. 시작은 잠시 한숨을 돌리거나 일정 확인을 위해서였을지 모르지만 어느 순간 습관이 될 수 있으니 조심할 필요가 있다.

한 연구는 부모가 핸드폰을 들여다볼 때 아이의 주변 탐색 정도가 줄어들고 핸드폰을 치운 뒤에도 사이가 이전 같지 않다는 결과를 밝혔다. 이런 경향은 습관적으로 핸드폰을 본다고 응답한 부모에게서 가장 크게 나타났다. 만족스러운 반응을 얻지 못할 거라 예상하게 된 아이의 대화 의지는 점차 줄어들고 결국 소통의 질이 떨어지게 된다. 처음이라면 대부분의 아이는 관심을 주지 않는다고 투덜댄다. 우리 집 소피도 다섯 살 때 자기가 만든 춤을 추기 전에 "핸드폰 좀 꺼봐!"라고 말했다. 짜증을 내거나 징징거리는 아이도 있다. 하지만 같은 상황이 반복되면 아이도 어느 순간부터 핸드폰을 보면서 하는 대화가 정상이라 느끼게 된다. 건성으로 하는 이야기는 당연하게도 깊이 있는 대화가 될 수 없다. 아이가 보내는 미묘한 신호를 알아차리지 못한 부모는 반대 입장이 되었을 때도 달리 할 말이 없다.

나는 오늘날 우리가 살아가는 사회를 언어의 사막이라고 표현하곤 한다. 끊임없이 쏟아지는 뉴스, 문자, 트윗을 보면 의사소통이 충분히 이루어지고 있는 것 같지만 사실 서로를 깊이 연결해주는 유의미한 소통은 굉장히 적다. 이런 언어의 사막에서는 아이와 주고받는 대화의 질에 한층 더 의식해 주의를 기울여야 한다. 진중한 대화는 그 자체를 목적으로 삼을 수도 있지만, 요즘같이 수많은 메시지를 주고받으면서도 깊이 있는 의사소통을 놓치고 있는 시대라면 흐름에 저항하는 의미로도 활용할 수 있다. 아무리 바쁘더라도 관심을 기울일 의지만 있다면 풍부한 대화를 나눌 기회는 언제나 열려 있다.

2장

쏟아지는 궁금증을
해결하는 학습 대화

배우고자 하는 '욕망'이 아니라

지성의 빛을 계속 타오르게 할 '노력'을 길러주어야 한다.

마리아 몬테소리

소피의 네 번째 생일이 지난 지 얼마 되지 않은 어느 날 오후, 우리 부부는 소피가 다니는 유치원 선생님들과 만났다. 아동용 의자에 앉게 된 나는 불편한 탓에 이리저리 몸을 꿈틀거렸다. 한 시간 전만 해도 내가 근무 중인 학교에서 학부모들을 만나고 있었는데, 이제는 내가 학부모 입장이었다.

머리가 희끗희끗하고 온화한 첫 번째 선생님이 말했다. "소피가 실수를 잘 받아들이지 못하더라고요. 독립심이 강한 완벽주의자랄까요? 물론 많은 아이가 그런 성향이 있지요." 반면 두 번째 선생님은 첫 번째 선생님과 다른 뉘앙스로 말했다. "소피가 자기 실수를 다른 사람 탓으로 돌리더라고요. 그런 성향 때문에 친구를 잘 사귀지 못하는 것 같아요. 저희가 책임감의 중요성에 대해 많이 이야기하긴 하지만 가정에서도 소피의 그 점을 신경 써주시면 좋을 것 같습니다." 안 그래도 소피의 그런 성향을 눈치채고 있던 나는 답했다. "그렇군요. 저희도 집에서 할 수 있는 일을 찾아보겠습니다."

학교를 나오고부터는 바쁜 오후를 보내느라 두 선생님과의 대화를 잊어버렸다. 하루 일과를 마무리하고 집으로 돌아가는 그날 저녁, 하필 걸어가는 도중 비가 쏟아지는 바람에 흠뻑 젖은 채 언짢은 기분으로 집에 도착했다. 소피는 쫄딱 젖은 나를 보고 표정을 찡그리며 말했다. "엄마 비 맞았네. 우산 안 가져갔어?" "응. 일기예보 확인을 못 했네." "미리 확인했어야지." 양말을 벗다가 소피의 그 말을 들으니 갑자기 쏘아붙이고 싶은 충동을 느꼈다. 그때 좋은 꾀가 떠오른 나는 소피에게 말했다. "그게 오늘 엄마가 한 실수였어. 넌 어떤 실수를 했어?" 나는 소피와 눈을 마주쳤다. "오늘 어떤 잘못이나 바보 같은 짓을 했냐고." 그러자 소피는 씩씩거리며 "나는 실수 같은 거 안 해" 하더니 방으로 들어가버렸다.

얼마 뒤 저녁을 먹기 위해 말했다. 가족들이 한자리에 모이자 소피는 눈을 반짝이며 말했다. "아빠는 오늘 실수한 거 없어? 있으면 빨리 말해줘!" "음… 깜빡하고 자전거에 자물쇠를 채우지 않았어. 밖에 세워두었는데 말이야." 필립의 답을 들은 소피는 재차 물었다. "그래서 도둑맞았어?" 필립은 안도의 한숨을 쉬며 말했다. "아니, 운이 좋아서 그런 일이 없긴 했지만 다음에는 잊지 않고 꼭 자물쇠를 챙겨야겠어. 소피는 어땠어?" 소피는 씩 웃으며 대답했다. "난 비 오는 날에 자전거 안 타. 실수 같은 것도 안 해."

다음 날 저녁 식사 시간에도 소피는 오늘의 실수를 말해달라며 필립을 졸랐다. "오늘은 이메일을 성급하게 보내는 바람에 덧붙일 설명이 생겨서 전화를 걸었어." "왜 확인을 안 하고 보냈어?" "급한 건이었거든. 그래서 내일부터는 좀 더 여유를 가지고 천천히 일하려고." 필립의 대답을 들은 소피는 이제 자신의 차례라고 말하더니 놀이터에서 우연히 한 남자아이와 부딪친 이야기를 꺼냈다. 남자아이가 울기 시작했지만 소피는 사과하지 않았다고 했다. "그 친구한테 어쩌다 벌어진 일인지 설명해주지 않았어?" 내가 묻자 소피는 "내 잘못이 아니었어"라는 말로 책임을 회피하려 했다. "소피, 꼭 '밀어서 미안해'라고 말할 필요는 없었을 거야. 그치만 아무 말도 하지 않는 너를 보며 그 친구는 어떤 생각을 했을까?" 소피는 잠시 고민하더니 못마땅한 얼굴로 말을 이었다. "내가 일부러 그랬다고 생각했겠지. 다음부터는 설명해볼게."

그날의 대화는 소피에게 작은 깨달음이었을 것이다. 그 뒤로 소피는 자신의 실수를 인정하면서도 실수를 했다는 사실 자체에 휘둘리지 않았다. 실수란 흔히들 저지르는 것이기에 반성하고 해결할 방법을 찾을 수 있다면 괜찮다는 사실을 깨달은 것이다. 소피처럼 아이들은 혼자 곰곰이 생각하고 그 내용을 직접 말하는 과정을 통해 다른 어떤 방법보다도 깊은 배움을 얻는다. 생각은 말로 표현할수록 더욱 견고해지기 때문이다. 자동차의 작동 원리를 구체적으로 알고 싶을 때는 추상적으로 설명을 듣는 것보다 맨 처음부터 직접 만들어보는 게 더 효과적인 것처럼 말이다.

실수 받아들이기

이후로도 소피는 실수에 관한 이야기를 자주 꺼냈다. 가벼운 분위기일 때도 있었고 꽤 심각한 날도 있었다. 나와 필립은 소피에게 맞춰 함께 대화를 나누었다. 그리고 그렇게 몇 주가 지나자 소피의 태도가 바뀌기 시작했다. 나만 느낀 게 아니었는지 선생님들도 소피가 전보다 더 책임감 있는 모습을 보이며 친구를 많이 사귄 것 같다고 했다.

소피와의 대화를 되새기며 나는 심리학자 캐럴 드웩이 말한 '성장 마인드셋', 즉 지능은 불변이 아니라는 믿음을 떠올렸다. 드웩의 주장에 따르면 성장 마인드셋을 지닌 아이는 노력하면 나아질 수 있다고 믿는다. 그렇다고 애초에 재능이란 존재하지 않는다거나 특정 분야에 뛰어난 능력을 타고나는 경우가 없다는 의미는 아니다. 타고난 재능은 분명히 있다. 하지만 부모를 비롯해, 자라나며 만나는 선생님과 친구들의 조언을 바탕으로 열심히 노력하는 일은 분명 나아지는 데 도움이 된다. 드웩은 마인드셋을 연구하며 "나는 아직 곱셈을 배우지 않았다" 같은 문장에 쓰인 '아직'의 용법을 언급한다. 여기서 아직이란 여전히 발전할 수 있다는 뜻과 더불어 실수를 한다는 건 성장할 여지가 있다는 의미를 담고 있다.

현재 성장 마인드셋은 하나의 개념으로 자리 잡았다. 이후 드웩은 생후 3년 6개월 된 어린 아이도 성장 마인드셋의 반대인 고착 마인드셋을 지닐 수 있다는 사실을 알아냈다. 이쯤부터 아이는 실수가 자신이 어떤 사람인지 보여준다고 믿기 시작한다. 내 아들 폴은 세 살 때 "나는 레고를 잘 못 만들어"라고 말한 적이 있다. 누나인 소피가 복잡한 모형을 잘 만드는 모습을 보면서 자기가 부족하다고 느낀 듯했다.

하지만 이런 생각은 대화로 충분히 바뀔 수 있다. 텍사스대학교 교수 데이비드 예거는 고착 마인드셋을 지닌 10대 청소년들이 대화를 통해 성장 마인드셋으로 변화할 수 있고 동기 수준과 성적까지 높일 수 있다는 사실을 발견했다. 예거는 1만 8000명이 넘는 고등학교 1학년 학생을 대상으로 실시한 연구에서 성장 마인드셋 연수에 참여한 학생들이 나중에 더 많은 경험에 도전했다는 사실을 확인했다. 연구로 밝혀진 바와 같이 열린 마음으로 실수를 받아들일 때 비로소 대화가 행동으로 이어진 것이다.

그렇다면 어떻게 해야 아이가 열린 마음을 가지도록 도울 수 있을까? 드웩이 최근에 실시한 연구는 부모가 성장 마인드셋을 발휘해도 아이에게 그대로 전달되는 건 아니라고 주장한다. 아이는 실수나 실패를 한 뒤 부모의 반응을 보고 자신이 기대를 충족시켰는지 그렇지 않은지를 유추하기 때문이다. 이럴 때 재빨리 달려가 "잘 못해도 괜찮아" 같은 걱정스러운 말투로 위로를 건네면 아이는 부모의 의도와 달리 자신이 바뀔 수 없다는 뜻으로 받아들일지 모른다. 그러므로 드웩은 이런 반응 대신 아이가 아까의 상황에서 어떻게 문제를 해결할 수 있었는지를 강조하자고 제안한다. 아이가 실수를 했다면 그 실수를 일종의 정보로 받아들인 뒤 무엇을 배울 수 있을지 물어보는 것이다.

내가 소피를 보며 안 것처럼 실수에 관한 대화는 무엇인가를 알아가는 학습 과정에서 무척 중요하다. 상황을 수면 위로 꺼내 이야기하면 아이는 틀려도 괜찮다는 위안을 느끼며 실수를 저지른 이유를 정확히 짚어보게 되고 그러다 보면 자연스레 다음에 일어날지도 모를 실수를 대비하는 전략을 짤 기회가 생긴다. 실수를 이야기하는 과정은 아이의 공감 능력을 형성하는 데도 도움이 된다. 실제로 소피가 부딪친 친구의 감정을 헤아린 것처럼 말이다. 비록 실수를 저지르긴 했지만 전체적으로 다시 한번 곱씹는 과정에서 아이는 자신이 잘한 부분을 발견하기도 한다.

대화의 본질 깨닫기

배워나가는 대화의 관건은 말하는 '내용'이 아니라 '방식'이다. 그런 양질의 대화를 나누다 보면 아이들은 자신이 갖고 있던 믿음 중 어떤 부분이 잘못되었는지를 알아차리고 이를 바꿔나가고자 한다. 어른도 마찬가지다. 부모는 아이와 진실한 대화를 나누며 아이의 생각을 통찰하고 이를 바탕으로 더 나은 부모가 되어간다. 신념을 완전히 바꾼다는 건 결코 간단하지 않으며 당장 어떻게 할 수 있는 일도 아니다. 하지만 변화는 사소한 순간에, 오랜 대화 속에서 분명히 일어난다. 아이가 실수를 자연스럽게 받아들일 수 있도록 돕는 것은 그런 변화의 시작이라 할 수 있다.

배움의 최종 목표는 무엇일까? 보통은 전 과목에서 우수한 성적을 받아 일류 대학에 입학해 연봉이 높은 직장에 취직하는 것을 떠올리곤 하지만 사실 학습의 근원을 따지고 보면 그건 올바른 목표라고 할 수 없다. 원래 학습의 본질은 아이가 관심 갖는 분야에 다가가기 위한 수단이다. 건강한 학습법을 배운 아이는 성장하면서 좋아하는 일을 발견하고 취미를 꾸려나갈 수 있다. 책에 푹 빠진 아이가 새로운 세상을 상상하고, 무언가를 만들고 발명하고 설계하고 싶어하듯이 말이다. 『엘리먼트』의 저자 켄 로빈슨은 "행복하려면 우리가 진정으로 열정을 느끼는 분야를 만나야 한다"고 주장한다. 열정을 느끼는 분야를 찾은 아이는 동기 수준이 높아지며 성공할 때까지 포기하지 않고 도전하는 법을 배운다.

만약 좋은 성적만이 유일한 성공의 지표라고 정의한다면 비판적 사고와 창의력처럼 중요한 자질을 무시하는 셈이다. 오로지 높은 성적만이 성공이라 생각하는 아이는 새로운 아이디어를 탐색하거나 어려운 문제를 해결할 때까지 오랫동안 물고 늘어지는 인내심과 자신감을 잃어버린다. 그렇기에 부모는 보다 넓은 의미의 성공을 바라보며 아이가 흥미를 보이는 분야에 집중하도록 도와야 한다. 학습의 진정한 의미를 깨닫고 참여하는 아이에게 그 가치는 저절로 따라오기 마련이다.

일상 대화 학습법

소피와 실수에 관한 대화를 나눈 지 몇 주가 지난 뒤, 나는 보스턴에서 보통열차와 급행열차가 교차하는 지점이 내려다보이는 기차 공원 놀이터에 들렀다. 가장 먼저 눈에 띈 건 어느 한 아버지가 어린 아들과 함께 서서 울타리 너머를 들여다보는 모습이었다. "아빠, 다음번에 어떤 색 기차가 올지 맞혀봐." "녹색이 올 거야." "나는 주황색이 올 것 같은데." 두 사람은 다음 기차가 오기를 기다렸고 곧이어 아버지의 말대로 녹색 기차가 지나갔다. 아들은 펄쩍펄쩍 뛰면서 물었다. "어떻게 알았어? 그냥 찍은 거야?" 아버지는 아들을 바라보며 대답했다. "아니, 패턴이 있다는 걸 깨달았거든." "무슨 패턴?" "패턴은 어떤 것과 다른 어떤 것이 반복된다는 뜻이야. 자, 이걸 봐." 아버지는 아들이 입고 있는 줄무늬 반바지를 가리켰다. "봐봐. 녹색, 파란색, 녹색, 파란색. 이런 게 패턴이야." 그 말을 들은 아들은 고개를 뒤로 젖혀 하늘을 보았다. "하늘에 있는 구름도 그러네. 파란 하늘에 구름들이 이어지잖아." 아버지는 미소를 지었다. "맞아. 기차도 구름처럼 각 방향마다 차례가 있는 거야." 아들은 고개를 끄덕이며 덧붙였다. "공평하고 싶은가 봐."

근처를 맴돌던 나는 다른 가족의 이야기도 듣게 되었다. 아까 그 소년과 비슷한 또래로 보이는 여자아이가 요란한 경적 소리를 듣더니 흥분한 눈망울을 반짝이며 어머니에게 말했다. "이게 보라색 기차 소리야? 그 기차가 제일 빠르던데! 들어보니까 빠른 기차는 소리가 좀 다른 것 같아." 하지만 어머니는 아이의 말을 받아주지 않았다. "알파벳 연습 마저 해야지. D 다음은 뭐게?" "근데 빠른 기차 소리가 다른 이유는 잘 모르겠어." 어머니는 자꾸만 공부와 상관없는 이야기를 하는 아이에게 조금 짜증이 난 듯했다. "E, F, G. 그다음은 뭐지?" 그렇게 두 사람의 대화는 금세 끝나버렸다.

언뜻 두 가족의 대화가 비슷하다고 느낄 수도 있지만 사실은 엄청난 차이가 있다. 첫 번째 대화를 먼저 살펴보자. 아버지는 아들의 관심사에 발맞추어 같은 눈높이에서 대화를 이어나갔고 아이에게 패턴이라는 지식을 소개해주었다. 패턴은 초기 수학의 기초라고도 할 수 있는 흥미로운 개념이다. 아들이 입고 있는 반바지를 예시로 들어 패턴의 개념을 이해하기 쉽게 설명한 점은 아이의 발달단계에 적합한 방식이다.

반면 두 번째 대화는 그 자체로 나쁘다거나 틀렸다고 할 수는 없지만 첫 번째 대화가 달성한 그 무엇도 해내지 못했다. 배우고 싶은 것과 가르치고 싶은 것이 달랐던 두 사람은 서로의 말에 귀 기울이지 않은 채 각기 동문서답을 했다. 만약 어머니가 딸이 하는 말을 귀 기울여 들은 뒤 실은 그게 무척 심오한 질문이었다는 걸 알아챘더라면 흥미로운 대화가 오갈 수 있었을 것이다. 빠른 물체와 느린 물체는 왜 서로 다른 소리를 낼까? 이 질문은 알파벳 암기보다 훨씬 흥미진진하며 많은 질문과 생각을 이끌어낼 가치 있는 주제다. 살면서 구급차 사이렌 같은 소리가 가까이 다가올 때와 멀어질 때 높낮이가 다른 이유를 궁금해해본 적이 있을까? 이런 현상에서 우리는 어떤 사실을 발견해낼 수 있을까?

어른이라고 모든 질문의 정답을 알고 있는 건 아니다. 모두는커녕 전혀 모를 수도 있다. 하지만 바로 그게 핵심이다. 답을 모른다는 것은 아이와 함께 탐색하고 더 많이 질문하며 부모도 배움의 여정을 떠날 수 있다는 뜻이니 말이다. 물론 알파벳을 외우는 것도 중요하지만 학습은 단순 암기에 그치지 않는다는 것을 알아야 한다. 진정 중요한 가치는 태도다. 어려우니까 회피하는 것이 아니라, 시간을 들여 답을 찾아가며 처음 들은 질문에서 멈추지 않는 태도 말이다.

열정과 목표 이용하기

특정한 방식을 강요하는 것도 진정한 학습 기회를 놓치게 만드는 이유 중 하나다. 아이의 숙제를 도와줄 때 부모가 세부 사항에 집착하면 원래의 근본적인 목표를 쉽게 잊게 되곤 한다. 아이도 학업 압박에 시달리다 보면 숙제를 감당해내는 데 온 힘을 쏟느라 관심사를 찾는 일은 뒷전이 되고 만다. 물론 숙제를 제때 해야 하는 것도 맞지만 같은 걸 하더라도 더 창의적으로 접근할 방법이 있기 마련이다.

이런 생각이 깊이 와닿은 건 우리 집 소피가 숙제를 해가야 할 나이가 되었을 때다. 2학년이 된 소피는 밤마다 20분씩 책을 읽어야 했는데 문제는 당시 소피가 책을 잘 읽지 못하는 편이었다는 것이다. 어느 날 밤, 침대에 누워 그림책 두어 권을 뒤적이던 소피는 거세게 불만을 터뜨리며 말했다. "책 읽는 거 말고 폴을 재우고 싶다고. 왜 못하게 하는 거야?" 평소라면 마저 읽으라고 설득했겠지만 그때 나는 몇 가지 아이디어를 시도해보고 싶은 마음이 들었다.

나는 책을 한 무더기 내밀면서 말했다. "폴은 책을 읽어주면 좋아하더라. 폴을 재우고 싶으면 책을 읽어주는 게 좋을 것 같아." 그러자 소피의 표정이 밝게 변했다. "그래?" "그럼! 폴이 책 읽어달라고 조르는 거 본 적 없어?" 사실 폴의 의사는 알 길이 없었지만 나는 당연하다는 듯 의연하게 대답했다. 그래도 다행스럽게 실제로 폴은 책을 읽어주면 좋아했다. 소피는 책 더미를 들고 폴 옆에 앉더니 책을 펼쳤다. 그리고 30분 뒤, 나는 어느새 네 권째 책을 읽고 있는 소피에게 이제 자야 할 시간이라며 설득해야 했다.

만약 평소처럼 책을 읽으라 잔소리했다면 아마 소피는 즐거운 마음으로 책을 읽지 못했을 것이다. 읽더라도 불만스러운 마음이 가득했을 것이고 다음 날에도 독서가 부담으로 다가와 읽을 맛이 나지 않았을 것이다. 잔소리 대신 동생을 돌보고 싶다는 소피의 욕구에 초점을 맞춘 덕에 우리는 훨씬 즐거운 방식으로 책 읽기라는 목적을 달성했다. 독서는 무미건조한 과제가 아닌 관계를 맺는 수단으로 사용되었고 폴과도 정서적으로 더 친해지는 계기가 되었다. 모든 건 대화가 잘 이어진 덕분이었다.

특정한 방향으로 이끄는 건 부모의 몫이되 무엇을 어떻게 배우고 연습할지는 아이가 선택하도록 하자. 그래야 더 열정적인 태도로 임하기 마련이다. 학습 능력이 높아지면 더 흥미로운 질문을 떠올리게 되고 연습량도 늘어나게 된다. 물론 아까도 말했듯 당연히 숙제는 해야 한다. 다만 아이가 스스로 결정할 여지를 주는 것이 장기적인 성장에 핵심적인 방법임을 잊지 말자.

자기 대화와 학습의 상관관계

아이의 역량을 발휘하게 하는 교육법에 대해 더 자세히 알아보고자 일상 대화에 초점을 맞추기로 유명한 애틀랜타 언어학교를 찾았다. 애틀랜타 언어학교는 학습에 어려움을 겪는 아이들이 긍정적으로 성장해

공립학교로 돌아갈 수 있게끔 하는 교육으로 유명한데, 이 학교의 철학은 세계적으로 유명한 문해력 학자이자 UCLA 교수인 매리언 울프 박사의 연구에 영향을 받았다고 한다. 나는 총장 코머 예이츠의 초대를 받아 애틀란타 언어 학교의 몇몇 수업을 참관할 수 있었고 학교 전체가 참여한 '책 시식회'라는 행사까지 둘러보았다. 『해리 포터』에서 영감을 얻은 감초 지팡이, 『윔피 키드』를 주제로 만든 컵케이크같이 책과 관련된 간식을 곁들인 책 시사회였다.

행사가 끝난 후에는 교사들과 한자리에 앉아 이 학교에서 이루어지는 고유의 학습법에 관한 각자의 경험을 나누었다. 한 교사가 말하기를, 토머스 에디슨은 실패할 것 같은 느낌이 드는 '암흑의 골짜기'라는 경험에 대한 글을 쓴 적이 있는데 '계속 도전하면 반드시 성공하게 된다'는 것이 요지였다. 교사들은 이런 골짜기를 세스 고딘이 집필한 『더 딥』에서 따와 '딥'이라 불렀다. 이런 에디슨의 이야기를 읽은 어떤 학생은 어느 날 수학 문제를 풀던 중 웃으며 "저는 지금 딥에 빠졌어요"라고 했다고 한다. 학생은 그렇게 말하면 어려움이 견딜 만하게 느껴졌다고 한다. 이처럼 아이들은 시간이 흐르면서 스스로와 대화하는 각자만의 방식을 발견하고 활용해 어려운 문제를 해결해나간다.

애틀란타 언어학교에서는 실패나 끈기가 추상적 개념이 아니었다. 학생들은 에디슨의 교훈을 이해하고 내면화해 사고방식으로 받아들였다. 전에 포기한 경험이 있더라도 자기 대화를 통해 다시 한번 버티고 이겨냈다. 이곳의 학생들은 숙달로 나아가는 과정에서 실패란 반드시 겪는 일이라 받아들인다. 또 그 실패가 어떤 의미인지 계속 생각해보는 호기심을 유지하고자 노력한다. 많은 연구에서 밝혀졌듯 "한번 더 해보자" 같은 긍정적 자기 대화는 감정과 행동을 다스려 보다 효과적인 학습을 돕는다. 이런 습관이 든 아이는 혼란스럽고 어려운 상황을 맞닥뜨렸을 때 회피해버리고 곧바로 조언을 구하는 대신 혼자 문제를 풀어보며 자기 대화를 나눈다.

한 연구 결과는 이 주장을 뒷받침할 만한 결과를 보여주기도 했다. 열심히 공부했다는 긍정적 발언을 반복한 아이들이 그렇지 않은 아이들보다 수학 시험에서 더 높은 점수를 받은 것이다. 더 놀라운 건 평소 자신이 수학을 잘 못한다고 생각했던 아이들에게서 더 강한 효과가 나타났다는 점이다. 이 연구는 부모가 아이의 긍정적 학습 발달을 위해 자기 대화를 더 많이 하게끔 도와야 한다는 것을 시사한다. 자신을 긍정하는 학습 대화가 꾸준히 이루어지면 스스로를 긍정적으로 평가하게 되고 주도적인 학습을 하게 된다. 결국은 부모가 주입하는 내용이 아닌, 아이 스스로가 무엇을 말하고 내면화하는지가 중요한 것이다.

원만한 대화를 위한 3E 전략

그렇다면 일상생활에서 학습 이야기를 할 때 어떻게 시작하는 것이 좋을까? 나는 어른과 아이 사이의 상호작용을 연구하며 얻은 3E 아이디어를 임상 실무에 활용해보았다. 모두가 대화에 참여하도록 이끌고 이야기가 원만하게 흘러가도록 하는, 쉽게 말하자면 뒷주머니에 간직해놓고 필요한 순간에 꺼내 쓸 수 있는 전략이라 할 수 있다. 3E를 구성요소를 하나씩 살펴보자.

풍부한 대화를 이끄는 3E

아이의 사고 **확장**

다양한 가능성 **탐색**

발전을 위한 **평가**

확장Expand

아이가 한 말을 받아서 늘리는 기법이다. 단어나 문장을 더하거나 뜻을 보다 명확히 설명하는 것이다. 어머니가 대화에서 확장 기법을 많이 쓸수록 2~3세 사이 유아의 언어능력이 크게 발달한다는 연구 결과도 있다. 거리에 지나가는 트럭을 보고 아이가 "큰 트럭"이라고 말했을 때 어머니가 "맞아, 저건 큰 트럭이야"라고 대답하면 관심을 보인 화제를 유지하는 동시에 발언을 확장시켜준 것이다.

부모와 아이의 소통을 다룬 대부분의 연구가 어머니에게 초점을 맞추어 진행되어온 경향이 있지만, 요즘은 아버지를 대상으로 한 연구도 많이 진행되고 있다. 가령 사용 어휘를 중점으로 아버지가 하는 말이 어떤 힘을 발휘하는지 보여주는 연구도 있다. 농촌 지역 출신 아버지들을 대상으로 실험을 실시했는데, 아버지가 생후 6개월 된 아이에게 책을 읽어줄 때 사용한 어휘 수준에 따라 이후 1세, 3세 때 나타내는 언어 발달이 달라진다는 결과도 있었다.

아이가 장난감을 가지고 놀던 도중 말한다. "트럭이 넘어졌어!" 이때 부모는 뭐라고 답해야 좋을까? "그래, 네가 트럭을 벽 쪽으로 밀었더니 부딪혀서 넘어졌네"라는 식으로 답했다면 아이와 같은 대상에 주의를 기울이고 있었던 것이다. '공동 주의'라고 하는 이 작용은 향후 학습과 사회성 발달의 기초가 되는 부분이다. 부모는 대화를 통해 아이가 처음 듣는 어휘를 가르쳐주고 좀 더 정확하고 복잡한 언어 사용법을 알려준다. 아이는 이 과정에서 혼자 할 수 있는 수준 이상의 언어를 배우고 넓혀나간다.

처음에는 아이가 마음의 문을 열 수 있는 질문을 하는 것이 좋다. "더 자세히 얘기해볼래?"도 대화를 확장하는 질문 중 하나다. 보통은 어린 아이를 대할 때 "멋진 비행기네" "정말 예쁜 꽃이다" "저건 무슨 색이야?" 같은 단정적 질문을 많이 하곤 한다. 그런데 "더 자세히 얘기해봐"라고 말하면 아이는 상대가 이야기를 들을 의향이 있고 다음 이야기를 기다리고 있다는 인상을 받게 된다.

그렇다고 표지에만 지나치게 집중하면 아이만이 할 수 있는 창의적인 생각과 상상력을 놓치게 된다. "우와, 멋지다. 그건 뭐야?" "어떻게 된 일이야?"처럼 어렵지 않은 질문을 던져보자. 아이가 조금 설명하다가 멈추면 "그다음에는?"이라고 되물어보자. 이런 접근법이 "그건 나무야?"처럼 정답을 맞춰보자는 식의 질문보다 훨씬 더 도움이 된다. 아이가 무슨 말을 할지 이미 알고 있다고 생각해서는 안 된다. 직접 설명하도록 하되 깜짝 놀랄 만한 아이디어를 슬쩍 던지면 훨씬 재밌는 대화를 이끌어갈 수 있을 것이다. 부모 눈에는 그저 나무에 불과했던 것이 아이에게는 발가락 두 개인 괴물일 수도 있고, 집이라 생각했던 것이 우주 공간을 떠도는 위성이거나 상상 속 새들이 사는 둥지일 수도 있으니 말이다.

탐색Explore

아이가 당면한 환경을 넘어 과거와 미래를 이야기하고, 머나먼 곳의 풍경과 낯선 사람들을 상상하고, 여러모로 새로운 발상을 궁리해 해결책을 고민하도록 탐색을 유도하는 말도 좋다. "너는 트럭이 어디로 갔으면 좋겠어?" 같은 질문 말이다. "우주로!" 같은 대답이 나올지도 모르지만 말이다. 트럭이 벽에 부딪혔다면 "어떻게 해야 트럭이 부딪히지 않을까?" "트럭이 다른 길로 갈 수도 있지 않을까?"처럼 새로운 방향을 제시할 수도 있다. 이런 질문을 받은 아이는 추상적이고 창의적인 방향으로 생각할 기회를 얻고 새로운 아이디어를 발견하게 된다. 책을 읽을 때 세상의 경계가 확장되는 것처럼 상상하고 예측하고 가설을 세우는 것도 같은 역할을 한다.

탐색 과정에서는 탈맥락적 언어를 사용하는 경향, 즉 추상적 생각이나 눈앞에 없는 대상을 이야기하는 경향이 있다. 쉽게 말해 '집'은 구체적이고 '건축'은 탈맥락적이다. 어휘력과 스토리텔링 능력을 키워주는 탈맥락적 언어를 발달시킬 가장 좋은 방법은 부모가 본보기를 보이는 것이다. 이야기를 들려주는 간단한 방법으로도 모범이 될 수 있다. 책 내용 일부를 들려주거나, 시간과 장소의 제약에서 벗어나 어떤 주제를 다루거나, '예'나 '아니오'로 대답할 수 없는 개방형 질문 위주로 대화를 나누어보는 것이다. "무슨 일이야?" "저 사람은 지금 어디로 가는 걸까?" 같은 단순한 질문도 개방형 질문이 될 수 있다. 혹은 "이 아이는 친구가 떠나고 어떤 기분을 느꼈을까?" "얘는 왜 울지 않았을까?" 같은 질문으로 이유나 감정을 물어볼 수도 있다. 반면 "이 아이는 다른 학교로 전학 갔을 때 행복했을까?" "이 사람은 예전 집으로 돌아가게 될까?" 같은 질문은 폐쇄형이다. 아이가 혼란스러워 모른다고 대답할 만한 경우라면 폐쇄형 질문이 유용할 때가 있지만 대개는 개방형 질문이 아이의 상상력을 훨씬 빛나게 한다.

아이가 어리다면 구체적인 질문부터 시작하는 게 좋다. 부모와 아이가 모두 아는 대상을 기준으로 질문하되 복잡한 질문을 조금씩 늘려가 보자. 책을 읽을 때는 단어에만 집중하기보다 곳곳에서 튀어나오는 아이디어에 관심을 기울여보자. 부모가 비계를 설정해서 사고 과정을 조금만 뒷받침해주면 아이도 충분히 추상적으로 생각할 수 있다.

가령 이런 내용의 그림책이 있다고 해보자. 아이가 토끼를 쓰다듬던 중에 갑자기 비가 오자 토끼가 달아나버린다. "안 돼! 토끼가 사라졌어!" 아이가 울자 무지개가 떠오르며 다시 토끼가 돌아온다. 흔한 종류의 이야기이지만 내용을 바라보는 시선까지 흔할 필요는 없다. 오히려 "토끼는 왜 달아났을까?" "동물들은 보금자리가 필요할 때 어디로 갈까?" "사람들은 보금자리가 필요할 때 어떻게 할까?" "어떤 보금자리가 가장 안전할까?" "사람과 토끼의 공통점은 또 뭐가 있을까?" 같은 의외의 이야기를 나눌 좋은 기회로 삼아보자.

좀 더 나아가 아이의 경험으로 질문거리를 만들 수도 있다. "폭풍우가 그치니 무지개가 뜨네. 나무가 토끼의 보금자리가 되어주는 것처럼 우리 집도 보금자리가 되어주지? 너는 우리 집에서 어떤 부분이 마음에 들어?" 현실과 밀접한 질문을 들은 아이는 보다 구체적으로 몰입해 답을 생각해보게 된다.

그저 그렇게 해석하고 넘어갈 법한 평범한 그림책에 짧은 대화를 더하니 인간의 기본 욕구를 생각해보는 데까지 도달했다. 또 굳이 어려운 어휘를 사용하지 않고도 흥미진진한 방식으로 아이의 수준에 맞출 수 있었다. 이처럼 부모가 대화를 이끌면 구체적인 내용에서 추상적인 내용으로 유연하게 나아갈 수 있다. 아이가 이해하기에 질문이나 화제가 다소 어렵더라도, 아이의 말을 뒷받침해주며 잘 따라오고 있는지 확인하면 문제없이 대화를 이어갈 수 있다. 중간중간 강요하거나 밀어붙이지 않고 서로가 느낀 바를 확인해보는 과정도 필요하다. 이때 아이는 자신이 얼마나 많이 아는지를 인식하고 자부심을 느끼며 부모는 아이가 생각하는 방식을 정확하게 파악하려 노력하다 보니 점점 더 좋은 질문을 던질 수 있게 된다. 아이가 생각보다 얼마나 깊이 사고하는지, 어떤 식으로 대상과 대상 간의 연결고리를 만드는지 보면 깜짝 놀랄 일이 많을 것이다.

일상 대화를 나눌 때도 탐색 과정을 적용해 "만약 …라면 어떨까?"라는 질문을 던져보자. 만약 사람이 개미만큼 작다면 어떨까? 작은 집을 짓고 작은 자동차를 만들어야 하지 않을까? 어쩌면 환경오염의 심각성이 지금보다 줄어들 수도 있지 않을까? 이렇게 꼬리에 꼬리를 무는 질문을 이어가며 연쇄적 생각을 나누다 보면 아이의 창의적 사고도 자연스레 넓혀지기 마련이다.

평가Evaluate

아이에게는 자신의 사고, 아이디어, 전략, 계획을 비판적인 시선으로 생각해보는 평가 과정이 필요하다. "트럭이 부딪혔을 때 왜 바퀴가 망가졌을까?" "우리는 왜 망가진 부분을 고칠 수 없을까?" 이런 질문은 옳은 정답을 찾자는 게 아니다. 오히려 "내 생각에 부족한 부분이 어디지?" "뭘 놓쳤을까?" 등을 다방면으로 생각하는 것이 핵심이다.

잘 배우고 평가하기 위해서는 일정 수준의 자기 연민self-compassion이 필요하다. 자기 연민이 없으면 자기비판적 성향이 지독하게 강해질 수도 있다. 예전에 초등학교 1학년 학생이 단어 뜻풀이 문제를 풀며 답을 고민하다가 "혹시 이 뜻이 맞나요?"라고 물어본 적이 있었다. 곧바로 정답이라 말해주려는 찰나, 아이는 갑자기 "아니에요, 멍청한 소리였어요"라며 얼버무렸다. 수많은 아이가 그랬는데, 이 아이도 아주 어린 나이부터 자신감을 갉아먹고 지적 성장까지 방해하는 비판 습관을 들인 것이다.

평가란 부정적으로 비판하는 것이 아니라 생각과 느낌을 좀 더 객관적으로 고려하도록 하는 긍정적인 행위다. 평가 자체를 부담과 공포가 아니라 질문을 돌아볼 기회를 만드는 일시 정지 버튼으로 생각하자. 그래야 아이도 한층 더 깊이 있는 질문과 아이디어를 꺼낼 수 있으며 자기 자신을 신뢰하는 방법을 익히게 된다.

3E 대화가 가져온 놀라운 변화

중학교 1학년 학생 캐럴라인과 대화를 나누게 되었을 때, 나는 그에게도 3E를 적용해보았다. 캐럴라인은 아이디어를 떠올리고 의견을 표현하는 데 어려움을 겪는 중이었다. 독해력과 글쓰기 수준을 평가해본 결과, 읽기와 쓰기 수준은 초등학교 5학년 정도였다. 글을 쓸 때면 특히나 시작 부분을 어려워했는데 이 아이디어가 좋은지, 글거리가 될 만한지 의문을 품으면서 스스로를 지독하게 비판했고 결국 고민만 하다 아무것도 못하는 경우가 많았다. 그래도 일단 흐름을 타서 제대로 시작만 하면 별다른 문제없이 잘 마무리하곤 했다.

시간이 지날수록 캐럴라인은 문제를 점점 심각하게 느꼈고 걸림돌에 부딪힐 때마다 스스로를 비난했다. "전 절대로 글을 쓸 수 없을 거예요. 재능이 없는 것 같아요. 제가 쓰려는 글감들을 보면 모두 처참해요." 그렇게 글쓰기에 어려움을 겪던 캐럴라인은 자신을 앞으로도 영영 쓰지 못할 사람으로 낙인찍기에 이르렀다. 나는 캐럴라인이 글쓰기 능력을 향상하는 것뿐만 아니라 인식 자체를 바꿀 수 있도록 도와주고 싶었다.

캐럴라인은 동물을 무척 좋아했는데 설득문을 쓰던 어느 날에도 학교에 반려동물을 데려오는 반려동물의 날이 있으면 좋겠다고 신나게 이야기했다. 하지만 얼마 지나지 않아 고개를 푹 숙이더니 "그런데 뭘 써야 할지 모르겠어요"라고 불평하며 자신감을 잃어갔다. 나는 캐럴라인의 생각을 뒷받침하고자 확장 질문을 던지기 시작했다. "왜 반려동물의 날이 있어야 한다고 생각해?" "그냥요." "딱히 이유가 없어?" "잘 모르겠어요." 캐럴라인은 모르겠다고 대답했지만 다시 금방 고개를 들어 눈을 맞추더니 "재미있을 것 같아서요!"라고 말했다. 나는 다시 질문을 던졌다. "만약 학교에 반려동물을 데려오면 친구들은 어떨 것 같아?" "좋아할 것 같아요." 왠지 할 말이 더 있어 보이는 캐롤라인의 얼굴을 보며 나는 한마디를 덧붙였다. "어쩌다 그런 생각을 떠올렸어? 엄청 창의적인걸?" 그러자 캐럴라인의 표정이 밝아졌다. "TV에서 어떤 프로그램을 봤거든요. 친구 집에 반려동물을 데려갔더니 아이들이 말다툼을 멈추고 사이좋게 지내기 시작하더라고요." 좀 더 탐색해보고 싶은 마음에 물었다. "왜 그런 것 같아?" "보면 기분이 좋아지잖아요. 치료법으로도 사용하던데요?"

우리는 질문과 대답을 이어가며 여러 생각을 주고받았고 나는 캐럴라인이 대화 내용을 잘 이해하고 있는지 평가했다. 아이는 더듬거리긴 해도 끝까지 말을 이어나갔다. 캐럴라인은 점차 편안하고 정확하게 자기 의견을 표현했고 나날이 자신감이 붙어가는 듯했다. 그러던 어느 날 캐럴라인이 이런 말을 했다. "이제는 쓰고 말하는 게 재밌어요." 나는 그간의 변화에 깜짝 놀랐다. 캐럴라인은 얼마 지나지 않아 몸소 느낀 변화를 들려주기도 했다. "제가 쓴 글을 선생님께 읽어드렸더니 정말 재밌다고 하셨어요. 나중에 반 친구들에게도 읽어주셨다니까요!"

캐럴라인은 이 과정을 통해 자신이 쓴 글을 다른 시각으로 보게 되었고 전보다 스스로를 긍정적으로 평가했다. 생각하고 말하는 방식을 바꾸자 해낼 수 있는 것도 바뀐 것이다. 이런 선순환을 반복할수록 우리는 더 건설적인 대화를 나눌 수 있었다. 자신감이 생긴 캐럴라인은 열린 태도로 학습 내용을 받아들였고 실제로 역량이 발전하며 자기 인식 수준도 함께 높아졌다.

아이에게 필요한 것은 거창한 조언이 아니다

이후로도 이어진 비슷한 연구들은 아이디어를 세세하게 이야기할 때 나타나는 효과가 사실임을 증명했다. '언어화'라고 하는 이 기법은 학습을 증진하는 중요한 방법이다. 읽기 프로그램 〈시각화와 언어화 Visualizing and Verbalizing〉의 창시자 낸시 벨은 마음속으로 영화를 만든 다음 이를 소리 내어 말하도록 가르치는 방식으로 어린이의 읽기와 쓰기 능력을 발달시켰다. 이 방법은 아이들이 읽고 있거나 말하고 싶은 내용을 시각화한 다음 그 아이디어를 좀 더 완전하게 표현하도록 돕는다. 여러 연구에서 증명되었듯 언어화는 학습한 내용을 더 잘 이해하고 기억하는 데 영향을 주기 때문이다. 생각을 말로 표현하는 아이는 그렇지 않은 아이에 비해 긍정적이며 장애물과 맞닥뜨렸을 때 비교적 잘 대처하는 경향을 보인다. 이때는 특별한 조언을 해주기보다 간단한 격려를 건네는 정도면 충분하다.

아이를 대할 때는 몇 살인지에 관계없이 호기심 어린 마음으로 기다리는 자세를 유지하자. 질문을 하거나 아이디어를 제시했으면 한 걸음 물러서서 기다리는 것이다. 네가 할 말이 있다는 사실을 알아차렸으며 귀 기울여 들을 의향이 있다는 마음만 보여주면 된다. 아이가 반응을 보인다면 그때부터 무엇을 궁금해하는지 살피고 함께 조사해보자. 미국의 한 고등학교에서 독일어를 가르치는 친구 제이 코디는 자신이 경험한 내용을 말해주었다. "한번은 고등학생들이 모인 야외 수업에 초등학교 1학년짜리 아들을 데리고 간 적이 있었거든? 거기서 아들이 전날 산책하던 길에 우연히 본 산딸기 덤불을 또 본 거야. 덤불로 둘러싸인 길을 걸으면서 식물들은 왜 그렇게 심술궂게 가시로 긁어대는지 묻더라고."

아들에게 질문을 받은 코디는 동물들이 스스로를 어떻게 보호하는지 되물었다고 했다. "음… 도망치거나 발톱을 사용하지." 아들의 대답을 들은 코디는 말했다. "그렇지? 하지만 식물은 도망가거나 공격할 수 없잖아. 그래서 가시를 사용하는 거야." 그러자 아들은 재미있어하며 말했다. "제법 똑똑하네." 그냥 "모르겠어"나 "스스로를 보호하려는 거야" 정도로 대답할 수도 있었지만 코디는 짧게 답하는 데 그치지 않고 대화의 폭을 넓혀나갔다. 또 다른 질문을 던져 내용을 확장해나가도록 유도

하는 대화법으로 질문과 대답이 어우러진 양질의 소통을 이루었다.

양질의 대화는 나이와 상관없이 모든 사람을 끌어들인다. 누가 내게 가시란 무엇인지 정의를 읊어주는 대신 생물이 어떻게 스스로를 보호하는지, 무기와 가시 사이에 어떤 연관이 있을지를 생각해보는 게 훨씬 흥미진진하지 않은가? 당연히 아이도 마찬가지다. 어린아이는 깊게 사고할 수 없다는 생각은 완전한 오해다. 짧은 답을 요하는 질문이나 단답형 문제에는 똑같이 간단히 대답하겠지만, 나이가 어려도 복잡한 생각과 질문을 충분히 받아들일 수 있고 대답을 궁리하는 과정에서 즐거움을 느낀다. 그러려면 부모로서 아이를 믿고 있다는 걸 보여주고 직접 경험할 기회를 주어야 한다.

사소한 질문의 나비효과

부모가 대화를 잘 이끌어나가면 아이는 자신에게 지적인 도전을 받아들일 능력이 있다는 것을 알게 된다. 시작은 흥미와 호기심을 표현하는 정도만으로도 효과가 있다. 우선 "응"이나 "그래?" 같은 맞장구로 은근한 동의를 표현해보자. 간단한 표현으로 물꼬를 트면 아이는 부모가 이어질 말을 궁금해한다고 느낀다. 경청하고 있다는 걸 알리는 동시에 이야기를 이어갈 시간을 주면 아이는 반짝이는 생각을 최대한으로 부풀릴 수 있다.

폴이 세 살 때 창턱으로 올라가 "너구리는 어딨어?" 하고 물은 적이 있다. 집 밖 나무에 너구리가 산다는 사실을 알게 된 지 얼마 안 되었을 때였다. 남편은 "보이지는 않겠지만 아마 깨 있을 거야"라고 말했다.

그러자 폴은 "이제 잠잘 시간이니까 너구리도 자겠지"라고 대꾸했다. 그 말을 들은 나는 폴에게 새로운 사실을 알려주었다. "폴, 너구리는 우리가 잘 때 놀고 반대로 우리가 깨어 있을 때 잠을 자." 폴은 어리둥절한 표정을 지었다. "피곤한 시간이 우리랑 다른 거야. 그럼 너구리는 언제 피곤할까?" "음, 날이 밝을 때?" 폴은 정답을 외치더니 창가로 향했다. "너구리야 일어나! 너의 아침이 밝았어!"

폴은 간단한 대화로 어떤 동물들은 인간과 밤낮이 바뀐 생활을 한다는 것과 인간의 생활 패턴이 모든 동물에게 똑같이 적용되지 않는다는 사실을 이해했다. '야행성' 같은 어려운 단어를 사용해 설명할 수도 있었지만 굳이 그러지 않아도 폴은 자기만의 방식으로 너구리의 생리를 잘 이해했다. 나중에 이 개념이 자연스러워지면 어려운 단어를 알려줄 시기가 올 것이다. 무언가를 구체적으로 관찰할 때도 마찬가지다. 부모가 먼저 아이의 관심사를 언급하면 아이는 자연스레 한 발 더 다가가 탐색하기 마련이다. "개미들은 왜 줄지어 움직여?"라는 질문을 들었다면 "곤충과 포유류의 행동은 어떻게 다를까?" "사람들은 어떨까?" 같은 질문으로 대화를 이끌어나가는 것이다.

때로는 사소한 의문이 중대한 아이디어로 나아가는 관문이 되기도 한다. 작은 궁금증들을 해소하며 자신이 아는 내용을 넓혀나가고 이를 바탕으로 더 많이 알고 싶다는 욕구를 느끼는 것, 이것이 바로 세상에 존재하는 수많은 흥미거리를 배우고 싶어 하는 평생 학습자의 토대다. 부모가 어른마저도 답을 모르는 질문을 던지며 아이의 사고를 확장하다 보면 어느새 자신도 깊게 몰입해 더 풍부한 소통을 이끌게 된다. "독일의 수도는 어디일까?"와 "최초의 나라는 어떻게 시작됐을까?"라는 두 질문을 비교해보자. "저 별자리의 이름은 무엇일까?"와 "왜 별은 대부분 밤에만 보일까?"라는 질문은 어떨까? 두 경우 모두 첫 번째 질문은 답을 이미 알고 있거나 쉽게 찾을 수 있지만 두 번째 질문은 간단히 답하기 어려운 것들이라 곰곰이 생각할 시간이 필요하다.

그렇다고 각 나라의 수도를 배우는 것이 의미 없는 일이라거나 어려운 질문이 쉬운 질문보다 낫다는 건 결코 아니다. 내가 하고 싶은 말은 우리가 명확한 답이 있는 질문은 지나치게 강조하는 데 비해 다소 복잡하거나 불분명한 대상은 제쳐놓으려 한다는 것이다. 모든 게 그렇듯 균형이 핵심이다. 이런 불균형을 바꾸려면 아이와 함께 탐색에 집중해야 한다. 먼저 의구심을 표현해 아이가 말을 하도록 이끈 뒤 한 걸음 뒤로 물러나 어떤 말을 하는지 지켜보자. 아이도 어른이 모르는 게 있다는 사실에 기뻐할 때가 많다.

하지만 어른이라고 해서 항상 풍부한 대화를 주고받을 에너지가 넘치는 것은 아니다. 다른 사람과 이야기 중일 때는 아이의 질문에 응해 길게 대화할 시간이 없을 수도 있다. 이런 경우라면 아이에게 상황을 설명하고 양해를 구하는 것이 좋다. 하지만 상황만 받쳐준다면야 오랜 대화를 나누는 경험은 아주 중요하다. 풍부한 대화는 훗날 몸에 익을 많은 습관의 기반이기 때문이다.

다방면으로 질문하기

대화로 쌓이는 습관은 아이가 세상을 이해하는 데 도움을 준다. 아이들이 하루에 하는 질문 개수가 최소 93개라는 연구 결과만 보아도 배우고자 하는 욕구는 본능이라는 것을 알 수 있다. 같은 질문을 골백번씩 하면 당연히 성가시게 느껴질 법도 하지만, 그럴 때 아이들은 질문 욕구를 해소하는 중이기에 만족스러운 설명을 얻지 못하면 같은 질문을 다시 할 가능성이 두 배로 높아진다. 이런 유의 질문들은 아무런 연관 없이 이 주제에서 저 주제로 옮겨 가곤 한다. 소피가 일곱 살 때 한 질문들이 딱 그랬다. 한번은 이런 질문을 한꺼번에 던진 적도 있었다. "질문할 게 세 개 있어. '멈춤'이라는 단어는 누가 만든 거야? 별이란 건 왜 있어? 잠을 잘 때 뇌에서는 어떤 일이 일어나?"

4세와 5세를 대상으로 한 어느 연구에서는 아이들이 아무런 이유 없이 제시된 정보보다 자기가 직접 한 질문의 대답에 포함된 정보를 더 잘 기억한다는 결과가 나왔다. 또 어떤 연구에서는 부모가 두 살인 아이에게 '누가, 언제, 어디서, 무엇을, 왜' 형태로 질문을 던졌을 때 더 복잡한 문장과 어려운 단어가 들어간 대답을 듣는다는 결과도 있었다. 그리고 이 경우에 실제로 1년 뒤 아이의 추리 능력이 더 발달했다.

부모는 어른인 자신은 당연히 답을 알아야 한다고 생각해서, 정작 본인에 관한 질문은 거의 없는데도 정확한 대답이 떠오르지 않으면 걱정부터 하고 본다. 실은 "잘 모르겠지만 내 생각은 이런데 너는 어떻게 생각하니?"라고 말하는 편이 훨씬 간단하면서도 관심을 끌 수 있는 대답인데 말이다. 아이는 부모가 어떻게 생각했는지를 들으며 사물에 대해 곰곰이 생각하는 방법을 배우고, 모른다고 솔직하게 인정하는 모습을 보며 모르는 게 있어도 괜찮다는 위안을 얻는다. 사물이 작동하는 방식과 어떤 일이 왜 일어나는지 생각해보는 과정은 두 살에게든 열세 살에게든 세상을 탐색하고 이해하는 데 도움을 준다.

일상 대화에서도 사소하게 시작된 질문 하나를 더 깊이 파고들어 가보자. 나이별로 두 가지 사례를 들어보겠다. 먼저 어린아이의 경우다.

네 살 아이가 **"구름이 많이 낀 것 같아. 비가 올까?"**라고 말한다.	
흔한 대답	"잘 모르겠네. 그럴 것 같기도 하고."
신선한 대답	• "올 것 같긴 한데 미리 확인 못 했네. 네가 볼 때는 어떨 것 같아?" • "아마 눈구름일 거야. 어떻게 알았게?" • "분명히 올 거야. 비가 오면 어떻게 해야 할까?" • "아무래도 안 올 거 같은데. 넌 오면 좋겠어? 왜?"

다음은 조금 더 나이가 많은 아이의 경우다.

열두 살 아이가 **"왜 중국은 우리나라랑 법이 달라요?"**라고 묻는다.	
흔한 대답	"글쎄, 우린 서로 다르니까."
신선한 대답	• "어떤 법이 다른지 잘 모르겠는데. 혹시 아는 게 있니?" • "그 질문을 들으니까 왜 나라마다 각각 다른 법을 제정하게 된 건지 궁금하네." • "지도자마다 중요하다고 생각하는 부분이 달라서 그런 거 아닐까? 네 생각은 어때?" • "서로 조사해본 다음에 각자 어떤 법을 지키면서 살고 싶은지 얘기해 보자!"

두 사례의 대답들은 모든 것을 알고 있는 부모의 입장이 아니다. 이런 답변은 완벽한 답을 내놓지 않는 대신 질문을 탐색의 기회로 삼아 아이가 새로운 방식으로 뻗어나갈 길을 만들어준다. 질문은 누구나 할 수 있으며, 모르는 건 부끄러운 일이 아니라 새로운 사실을 알 기회다.

아이의 나이와 상관없이 비슷한 질문을 던져도 괜찮다. 다만 개념이 얼마나 추상적인지, 어떤 어휘를 사용하는지 정도만 다를 뿐이다. 중력처럼 커다란 개념을 예로 들어보자. 이를테면 "왜 물건은 항상 아래로 떨어지고 위로는 올라가지 않을까?" 같은 기초적인 질문에는 서너 살 정도의 아이도 참여해 의견을 나눌 수 있다. 조금 더 나이가 많다면 "중력이 줄어들면 어떻게 될까? 모든 물체가 둥둥 떠다닐까 아니면 아예 하늘로 솟구쳐 떠오를까?" 같은 질문을 던져보자. 왜 어떤 물체는 다른 물체보다 땅에 떨어지기까지 더 오래 걸리는지 같은 알쏭달쏭한 문제도 논할 수 있다. 대화 중간마다 아이가 어떻게 이해하고 있는지 자주 확인하는 것도 잊지 말자. 물어보지 않으면 제대로 이해하고 있는 건지 그렇지 않은 건지 짐작만 할 뿐 확실히 알 수 없으니 말이다.

독서가 좋아지는 대화법

책을 읽는 중간중간 이런저런 질문을 던지면 아이는 더 재밌는 독서를 하게 된다. 깊이 있는 대화를 시작하는 수단으로 책을 활용하는 것이다. 부모는 아이가 어릴 때부터 책을 많이 읽게 하려고 애쓴다. 독서의 중요성이 강조된 이후로 자기 전마다 20분씩 책을 읽어야 한다거나 일주일에 적어도 두 권은 읽어야 한다는 말을 들어본 적이 있을 것이다. 하지만 목표량 달성을 위해 독서를 하면 아이는 부모가 읽어주는 줄거리를 조용히 듣기만 해야 한다. 이런 방식은 책을 읽고자 하는 의욕을 떨어뜨리는 탓에 독서 자체가 스트레스고 지루하다 느끼는 아이가 많다.

원래 책 읽기를 어려워하는 경우라면 말할 것도 없다. 예전에 어떤 부모가 아이에게 책을 읽어주면서 "중간에 끼어들지 마"라고 말하는 모습을 본 적이 있다. 책을 읽을 때 아이가 끼어드는 것은 흥미롭게 내용을 따라가고 있다는 증거인데 말이다. 많은 연구 결과가 보여주듯 학습에서 가장 중요한 요소는 아이의 참여도이기에 몇 권을 읽었는지가 전부가 아니라는 걸 알아야 한다.

책 내용을 가지고 풀어가는 대화식 책 읽기는 이해를 높이는 것으로 검증된 독서 방식이다. 부모가 대화식 책 읽기를 이끌기 위해서는 먼저 아이가 무엇에 흥미를 느끼는지에 관심을 기울여야 한다. 실제로 책을 읽는 동안 끼어들어 질문하는 아이들은 더 많이 배우고 동기 수준이 높아지며 호기심도 많이 느낀다. 아이가 성장하는 발달 수준에 맞춰 질문을 바꿔나가며 상상력을 자극하는 생각을 유도해보자.

가령 〈호기심 많은 조지 시리즈〉라는 그림책을 보면 주인공인 원숭이 조지가 열기구를 타고 올라간 뒤 내려오지 못하는 내용이 나온다. 이 책을 함께 읽을 때는 다음과 같은 다양한 질문을 던져 아이의 생각을 확장할 수 있다.

아이가 〈호기심 많은 조지 시리즈〉를 읽다가 **"웃기는 원숭이네"**라고 말했다.	
흔한 대답	"그러게! 다음 페이지로 넘어가자."
신선한 대답	• "조지가 하는 농담은 늘 웃겨. 아는 사람 중에 조지 같은 사람도 있어?" • "그치. 조지는 기구를 즐겨 타네. 네게도 신나는 여행이었다고 기억하는 추억이 있니?" • "그러니까 말이야. 조지가 웃기는 행동을 많이 하는 이유가 뭐라고 생각해?"

이런 대화를 나누면 책을 그냥 쭉 읽어 내려갔을 때보다 훨씬 풍부한 대화를 나눌 수 있다. 전보다 많이 읽지는 못하겠지만 대신 독서를 하며 새로운 아이디어의 장을 경험하게 된다.

학교를 다니는 아이라면 어떤 책을 읽고 싶거나 읽는 중인지 물어보자. 그걸 바탕으로 관련된 주제의 책이나 잡지를 찾아보면 좋다. 만약 책 읽는 걸 그다지 좋아하지 않는 아이라면 평소 취미를 주제로 한 책이 독서를 시작하는 훌륭한 방법이 될 것이다. 밤마다 책을 낭독하는 것도 큰 도움이 된다. 이런 시간을 기회로 삼아 어떤 부분에 놀랐는지, 마음에 드는 인물과 싫은 인물은 누구인지, 다음 장에는 어떤 일이 벌어질 것 같은지, 나중에 읽어보고 싶은 주제가 있다면 어떤 것인지를 이야기해보자.

아이와 같은 책을 함께 읽는 것도 효과적인 방법 중 하나다. 부모가 책을 읽어주는 것도 좋고 반대로 아이에게 책을 읽어달라고 하는 것도 좋다. 오디오 북을 듣는 선택지도 있다. 독서를 마치고 난 뒤에는 어디가 좋았는지 물어보자. 아이가 유독 재밌게 읽은 책이라면 어땠는지 더 자세히 이야기를 들려달라고 하자. 아직 글을 읽지 못한다면 직접 그림을 그려 이야기를 표현해보는 것도 좋은 방법이다.

어떤 책을 골라줘야 할까

수준에 맞는 책을 읽는 것은 좋지만 수준만을 기준 삼아 책을 고르는 것은 부모의 강제성이 개입되어 있는 경우가 많다. 그리고 그러다 보면 아이의 관점과 관심사를 무시하는 경우가 생긴다. 좋은 의미로 시작했던 독서가 아이에게 좌절감만 심어줄 수도 있는 것이다. 그러니 수준보다는 아이의 관심사나 학습 목표를 파악해 책을 선택하는 것이 좋다.

소피가 일곱 살 때 도서관에서 읽고 싶은 책을 골라온 적이 있는데, 혹여 너무 어려운 건 아닐지 판단하기 위해 우리는 '다섯 손가락 규칙'을 적용해 살펴보기로 했다. 한 페이지당 읽을 수 없는 단어가 다섯 개면 적당한 수준, 그보다 많으면 너무 어려운 수준이라고 판단하는 기준법이다. 그렇다고 모르는 단어가 하나도 없는 게 좋은 건 아니다. 너무 쉬우면 배울 것이 별로 없기 때문이다. 쉬운 책으로 연습하면 이해가 잘 되니 재미도 있고 자신감도 쉽게 붙는다. 지루하다 느낄 수도 있지만 같은 책을 여러 번 반복해 읽는 것은 술술 읽는 능력을 키우는 데 아주 좋은 방법이다. 페이지마다 어려운 단어가 다섯 개 이상씩 나오면 대부분의 아이가 좌절감을 느껴 중간에 독서를 포기하고 만다. 그래서 많은 교사가 다섯 손가락 규칙을 금과옥조처럼 사용하곤 한다.

그날도 소피는 한숨을 푹 쉬며 말했다. "첫 문단에만 모르는 단어가 다섯 개야." "그래? 그럼 다른 책을 찾아보자." 하지만 소피는 이 책이 좋다며 고집을 부렸고 더 이상 말이 통하지 않을 것 같은 느낌에 나는 그냥 그러자고 했다. 그런데 의외로 소피는 밤마다 그 책을 꺼내 읽기 시작했고 어려운 단어들은 내가 알려주는 식으로 독서를 이어갔다. 그러던 어느 날 나도 모르게 "이 책은 네 수준에 안 맞아"라고 말해버렸는데 놀랍게도 뒤에 들려온 소피의 말은 "상관없어"였다.

몇 주 동안 소피는 같은 책을 읽었지만 매일 두 페이지를 채 넘기지 못했다. 제대로 된 독서가 이루어지지 않는 것 같다고 느낀 나는 "더 잘 맞는 책을 찾으면 안 될까?"라고 여러 번 물었다. 하지만 소피는 그때마다 싫다고 우겼고 나는 결국 설득을 포기했다. 재밌는 건 뒤로 갈수록 소피가 책을 읽다가 멈칫거리는 일이 줄어들었다는 것이었다. "앞부분을 읽을 때는 내가 모르는 게 너무 많았어, 그치?"라는 말을 하기도 했다. 그렇게 점점 나를 찾는 일이 줄어들더니 스스로 자부심을 느낀 소피는 "정말 어려운 책이긴 하네. 그래도 벌써 100페이지나 읽었어!"라고 외쳤다.

나는 소피가 그 책을 조금씩 읽어나가며 발전하는 모습을 내내 지켜보았다. 과연 그 책이 최선의 선택이었냐고 묻는다면 아마 지금도 아니라고 대답할 것 같다. 그래도 그 책은 소피가 세운 목표였다. 너무 어렵더라도 읽어보는 게 소피의 성격과 맞았고 자기가 할 수 있다는 걸 증명하고 싶은 의도와도 잘 부합했다. 책을 읽고 대화를 나눌 때마다 소피가 좌절하거나 지친 기색이 느껴지지는 않는지 틈틈이 확인했다.

아예 독서 규칙을 버리고 아이가 읽고 싶어 하는 책만 읽어야 한다는 말이 아니다. 독서 규칙과 학습 규칙은 참고하면 좋을 지침 정도로 여기되 적용할 때는 아이의 특성을 고려하자는 것이다. 학교같이 많은 아이가 모인 집단에서는 어렵겠지만 가정에서라면 반드시 융통성을 발휘한 맞춤형 접근법을 적용해야 한다.

숲을 보는 메타 인지 학습법의 힘

이 경험을 한 후로 소피는 책을 고를 때 난이도에 좀 더 신경을 썼다. 어떤 책을 보고는 "좀 어려울 것 같긴 한데 읽을 수 있어"라 했고 어떤 책은 펴보고 "너무 어려울 것 같아"라고 말했다. 소피가 자기 의견을 꺼내기 시작하면서 우리는 자연스럽게 독서에 관한 대화를 나누었고,

이 대화는 다음 책을 고르는 데 참고 데이터가 되었다. 나도 함께 살피며 "저 책에는 어려운 단어들이 나오긴 하지만 네가 읽을 수 있을 정도인 것 같아" "그건 고등학생들이 읽는 책이니 나중에 읽는 게 좋을 것 같은데?" 같은 의견을 덧붙였다.

소피의 사례로 알 수 있듯이 아이들은 대화를 하며 자기 생각이 어떤지를 돌아보고 고민한다. 이렇게 내가 무엇을 알고 무엇을 모르는지, 어느 부분에 도움이 필요하고 어떻게 그 도움을 얻을 수 있는지 알아차리는 능력이 바로 메타 인지다. 지난 30년 동안, 회복탄력성을 갖춘 뛰어난 학습자를 키우는 데 메타 인지가 얼마나 중요한지를 증명하는 연구가 꽃을 피웠다 해도 과언이 아니다.

2017년 스탠퍼드대학교에서 통계 수업을 듣는 학생 두 집단을 대상으로 실험을 했다. 매 수업마다 한 집단을 무작위로 선정해 어떻게 공부할지 전략을 세우도록 했는데, 학기가 끝날 무렵이 되자 전략을 더 많이 세운 집단이 반성과 계획 덕에 상대적으로 높은 성적을 받았다는 결과가 나왔다. 생각에 관한 생각은 그 자체로도 유용하지만 앞을 내다보는 방법을 배울 때 더 큰 효과를 발휘한다. 과제나 프로젝트에 어떻게 접근할지 미리 전략을 세운 뒤 그대로 실행하며 진행 상황을 파악하는 것처럼 말이다. 아이가 과학 실험에 필요한 재료를 사기 위해 오후 다섯 시 전에 문구점에 가겠다는 계획을 세웠다고 해보자. 그런데 막상 문구점에 가니 필요한 재료 중 하나가 부족하다. 급한 대로 살 수 있는 것만 사서 집으로 돌아온 아이는 화산 모형을 만들고 폭발 여부를 예측하는 과제를 시작한다. 잠시 후 실험의 앞 과정을 마친 후에는 화산이 폭발할 것 같다는 기록을 남긴다.

그러던 중 갑자기 잊고 있던 사실이 떠오른 아이는 고민에 빠진다.

"아까 재료를 한 가지 빠뜨렸지. 그냥 넘어가면 안 될 것 같은데. 이대로도 폭발하면 좋겠지만 어쩌면 빠진 재료가 핵심일지도 모르잖아." 완성했다는 들뜬 마음 때문에 잘못된 결론을 내릴지도 모른다는 사실을 깨달은 아이는 폭발에 필요한 재료가 무엇인지 인터넷에 검색해보고, 역시나 빠뜨린 재료가 핵심임을 알게 된다. 혹시 몰라 그대로 진행해보지만 폭발하지 않는 것을 두 눈으로 확인한 아이는 빠뜨린 재료를 사서 다시 시도하기로 결심한다. 이런 경우 비록 첫 번째 실험이 실패해도 아이는 크게 실망하지 않는다. 실패한 이유를 명확히 이해했고 다음에 성공하려면 어떻게 해야 하는지도 알기 때문이다.

메타 인지를 할 줄 아는 아이는 혼란스럽거나 의욕이 꺾이는 시기가 오더라도 하던 일을 멈추고 새로운 판단으로 상황을 바꿔나간다. 이렇게 큰 그림을 보면 다음에 어떻게 해야 할지, 어디에 에너지를 쏟는 것이 좋을지 보다 쉽게 파악할 수 있다. 메타 인지는 독립심이 증가하고 학습에도 박차를 가해야 하는 시기를 맞은 청소년에게 특히 더 중요하다.

부모에게 메타 인지가 필요한 이유

연구를 계속 진행하며 나는 메타 인지가 어떤 식으로 부모와 아이의 관계에도 도움이 되는지 알게 되었다. 한번은 열 살인 아들 제레미의 읽기 능력에 대해 어머니 브리아나와 이야기를 나눈 적이 있다. 난독증인 제레미는 문자로 기록된 단어를 읽는 '해독'과 읽은 내용을 이해하는 '독해'를 모두 어려워했다. 열심히 노력했기에 조금씩 진전되고 있긴 했지만 그만큼 지쳐버린 상태였다. 농구 연습이 끝나고 집으로 돌아와 밤늦은 시간까지 숙제를 끝내기 위해 애쓰는 나날이 반복되었다. 상담 시간에도 고개를 꾸벅이며 조는 일이 잦았다. 제레미를 가르치는 선생님들도 비슷한 이야기를 전해왔고 아무래도 잠을 충분히 못 자는 것 같다며 걱정했다.

숙제는 어떻게 하고 있는지 묻자 브리아나는 넋두리를 했다. "몇 시간씩 해요. 틀린 답을 쓰게 내버려두기 싫어서 도와주고 싶기도 해요." "제레미가 숙제를 끝내요?" "네, 제가 확인하거든요." "어머니는 숙제 시간에 어떤 기분이 드세요?" 그러자 브리아나는 격하게 웃으며 대답했다. "아무래도 제가 과한 것 같다고 느끼죠. 제레미가 질색하는 것도 알아요. 숙제를 마칠 때쯤이면 녹초가 되어서 짜증을 내거든요." 나는 새로운 제안을 던져보았다. "제레미에게 솔직하게 말해보는 건 어때요? 예를 들어서 이 문제를 이렇게 푼 게 이해가 되지 않는다고 말해보는 거예요. 진짜 궁금한 걸 물어보는 거죠. 그리고 제레미가 설명할 수 있는지를 보세요. 만약 제대로 말하지 못한다면 그때 실수를 잡아내면 되지요." 그러자 브리아나는 물었다. "숙제 상태가 별로인 채로 가져갔다가 선생님이 화가 나시면 어떡하죠? 점수를 낮게 줄 수도 있잖아요." 부모로서 걱정될 만한 지점이긴 하지만, 아이가 정말 노력한 것을 아는데도 무작정 화를 내는 교사는 드물다.

물론 낮은 점수를 받으면 괴롭겠지만 또 마냥 나쁘기만 한 건 아니다. 같은 개념을 틀리는 아이가 많으면 교사가 먼저 눈치를 채고 좀 더 쉬운 설명으로 수업을 진행할 수 있다. 반면 수업 시간에 힘들어해도 숙제는 완벽하게 마쳐 제출하는 아이들이 있는데, 이렇게 되면 교사는 아이가 어떤 부분을 잘 모르는지 파악하기가 어렵다. 내가 브리아나와 나눈 대화처럼 학습 시 아이를 대하는 부모의 태도와 생각을 살펴보는 과정도 필요하다. 브리아나의 경우 제레미가 숙제를 끝내지 못한 채 학교에 갈까 봐 어머니로서 불안했는지, 숙제를 미처 다 해가지 못하면 자책했을지 스스로에게 물어보는 과정이 필요했다. 이런 질문에 대답하다 보면 아이를 대할 가장 효과적인 방법을 발견하게 된다. 어쩌면 한 걸음 물러서서 혼자 하도록 내버려두는 편이 최선일 수도 있고, 반대로 좌절해서 완전히 포기하는 일이 없도록 더 많이 도와주어야 할 수도 있다.

이처럼 아이의 학습을 바라볼 때 일어나는 내면의 충동과 반응을 알아차리면 도움과 과도한 개입 사이에서 최선의 타협점을 찾을 수 있다. 아이가 힘들어하는 부분에 대해 교사와 상담을 할 수도 있고 아이가 직접 교사와 상담하도록 연결해줄 수도 있다. 그간 아이를 지켜보며 도움이 된 방법, 특히 아이가 스스로 할 수 있는 방법을 함께 전달하면 교사 입장에서도 학생의 상황을 훨씬 수월히 파악해 가장 바람직한 방법으로 도움을 줄 수 있다.

학습을 이끄는 부모의 태도

공부에 관한 아이와의 대화에서는 부모가 적절한 균형을 찾기가 더욱 어렵다. 요즘 교사들이 가르치는 방식은 지금 성인인 부모들이 어릴 때 배웠던 방식과 똑같지 않다. "초등학교 3학년 수학까지는 이미 다 떼놨어야 하는 거 아닐까요? 저희 애는 너무 늦은 것 같아요." 부모들은 웃고 있으면서도 어딘가 굉장히 초조해 보인다. 하지만 부모와 교사가 불안을 느끼면 제대로 된 학습을 돕기가 어렵다. 2015년에 발표된 한 연구에 따르면 부모가 수학에 불안감을 느낄수록 아이가 1년간 배우는 수학 학습량 또한 적었다. 심지어 부모가 수학 숙제를 도와주기라도 하면 오히려 불안해하는 경향까지 나타났다. 수학이라는 과목이 무섭거나 너무 어렵다고 느껴진다면 태도를 바꿔보자. 느긋하게 접근하면 된다.

우선은 아이가 생각하는 방식대로 문제를 풀어보게 두자. 무조건 처음부터 정답을 맞출 필요는 없다. 그리고 어쩌다 한 번씩은 정답과 오답을 설명해보라고 시켜볼 필요가 있다. 아이는 이 과정에서 생각을 정리하게 되고, 혹시라도 잘못 이해해온 게 있다면 발견해서 수정할 수 있다. 비난하지 않는 말투로 반응하며 아이의 논리를 확인해보자. "재미있네. 어떻게 그런 답을 얻었어?" "어떻게 생각한 건지 듣고 싶다." "이 정답을 얼마나 확신하는지 1에서 10까지 숫자로 말해볼래?" 큰아이가 있다면 대화를 거들어달라 부탁하거나 동생의 선생님이 되어보자고 제안하자. 동생은 모르는 것을 알게 되고 큰아이는 알고 있는 것을 다시금 설명하면서 더 명확하게 이해하는 동시에 뿌듯함을 느끼는 일석이조의 결과를 얻을 수 있다. 학습 대화를 시도할 때는 다음과 같은 좋은 대화 습관들을 기억해두면 좋다.

대화 습관 1. 이유 말하기

모른다고 인정하기

부모라고 모든 과목을 섭렵할 필요는 없다. 잘 모르겠다면 아이에게 솔직하게 "잘 모르겠어"라고 말한 뒤 함께 찾아봐도 괜찮다.

얼마나 아는지 확인하기

아이가 "공룡은 왜 죽었어?"라고 물어보면 부모들은 으레 "운석이 떨어져서 멸종했어"라고 대답한 뒤 부연 설명을 덧붙일 것이다. 하지만 그전에 아이가 얼마나 이해하고 있는지부터 확인해보자. 생각지 못한 대답이 들려올 수도 있다. "바위가 죽였어." "자동차가 공룡을 쳤어." 부모는 아이의 대답에 따라 다르게 반응해야 한다. 어떤 대답을 들었을 때는 조금만 덧붙여 설명하면 되지만 더 기상천외한 경우에는 대대적인 수정이 필요하니 말이다.

올바르고 정확하게 설명하기

정답지처럼 구체적이고 완벽한 답을 내놓을 필요는 없지만, 적어도 알고 있는 한에서는 정확하게 설명해주는 것이 좋다. 가령 몽골에 대해 설명해야 하는 상황이라면 "세계에서 가장 큰 나라는 아니지만 프랑스보다 큰 건 확실해"라고 말하는 것이다.

질문에 질문으로 답하기

"식물은 왜 초록색이야?" "로켓은 어떻게 작동해?"처럼 멈칫하게 되는 질문을 들으면 당황하지 말고 같은 방법으로 확인하면 된다. "그건 왜 물어보는 거야?" "어쩌다가 그런 게 궁금해졌어?"라고 되물으면 답할 시간을 버는 동시에 아이의 사고 과정을 이해할 기회가 생기는 셈이다. 아이는 곰곰이 생각하는 동안 다른 질문을 떠올리거나 진짜 알고 싶은 건 다른 것이었다는 사실을 깨달을 수도 있다.

아무래도 명확한 답이 없을 때는 함께 찾아보면 된다. 친구, 가족, 이웃에게 물어봐도 좋고 책이나 인터넷을 찾아봐도 좋다. 힘을 모아 대답을 찾고 거기서 또 새로운 질문거리를 만들어보자. 또 뜻밖의 일에 주목하면 재밌는 경험으로 새로운 것을 배울 수 있다. 어쩌면 옆집 이웃이 식물학에 흰하다는 사실을 알게 될 수도 있고, 우연히 발견한 옛날 지도에 다양한 식물 종이 자라는 위치가 표시되어 있을 수도 있다!

계속해서 질문하기

식물이 초록색인 이유에 대해 말하던 중 아이가 "엽록소가 있으니까"라는 대답을 내놓았다고 해보자. 굉장히 이성적이고 정확한 답변이지만 부모는 "엽록소는 왜 초록색이야?"라는 질문을 던질 수 있다. 아이가 충분하다고 느낄 때까지 관심사를 따라가며 계속해서 질문해보자. 질문을 이어가는 데는 다음과 같은 팁들이 있다.

가설 세우고 맞추기

예전에 학생들과 '예, 아니요, 어쩌면'이라는 게임을 만든 적이 있다. 규칙은 간단하다. 우선 어려운 질문을 던지고 매우 그럴듯하면 '예', 매우 그럴듯하지 않으면 '아니요', 어중간하면 '어쩌면'이라고 말하는 것이다. 모두 이해했다면 한 명을 대답할 사람으로 정한 뒤 그 사람이 뭐라고 답할지를 나머지가 맞추면 된다. 시간이 여유롭다면 질문에 대한 진짜 정답은 무엇일지 함께 조사해보는 것도 좋다.

꼬리에 꼬리를 무는 질문

"왜 우리는 색을 볼 수 있는 거지?" "보라색 식물도 있나?" "자연에 없는 색깔도 있을까?" "인공적인 색이라는 건 어떨 걸까?" 질문이 꼬리에 꼬리를 물고 이어지도록 하자. 질문과 답변이 이어지는 동안 내용을 기록해 어떻게 변화하는지 추적해보는 것도 재밌다. 질문이 점점 더 어려워진다면 발전하고 있다는 증거다.

다양한 이론 제시하기

보통은 아이를 대할 때 최대한 이해하기 쉽게 설명해주려 한다. 하지만 오히려 복잡한 현실을 받아들이면서 새로운 깨달음을 얻기도 하는 법이다. 예를 들어 아이가 공룡이 죽은 이유를 물으면 이렇게 대답하는 것이다. "소행성 때문에 멸종했다고 생각하는 사람도 있고 기후 변화 때문이라고 말하는 사람도 있어. 나도 확실하게는 모르겠는데 같이 찾아볼까?" 부모가 계속해서 새로운 호기심을 보이면 아이는 나만 모르는 게 많다는 불안을 가라앉히고 함께 궁금증을 해결하고 싶어 한다.

대화 보관해두기

아이와 항상 함께 있어주지 못한다고 해서 스스로를 책망하지 말자. 잘못된 이상일 뿐만 아니라 불가능한 목표다. 아이에게도 혼자만의 휴식 시간과 친구, 형제자매랑 보낼 시간이 필요하다. 꼭 대답해주고 싶지만 상황이 여의치 않다면 '책갈피 기능'을 이용한 게임을 시도해보자. "지금 이 질문, 잘 기억해두었다가 이따 데리러 왔을 때 다시 물어볼래?" "저녁 먹을 때까지 질문 다섯 개를 모았다가 한꺼번에 얘기해보자." 이렇게 하면 부모는 생각할 시간을 가질 수 있고 아이는 질문을 모으며 하루를 흥미롭게 보낼 수 있다.

아니면 좀 더 장난스럽게 접근해도 좋다. "지금은 질문에 대답할 사람이 자리를 비웠습니다. 한 시간 뒤에 다시 오세요. 그때까지는 형에게 물어보시면 됩니다." 형제자매나 친구를 끌어들인 질문 대회를 열어 대답할 권리를 다른 사람에게 넘길 수도 있다. 정답을 맞혀야 한다는 틀에서 벗어나 가장 어렵거나 실없는 질문을 한 사람을 우승자로 꼽는다면 훨씬 다양한 대답이 나올 것이다. 터무니없는 대답부터 그럴싸한 대답까지 쭉 들어보고 잠시 생각할 시간을 가진 뒤 아이에게 어떤 대답이 가장 마음에 드냐고 물어보자.

계속해서 아이의 질문이 날아온다면 일단 종이에 기록하자. 글씨를 쓸 수 있는 아이라면 직접 쓰게 해도 좋다. 질문을 쓴 종이들은 빈 병에 넣어두었다가 시간이 있을 때 꺼내보자. 그러면 궁금증을 놓치지 않고 확인한 뒤 나중에 다시 이야기를 나눌 수 있다. 괜찮은 대답이 마땅치 않더라도 걱정할 필요 없다. 질문은 몇 단계로 나눠보는 과정을 거치면 훨씬 쉬워지기 때문이다. "우리는 어떻게 색을 볼 수 있는 거야?"라고 물어온다면 "색을 보는 우리 눈은 어떻게 작동할까?"부터 시작하는 것이다. 그러면 꼭 정확하고 과학적인 답이 아니더라도 아이의 흥미를 자극할 만한 대답이 나와 대화가 풍성해질 가능성이 크다.

대화 습관 2. 큰 그림 그리기

아이의 평소 모습을 잘 들여다보면 발달단계에 알맞은 좋은 대화 소재를 얻을 수 있다. 어느 날 저녁, 소방관들이 나무에서 고양이를 구조하는 모습을 본 아이가 고양이가 안전한지 묻는다. 다음 날 저녁에도 고양이가 잘 있는지 재차 확인한다. 이럴 때는 "저기 소방관이 구하고 있는 게 동물일까 사람일까?" "이런 일은 얼마나 자주 벌어질까?" 같은 질문으로 아이가 생각을 정리할 수 있도록 도와주자.

아이가 날이 점점 일찍 저문다는 사실을 알아차릴 때가 있다. 밖이 아직 환하니 잠자리에 들기 싫다고 불평하기도 한다. 그런 말도 대화의 출발점으로 활용할 수 있다. 겨울에는 왜 낮이 짧은지, 해는 몇 시쯤 지는지 이야기하다 보면 아이의 상식을 넓혀줄 수 있다. 산책을 나간 날은 서로의 그림자를 밟으며 누구 그림자가 더 큰지 살펴보고, 학교로 데리러 가는 날이면 "어제와 비교할 때 오늘은 얼마나 밝은 것 같아? 봄이 다가오는 게 느껴져?" "겨울이면 닭살이 돋기 시작하잖아. 넌 어떨 때 겨울이 왔다고 느껴?"처럼 신체 감각과 연결된 질문을 던져보자. 아이의 일상과 밀접하게 관련된 유의미한 질문들이 이어지기 시작할 때 비로소 효과적이고 재밌는 학습 대화가 완성된다.

대화 습관 3. 전체를 내려다보기

생각에 관한 생각, 즉 자기 인식을 높이는 메타 인지는 쉬는 시간에 특히 쑥쑥 자란다. 농구가 취미인 아이가 득점을 올리는 데 가장 효과적인 전략이 무엇일지를 생각하다가, 여러 형태의 슛을 떠올려본 뒤 직접 던져보고 예상이 맞았는지 확인해보는 게 바로 메타 인지다.

힘든 시기에 메타 인지를 적용한 대화를 나누면 아이 스스로 감정 조절 능력을 익히는 데 도움이 된다. 예를 들어 아이가 불안해할 때는 목욕이나 심호흡처럼 마음을 진정시킬 수 있는 방법을 알려준 다음, 실제로 해보고 어떤 기분이 들었는지 물어보자. 따뜻한 담요, 갓 구운 빵 냄새, 거리의 풀내음을 비롯한 모든 감각이 사람에 따라 각기 다른 위로로 다가올 수 있다는 점을 함께 알려주면 더 좋다.

지난 경험을 바탕으로 문제 원인 파악하기

중학생인 아이가 시험공부를 충분히 했는지 모르겠다고 할 때는 지난

번 공부량과 성적 결과를 떠올려보고 가장 도움이 된 전략을 생각해보자고 권하자. 전에 치른 시험문제를 견본으로 활용해 연습용 문제를 만들어 풀어보는 것도 좋다.

아이가 어려워하는 것이 프로젝트성 연구라면 무엇이 '제일' 문제인지 파악하는 걸 도와주자. 주제를 정하지 못한 것인지, 활용할 지식이 부족한 것인지 등을 점검하다 보면 문제를 정확히 파악하게 되고 다음 단계를 효과적으로 진행해나갈 수 있다. 이처럼 문제나 고민의 첫 시작부터 하나씩 들여다보며 짚어나가면 현명한 해결 방안에 도달할 수 있다.

난관 알아차리기

아이가 어려움을 겪고 있는 것 같다면 이렇게 질문해보자. "어떤 부분이 쉽고 어떤 부분이 어렵니? 어디서 막혔어? 내가 뭘 해야 도움을 줄 수 있을까?" 앞에서 소개한 내 친구 제이 코디는 큰아들이 초등학교 2학년일 때 어떤 것을 힘들어하는지 정확히 몰랐다고 한다. 그런데 어느 날 아들이 불쑥 이런 말을 털어놓았다. "작문 숙제가 너무 많은데 시간도 오래 걸리고 어려워서 하기 싫어." 코디는 안 그래도 아들이 작문을 힘겨워하는 것 같다고 얼추 짐작했던 터라, 이 말을 듣고 생각에 확신을 가지게 된 동시에 아들이 자기가 무엇을 어려워하는지 인지하고 있음을 알게 되었다. 코디는 아들의 힘듦에 공감했고 어떻게 해야 가장 효과적으로 도와줄 수 있을지를 고민했다. 아이가 무엇을 어려워하는지 살피지 않았다면 그대로 영영 몰랐을 수도 있고 어쩌면 그저 '공부를 하기 싫어서'라고 단순화해 치부해버렸을지도 모른다.

문제를 해결하는 운전 학습법

나는 아이가 학습 때문에 겪는 문제를 운전에 비유해 설명하곤 한다. 도로 장애물은 문제를 해결하는 데 어려움을 겪는 경우를 말한다. 쉽사리 해결되지 않는다면 기존의 방법에 너무 매몰되지 말고 시선을 다른 곳으로 돌려보자. 예상과 달리 아이는 배가 고픈 것일 수도 있고 잠시 몸을 움직이는 휴식 정도가 필요한 것일 수도 있다. 과속 방지턱은 진행 속도가 느려지는 경우다. 때로는 새로운 장소에 앉는 것만으로도 집중력이 높아지니, 생각을 환기할 수 있는 구멍을 열어주자. 양보 표지판은 잠시 쉬며 반성할 시간이 필요한 경우다. 아이 입장에서는 문제를 해결하는 데 필요한 기본적 상황 판단이 헷갈릴 수도 있으니 부모가 이를 먼저 짚어주면 좋다. 아이가 마주친 문제에 따라 다른 질문을 던지며, 아이가 어떻게 전략을 바꾸는지 살펴보자.

서로의 학습 방식을 이해하는 졸트 나누기

일주일에 한두 번 정도는 서로 '졸트jolt'를 나누자. 졸트란 새로운 것을 이해하는 계기가 된 사건, 순간, 아이디어를 말하는 것으로 뉴스 기사일 수도 있고 함께 이야기를 나눈 가족일 수도 있다. 어떤 졸트가 있었고 그게 우리를 어떻게 바꾸었는지 이야기해보자. 생각의 전환을 불러일으킨 새로운 의문은 뭐였는지, 다른 사람의 졸트를 듣고 놀랐는지, 그렇지 않았다면 그 이유는 뭔지 이야기를 나누자.

학습에 관한 대화는 아무리 좋은 의도로 시작했더라도 하다 보면 아이가 마음을 닫는 경우가 생길 수 있다. 부모가 지식과 사실을 쏟아부을 작정으로 생각의 영역을 좁혀버리면 더욱 그렇다. 아이는 이미 자기만의 의문으로 가득 차 있는 상태라 이를 키울 수 있는 조금의 도움이 필요할 뿐이다. 단순히 좋은 성적을 받는 것보다 세상을 이해하고 호기심을 확장하는 것이 훨씬 중요한 목표다. 지식을 갈구하는 목마름이 있어야 깊이 있는 학습과 더 많이 배우고 싶어 하는 욕구가 형성되기 때문이다. 그렇다고 탐구욕과 좋은 성적 중 굳이 하나만을 고를 필요는 없다. 학교에서 좋은 성적을 얻는 데 필요한 지식을 습득하는 동안에도 깊은 의문을 품게 할 열정을 충분히 끌어낼 수 있으니 말이다. 관건은 모든 문제에 정답을 내놓는 것이 아니라 탐색할 마음이 생길 만큼 편안한 기분을 느끼는 것이다.

나이별 맞춤용 질문 리스트

유아~유치원생

이제 막 말을 시작한 아이라면 예측을 도와주자. 예를 들면 테이블 가장자리로 공을 굴리면서 이렇게 물어보는 것이다.

Q "공이 어디서 멈출 것 같은지 가리켜볼래?"

Q "좀 더 천천히 굴러가게 해볼래? 아니면 더 빨리 굴러가게 해볼까?"

놀란 반응을 보인 부분에 주목하자.

Q "어떤 부분이 우스꽝스럽거나 이상했니?"

주변 환경 중 어떤 부분에 끌려 하는지 주의를 기울이자. 그 대상이 특이해 보인다면 구체적으로 질문을 던지자.

Q "구름이 어떤 모양으로 변했을 때가 좋아?"

그림을 그린다면 이렇게 물어보자.

Q "어디를 그릴 때 가장 오래 걸렸어? 제일 재밌었던 부분은 어디야?"

Q "다음에는 여러 재료 중에 뭘 써보고 싶어?"

Q "더 크게도 그릴 수 있을까? 물감 대신 분필로 그리면 어떤 느낌이 들까?"

Q "어떤 그림이 제일 마음에 들어? 이유도 말해줄래?"

아이가 길게 말할 수 있어지면 서로가 예상한 내용을 공유하자.

Q "바깥 날씨가 따뜻할 것 같지 않아? 왜 그렇게 생각해?"

Q "아무래도 위험해 보이지? 예전에 이런 기미를 느낀 적이 있어?"

인과관계를 추측해보자.

Q "무릎에 상처가 심하네. 경기를 이끌고 싶어서 빨리 뛰다가 넘어진 거야?"

Q "케이크를 보고 평소보다 더 신이 났던데, 네가 좋아하는 딸기가 올라가서 그런 거야?"

초등학생

아이가 놓치는 정보가 있다면 어떤 방법으로 찾을 수 있을지 물어보자.

Q "우리가 함께 힘을 합쳐 문제를 해결하는 방법도 있어. 혼자 생각해보고 싶다면 다른 관점으로 문제를 바라봐도 좋고. 이번엔 어떤 방식으로 접근해야 궁금증을 해결할 수 있을까?"

과학적 호기심이 강한 아이라면 충분한 관심을 주며 새로운 질문을 던져보자.

Q "이 강에 알을 낳는 연어는 몇 마리나 될까? 사실을 확인하려면 어떤 도구가 필요할까?"

뉴스 기사를 비판적으로 생각해보는 관점을 제시하자.

Q "이 기사가 진실인지 아닌지를 어떻게 확인할 수 있을까? 출처를 명확하게 알 수 있으면 좋을 텐데. 네가 볼 때 저 기자는 자기 의견을 말하는 것 같아 아니면 사실을 말하는 것 같아? 그렇게 판단한 기준은 뭐니?"

중학생 ~ 고등학생

읽거나 들은 내용을 곰곰이 생각해볼 계기를 만들자.

Q "요즘 논리적이라고 느낀 뉴스 기사가 있었어? 왜 그렇게 생각해? 혹시 기사에서 허점을 발견한 적도 있니?"

놀라운 창의성을 확인해보자.

Q "이 책의 결말이 어떨 거라 생각했어? 너라면 어떻게 썼을 것 같아?"

친구와 생각이 다를 때 의견을 들어보자.

Q "너는 강아지에게 목줄을 매야 한다는 의견에 동의하지 않고 친구는 동의하네. 그래도 두 사람 모두 동물을 대할 때 느끼는 공통적인 마음이 있다면 어떤 걸까?"

Q "들어보니 대체로 너희 의견이 다르긴 하네. 혹시라도 친구 주장에 동의하는 부분이 있니? 그 이유는 뭐야?"

Q "친구 의견을 듣고 생각에 변화가 있었어? 변하지 않았다면 이유는 뭐야?"

Q1. "혹시 오늘을 보내면서 했던 실수가 있니? 뭐였어?"

Q2. "어떻게 만회하려 했어? 결과는 어땠니?"

Q3. "다음에는 어떤 방법으로 대처해볼래?"

3장

감정을
다채롭게 표현하는
공감 대화

공감이란 자기 안에서 다른 사람의 메아리를 찾는 일이다.

모신 하미드

소피의 일곱 번째 생일을 맞아 파티가 열린 11월 토요일 오전, 우리 집은 아이들이 깔깔거리는 소리와 파란색 아이싱을 바른 케이크의 달콤한 냄새가 흘러넘쳤다. 나는 소피가 선택한 슬라임 만들기 파티를 지켜보는 중이었다. 소피와 친구들은 다들 슬라임에 푹 빠져 있었다. 여자아이 여덟 명이 유니콘 슬라임에 스팽글과 각종 반짝이를 부지런히 섞으며 얼마나 신나 했는지 모른다. 피자를 치우고 케이크를 내놓은 나는 아이들이 노는 곳으로 가서 귀를 기울였다.

친구들 중 한 명인 프랜시스가 바닥에 앉으며 "이 슬라임 집에 가져가도 돼?"라고 물었다. 소피는 "그럼! 내가 쓰고도 많이 남는걸"이라며 수락했고 프랜시스는 기뻐하며 고맙다고 말했다. "그런데 슬라임을 어떻게 나눌까?" "음, 지금까지 각자 가지고 놀던 걸 가져가는 게 어때?" 프랜시스의 제안에 아이들은 동의했고 나는 비닐봉지를 가지러 주방으로 향했다. 그런데 걸어가던 중 엘리자베스의 목소리가 작게 들렸다. 슬쩍 보니 엘리자베스는 슬라임을 콩알만큼 갖고 있었다. "봐봐. 내건 없는 거나 마찬가지야." 그 말에는 크나 큰 실망감이 잔뜩 배어 있었다.

아이들은 서로를 쳐다봤다. 다들 엘리자베스보다 훨씬 많은 양의 슬라임을 갖고 있었다. 잠시 정적이 흐르던 중 프랜시스가 자기 슬라임을 조금 떼어 테이블에 올려놓으며 말했다. "다들 조금씩 엘리자베스에게 나눠주자. 그러면 모두 많이 잃지 않으면서 엘리자베스도 우리만큼 가질 수 있을 거야." 프랜시스의 새로운 제안에 아이들은 아무 망설임 없이 반짝이는 회색 슬라임을 테이블에 쌓기 시작했다. 엘리자베스는 활짝 웃으며 모인 슬라임을 받았다. "얘들아 고마워. 딱 필요했던 만큼이야." 아이들은 작별 인사를 하기 전에 서로 따뜻하게 안아주었고 곧 슬라임이 담긴 지퍼백을 들고 집으로 돌아갔다.

사소한 일이었지만 그 장면은 내 마음속 깊이 남았다. 처음에는 아이들이 금방 해결하는 것을 보고 그리 골똘히 고민하지 않는구나 정도로만 생각했다. 하지만 어느 순간, 아이들이 문제를 수월하게 해결했다는 사실 자체가 대단하게 느껴졌다. 아이들은 괴로워하거나 오래 토론하지 않았다. 그저 엘리자베스의 마음을 생각하고 공감을 표현한 뒤 반응한 게 전부였다.

어떻게 그렇게 쉽게 상황을 해결한 걸까? 우선 아이들은 학교에서 친한 사이였다. 가까운 친구로서 공유하는 기반이 있으니 확실히 문제를 더 쉽게 해결할 수 있었다. 하지만 아이들은 단순히 공감하는 것을 넘어 감정에 따라 친구를 돕는 쪽을 선택했다. 서로의 공감 능력이 빛을 발한 순간이었다.

이처럼 대화는 공감하는 방법을 배우는 좋은 수단이다. 하지만 부모는 그 이상을 바란다. 아이가 상대의 관점을 받아들여 유의미한 관계를 맺고 도움을 주는 행동을 했으면 하는 것이다. 실제로 아이가 사전에 실린 감정 표현 단어를 줄줄 읊는다면 똑똑해 보일 수는 있겠지만 정작 친구가 넘어졌거나 누군가 동생을 괴롭힐 때 아무 행동도 하지 않는다면 그런 지식은 별다른 소용이 없다. 다른 사람의 관점을 이해하고 감정을 공유해 도움이 되는 행동을 하기 위해서는 그간 익혀온 공감 능력을 발휘해야 한다.

그날의 생일 파티를 시작으로 나는 비슷한 수많은 대화를 들어왔다. 아이들이 친구, 가족, 심지어 낯선 사람에게까지 놀라운 방식으로 공감하는 모습을 보며 나는 희망을 느꼈다. 공감 능력은 양육으로 키울 수 있지만 부모가 계속해서 지켜봐야 하는 것은 아니다. 아이들은 아주 세심하게 상대방을 이해하고 느끼면서 스스로 공감 근육을 강화하기 때문이다. 일단 이런 기반을 마련하도록 도와주려면 먼저 공감이 무엇인지 분명히 밝히는 데서 시작해야 한다.

공감이란 무엇인가

어떤 면에서 공감이라는 개념은 모호하거나 혼란스럽게 느껴지기도 한다. 부모들은 아이가 공감 능력이 높으면 좋겠다고 입버릇처럼 말하지만 정작 공감 능력이 무엇인지는 제대로 정의하지 않는다. 어떤 사람들은 친절, 배려 같은 자질과 똑같다고 생각하기도 한다. "상대방 입장에서 생각해봐"라는 말은 부모들도 많이 들어봤을 것이다. 여기서 말하는 '입장'이란 과연 무엇이며 상대방 입장에서 생각한 다음에는 어떻게 해야 할까?

공감 능력은 친절을 베풀거나 자선 단체에 기부하는 정도의 자질로 여겨지곤 한다. 아니면 가슴 따뜻하고 교훈적인 프로그램을 보면서 느끼는 감정처럼 즐겁고 상냥한 성품으로 보는 게 일반적이다. 하지만 공감은 훨씬 흥미진진하고 강력한 능력이다. 세상에 마음을 여는 힘이며 높은 장벽을 뛰어넘는 성질을 가지고 있다. 또 공감의 대상은 부정적 감정에 국한되지 않는다. 타인의 행복에 공감하면 서로 연결되어 이해받고 사랑받는다고 느낀다. 공감 능력을 갖춘 아이는 잔인한 행위를 피할 뿐만 아니라 사교성을 발휘해 개인이라는 좁은 영역을 깨고 나온다. 아이들은 공감할 때 훨씬 더 깊이 있고 의미 있는 방식으로 유대 관계를 이어나갈 수 있다.

공감 능력은 타고나는 것 외에도 부모가 어떻게 가르치는지의 영향을 크게 받는다. 타고난 공감 능력을 열심히 갈고닦은 아이는 상대의 감정을 잘 알아차리며 완전한 나로 인정받을 수 있도록 스스로를 표현한다. 다른 이가 진정 어떤 사람인지 잘 아는 동시에 그들도 나를 알게끔 하는 것이다. 공감을 느끼고 표현하는 능력은 아동기 이후로도 계속 발달한다. 어른이 되어서도 여전히 공감 능력을 연마하고자 노력하는 사람이 많다. 운전 중 분노가 치미는 경우는 부지기수고 계산대에서 앞사람이 조금만 시간을 끌어도 짜증이 나곤 하니 말이다. 이럴 때 상대방이 왜 그렇게 행동하는지 생각해보지 않고 분노, 짜증, 좌절 같은 감정을 먼저 터뜨리면 아무리 타고난 공감 능력이 있다 해도 맥을 못 추기 마련이다.

그렇다면 공감 능력은 어디에서 비롯되는 것일까? 지난 수십 년 동안 과학자들은 우리가 어떤 행동을 할 때나 다른 사람의 행동을 볼 때 발화하는 시냅스인 거울 뉴런(어떤 행동을 하거나 감정을 느낄 때, 이 모든 것을 관찰할 때 반응하는 신경세포 네트워크로 모방, 공감, 언어 습득에 중요한 역할을 한다—옮긴이)과 공감 능력 사이에 연관성이 있다고 생각했다. 이 연구는 원숭이가 보는 것을 흉내 내는 실험에서 나온 개념이다. 하지만 현재는 단순히 뇌 네트워크를 넘어 훨씬 많은 요소가 공감에 관여한다고 생각하는 추세다. 실은 공감 능력이란 보다 다양한 요소에 좌우되는 복잡한 기술의 집합체다.

심리학자 대니얼 골먼과 폴 에크먼은 공감을 세 가지 유형으로 구분한다. 타인의 관점을 수용하는 인지적 공감, 타인의 감정을 그대로 느끼는 정서적 공감, 돕고 싶다고 느끼는 동정적 공감이 그것이다. 소피 생일 파티에 참석했던 아이들은 이 세 가지 능력을 모두 갖추었다고 할 수 있다. 우선 인지적 공감을 이용해 다른 친구들만큼 슬라임을 갖지 못했다고 느끼는 엘리자베스의 관점을 받아들였고, 정서적 공감을 이용해 엘리자베스의 실망감을 그대로 느꼈다. 그리고 동정적 공감을 활용해 누구도 불편하지 않은 방식으로 도움을 줄 방법을 궁리했다. 아이들은 공감을 통해 서로가 연결되어 있다는 느낌을 받으며 행복해했다. 이처럼 배려 깊은 사람으로 성장하기 위해서는 이 세 가지 공감 능력을 모두 갖춰야 한다. 한두 가지만 충족해서는 진정한 배려심을 발휘할 수 없다. 남의 감정을 파악하는 데만 눈이 밝고 이를 헤아릴 공감과 배려가 갖추어지지 않은 경우, 어떤 행동이 상대에게 가장 큰 상처가 될지를 알고 있으므로 오히려 더 잔인해질 수도 있다.

아이가 도덕적 기능을 이해하고 부족한 공감 능력을 키우는 데 무척 중요한 것이 바로 대화다. 부모의 본질적 역할은 대화 과정에서 아이가 공감 능력을 키울 수 있도록 돕는 것이다. 그러기 위해서는 양육 초기부터 아이가 자신의 감정을 무시하기보다는 이해하고 표현하도록 가르쳐야 한다. 다행히도 우리 모두는 선천적으로 다른 사람을 이해하고 타인과 관계 맺고 싶어 하는 본능이 있다. 인간은 긍정적 감정과 부정적 감정을 간접적으로 공유하며 즐거움을 느낀다. 공포 영화를 볼 때 주인공이 느끼는 긴장감을 함께 느끼는 것도 이 때문이다. 하지만 앞서 이야기했듯 타고난 공감 능력이 있더라도 제대로 함양하고 성장시킬 수 있도록 부모가 도움을 보태야 한다.

일상 속 공감

일상생활에서 아이가 공감을 어려워하는 모습은 쉽게 볼 수 있다. 소피가 네 살 때 갔던 친구 라일라의 생일 파티에서도 그런 일이 있었다. 파티가 열리기 2주 전에 라일라의 어머니가 보내온 초대장에는 "선물은 정중히 사양합니다"라고 적혀 있었다. 선물을 사양하는 데는 그럴 만한 이유가 있다. 이미 장난감이 많기도 하고 생일을 축하해주는 사람에게 집중해 감사의 마음을 표하는 것도 중요하기 때문이다.

하지만 막상 생일 파티에 가보니 라일라가 차도에 서서 "선물은 어디 있어?"라며 흐느껴 울고 있었다. 그러자 곧 다른 아이들이 몰려와 왜 그런지 물었고 라일라의 어머니는 선물 대신 자선단체에 돈을 기부할 예정이라며 설명했지만 라일라는 울음을 그치지 않았다. 몇 분 뒤, 결국 라일라의 어머니는 아이를 집으로 데리고 들어가며 "혹시라도 선물을 가져온 친구가 있는지 찾아보자. 아니면 파티가 끝나고 바로 사줄게"라고 말했다.

라일라의 어머니는 아이에게 공감을 가르치고 싶었을 것이다. 자선단체에 기부하겠다는 생각은 분명 선의에서 비롯되었지만 라일라는 충분한 설명을 듣지 못했고 자선이라는 개념을 이해하기에도 너무 어렸다. 아이가 이해하기 쉬운 개념으로 접근했다면 낯선 주제더라도 구체적인 이야기를 나눌 수 있었을 것이다.

많은 부모가 공감 능력을 가르칠 때 아이의 발달단계에 비해 지나치게 높거나 낮은 목표를 세우는 경우가 많다. 다른 사람을 배려하는 사람으로 자라기를 바라지만 정작 아이의 수준에 제대로 맞추지 못한 채 대화를 나누는 것이다. 만약 자기 공감 능력 수준에 딱 맞게 다듬어진 대화를 나눈다면 아이는 공감이 무엇인지 이해하고, 알고 있는 지식을 적용할 수 있을 것이다.

그렇다면 아이 수준에 알맞은 대화를 가로막는 요인은 무엇일까? 우선 일상생활에서 공감 능력을 키우는 방식이 생각보다 간단하다는 것을 알 필요가 있다. 예를 들어 선물을 하는 것은 공감의 세 가지 유형을 모두 발달시키는 완벽한 기회다. 상대가 무엇을 원하는지, 내가 준 선물을 어떻게 받아들일지 고려하려면 조망 수용 능력이 필요하다. 선물할 때는 공감 능력을 발휘해 상대에게 의미가 있을 것 같은 물건을 골라야 하기 때문이다. 운동 관련 책이나 트렌디한 셔츠는 멋진 선물이지만 만약 친구가 체중에 예민하거나 요즘 유행하는 문화를 싫어한다면 좋은 의도가 담겼더라도 오해를 불러일으킬 수 있다.

하지만 공감 능력이 특정 행동이나 물건에만 작용하는 것은 아니다. 진정한 공감은 있는 그대로의 존재를 알아가는 것에서 시작한다. 라일라의 생일 파티가 끝난 직후 나는 소피에게 인기 어린이 책인 〈호랑이 대니얼Daniel Tiger 시리즈〉를 읽어주었다. 이 책에는 대니얼이라는 호랑이와 친구들이 나오는데, 소피와 나는 대니얼이 새로 사귄 친구 크리시에 대한 이야기를 읽었다. 크리시는 걸으려면 목발이 필요한 친구다. 대니얼은 크리시와 친해지고 싶은 마음에 계속해서 도움이 필요한지 묻고, 원래 달리기 게임을 좋아하지만 크리시가 빨리 뛸 수 없으니 자신도 하지 않겠다고 말한다. 대니얼은 상대를 배려하는 자신이 자상하고 착하다 생각하지만 정작 크리시의 생각은 반대였다. 크리시는 달리기 게임을 하고 싶었고 단지 방법만 조금 바꾸고 싶을 뿐이었다. 결국 크리시는 정말 도움이 필요한 순간이 오면 자신이 먼저 요청하겠다고 말한다.

대니얼의 의도 자체는 바람직했지만 모두가 저마다의 고유한 관점을 있는 그대로 인정받고 싶어 하는 법이다. 그런 점에서 공감이란 일반적 배려가 아니다. 진짜 공감은 구체적인 상대방의 세계로 뛰어들어 그 사람이 훨씬 더 복잡한 존재였다는 사실을 깨닫는 것이다. 이런 능력을 키우는 씨앗은 일찍 심더라도 완전히 발달하기까지는 갈 길이 멀다.

공감 능력은 어떻게 발달할까?

일정 나이가 되었다고 갑자기 공감 능력이 생기는 것은 아니다. 아주 어린 유아기 때도 다른 아기가 우는 소리를 듣고 같이 울음을 터뜨리는데, 이 현상으로 울음에 전염성이 있다는 것이 밝혀졌다. 이미 아기 때부터 남의 고통을 느끼는 것이다. 조망 수용도 일찍부터 조금씩 나타난다. 예를 들어 한두 살 아이들도 보호자나 다른 아이가 고통스러워하는 것을 보고 괴로움을 느낀다. 흥미롭게도 이 시기는 상상력이 발달하고 상징을 사용하고 타인과 자신을 구별하기 시작하는 때와 겹친다. 16개월이 되면 포옹을 하거나 "다 괜찮아질 거야"라고 말하는 등 기본적인 방식으로 남을 위로하기 시작한다.

그렇게 한 살씩 나이가 들어갈수록 자연스레 감정을 더 잘 이해하게 된다. 유치원에 다니는 나이대의 아이도 감정을 공유할 줄 안다. 보통은 감정을 묘사하기에 앞서 인식 과정을 먼저 거치는데, 뉘앙스를 알아차리기 전에 먼저 분위기 전반을 파악하는 것이다. 물론 어린아이가 느끼는 감정에는 한계가 있어서 화가 나거나 기쁘거나 슬퍼하는 정도를 크게 벗어나지 않는다. 행복과 초조함이 뒤섞인 것 같은 복합 감정을 이해하고 이야기하는 능력은 나중에 발달한다. 세 살 무렵에는 감정과 욕구를 연결 지어 또래 아이가 풍선을 받으면 신날 것이라 예측하는 정도고, 네 살 무렵부터는 다른 사람의 관점을 받아들이기 시작하면서 어떤 사람이 진실이 아닌 것을 믿을 수도 있다는 사실을 인식한다. 예를 들어 친구를 위해 깜짝 파티를 준비하는 상황에서 "걔는 지금 우리가 해변에 간다고 알고 있어!"라고 말하는 것이다. 친구가 이 상황을 모른다는 사실을 파악하고 있기에 할 수 있는 말이다.

일고여덟 살 무렵부터는 비교적 쉽게 감정을 인식하지만 자기 감정을 기준으로 결론을 내린다. 현장학습을 못 가게 되어 슬프다면 친구도 그럴 거라고 생각하는 식이다. 조금 더 시간이 지나면 책 속에 묘사되는 등장인물의 말과 행동을 바탕으로 인물이 느끼는 바를 상상하는 데 익숙해지고 이런 경험을 토대로 문학을 훨씬 쉽게 이해한다. 주인공이 장기 자랑에서 무대 뒤로 숨어버리는 것을 보고 수줍음을 타거나 앞에 나서고 싶지 않아서 그랬다는 것을, 혹은 연습량이 충분치 않아서 그랬을 수도 있다는 것을 헤아리는 것이다. 그리고 아이는 이런 자신의 생각을 나누며 다른 사람의 생각과 사고에 대한 이해를 키워나간다.

아이들이 자라나며 배우는 또 하나의 공감 방식은 서로 번갈아 묻고 답하는 상호 간 질문법이다. 상대가 "지난 주말은 어떻게 보냈어?"라고 물으면 대답을 한 뒤 "너는 어떻게 보냈어?"라고 묻는 것이다. 나는 특히 중학생 이상을 평가할 때 이 능력을 살피는데 모든 사람이 자신과 같지 않다는 사실을 알고 있는지 확인할 수 있기 때문이다. 세상이

나를 중심으로 돌아가지 않는다는 사실을 이해하는 것도 같은 맥락이다. 이 능력도 시간이 지나면서 발달하기는 하지만 고르게 발달하지는 않는다.

아동 발달 지식을 섭렵한다 해도 아이라는 한 개인을 완전히 이해할 수는 없다. 게다가 공감 능력 발달은 아이의 기질과 더불어 주변인에 의해 좌우되기 때문에 좀 더 복잡하다. 실제로 다른 사람의 관점을 받아들이는 데 어려움을 겪는 중학생도 보았고 훨씬 어리지만 잘 수용하는 경우도 보았다. 즉 영향을 미치는 다른 요인이 많기에 연령이나 발달단계를 안다고 해서 공감 수준까지 완벽하게 알 수 있는 것은 아니다.

아이마다 다른 공감 방식

초등학교에서 일하던 1월의 어느 날 아침, 밖으로 나가보니 운동장이 눈으로 뒤덮여 있었다. 당시 나는 일대일이나 소규모로 아이들의 독해와 작문 능력을 향상시키는 일을 하는 중이었다. 보통은 교실에 들러 아이들을 데리고 간 다음 수업이 끝나면 다시 교실로 데려다주었는데, 이는 '풀아웃'이라고 해서 많은 학교에서 흔히들 사용하는 방식이었다. 그렇게 교실을 오가다 보니 아이들이 반 친구들과 어떻게 소통하는지, 교실로 돌아간 뒤 어떻게 적응하는지 살펴볼 기회가 많았다.

한번은 3학년을 데리고 나와 쉬는 시간을 보내고 있었는데 아홉 살 데리어스가 내 앞으로 뛰어오더니 친구 로비를 운동장으로 끌어당겼다. 로비는 풀이 죽은 표정이었다. 데리어스는 신나는 목소리로 "눈밭에서 놀다니. 멋지지 않아? 이리 와!"라 외쳤고 로비는 아무 의욕도 없어 보이는 상태로 "응, 그러네"라고 대답했다. 데리어스는 로비의 팔을 당긴 채 앞으로 뛰어가며 물었다. "뭐부터 할까? 그네? 아니면 구름사다리?" 이 모습을 지켜보던 나는 데리어스에게 말했다. "로비는 가고 싶지 않은 것 같은걸?" 그러자 데리어스는 "그럴 리가요"라고 대답한 뒤 운동장으로 뛰어나가버렸다. 곧 눈 덮인 땅을 발견한 데리어스는 눈덩이를 주먹만 하게 굴리며 "야, 눈싸움 하자!"라고 말했지만 로비는 침울한 얼굴로 됐다고 하더니 구석으로 향했다.

눈을 가지고 놀며 한층 더 신이 난 데리어스는 눈덩이를 뭉쳐 로비를 비롯한 친구들에게 던져댔다. 다행히 다른 아이들은 웃으며 받아쳤지만 로비는 가만히 앉아 있기만 했다. 잠시 후 나는 로비가 울고 있다는 걸 알아챘다. 곁에 다가가자 로비는 윗옷에 얼굴을 묻었다. "아무것도 아니에요." 나는 곁에 앉은 채로 로비가 그냥 울도록 한참을 내버려두었다. 그런 다음 이제 말하고 싶어졌는지 조심스레 물었다. 그러자 로비는 머리를 빼꼼 내밀더니 조용히 말을 이어갔다. "한 달 뒤면 이사 때문에 전학을 가야 해서 집도 친구도 학교도 다 바뀔 거라는 얘기를 오늘 아침에야 들었어요. 너무 갑작스러워서 아무것도 못하겠어요."

로비의 말을 들으며 공감을 하기 위해서는 감정을 알아채는 것이 얼마나 중요한지 다시 한번 깨달았다. 데리어스는 로비가 어떤 기분인지 눈치채지 못했다. 어쩌면 로비의 기분을 환기시켜 기분이 나아지도록 해주고 싶었던 걸 수도 있지만 데리어스는 로비가 어떤 기분인지 드러나는 미묘한 징후를 알아채지 못한 듯했다. 사실 데리어스는 읽기에서도 비슷한 문제를 겪는 중이었다. 단어는 제대로 읽었지만 추론, 즉 행간 읽기에 어려움을 겪는 상황이었다.

행간 읽기야말로 공감의 핵심이다. 매번 직접적으로 "신난다"나 "슬퍼"라고 말하는 사람은 드물다. 이런 감정은 보통 몸짓, 말투, 표정, 말하는 방식에서 드러난다. 공감을 잘하기 위해서는 이런 단서에 적절히 대응해야 한다. 물론 자기 자신과 타인의 감정을 잘 파악해야 하는 것은 맞지만 더 엄격해져야 한다는 뜻은 아니다. 오히려 정반대라고 할 수 있다. 아이가 감정을 폭넓게 받아들이려면 열린 태도로 유연하게 감정을 인식하고 그 감정이 어떻게 보이고 들리는지를 알아야 한다. 마치 반가운 손님처럼 감정을 대하는 것이다. 예일대학교 감정 지능 센터장이자 『감정의 발견』 저자 마크 브래킷은 '감정 심판자'가 아니라 '감정 과학자'를 길러야 한다고 말했다. 먼저 감정의 이면에 무엇이 있는지 사려 깊게 살펴보는 과정이 필요하다. 감정을 알아차리고 받아들인 다음에는 어떻게 해야 이를 가장 잘 표현할 수 있을지 탐색하자. 감정을 억지로 떨쳐내는 게 아니라 자연스레 함께하면서도 스스로 처리되도록 해야 한다.

브래킷은 아이는 물론이고 부모와 교사에게도 필요한 주력 교육 과정 '룰러RULER'를 만들었다. 룰러는 다섯 가지 영역에 초점을 맞춘다. 우선 자기 감정을 인식recognize하고 이해understand하도록 한 다음, 그것에 이름을 붙이도록label 한다. 이후 자신의 감정을 다른 사람에게 표현express하고 다양한 방법으로 감정을 조절regulate하도록 가르치는 것이다. 이 과정을 하나의 예로 설명하자면 어떤 아이가 프로젝트를 진행하는 동안 스스로 좌절했다는 것을 알아차렸을 때 이를 인식하고 이해한 다음 그 느낌을 명명해 다른 사람에게 털어놓고 잠시 멈춰 심호흡을 하는 것이다.

그런데 나는 브래킷의 접근법을 아이와 교사에게 적용하고 가르치면서 걸림돌을 발견했다. 우선 이 방법을 쓰려면 아이가 감정에 이름을 붙이고 표현하도록 해야 하는데 어린아이의 경우 느낌과 단어를 연결하기 어려워할 때가 있다. 모두가 한마음인 것 같은데 혼자서 다른 기분을 느낀다는 생각이 들면 아이는 감정에 이름 붙이기를 어려워한다. 다들 한껏 들뜨고 흥분한 것 같은데 나만 절망의 구렁텅이에 빠진 것 같은 기분이 든다면 과연 그걸 인정하고 싶을까? 하지만 대화를 통한 공감이라면 안전함을 느끼면서도 감정을 끌어낼 수 있다. 부정적인 쪽에 가깝거나 처리하기 곤란한 감정이라면 특히나 중요하다. 이 대화가 중요한 이유는 아이들마다의 공감 방식이 모두 다르기 때문이다. 문제를 겪는 지점도 저마다 다르다. 상대의 관점을 받아들이는 것, 다른 사람의 감정이 나타나는 징후를 알아차리는 것, 알아차렸지만 어떻게 도와야 할지를 모르는 것 등 양상은 다양하다.

정서적 공감도 모든 아이가 똑같이 받아들이지 않는다. 어떤 아이는 저절로 다른 사람의 감정을 느끼고 상대의 표정이 조금만 바뀌어도 금세 "괜찮아?"라고 묻곤 한다. 공감이 지나쳐서 남의 감정과 자신의 감정을 좀처럼 분리하지 못하는 아이도 있고 친구가 우는 모습을 보고 같이 울음을 터뜨리는 아이도 있다. 한편 표정을 읽거나 다른 사람의 관점을 받아들이기 어려워하는 아이도 있는데 특히 자폐 스펙트럼 장애를 겪는 경우가 그러하다.

그러다 보니 자폐 스펙트럼 장애를 가진 아이는 우정을 쌓는 데 관심이 없거나 아예 공감을 못한다고 오해받을 때가 많다. 사실은 간절히 관계를 맺고 싶지만 방법을 모르는 것뿐인데 말이다. 공감을 느끼지만 표현에 어려움을 겪는 경우도 있다. 사실 자폐 스펙트럼 장애를 가진 사람 중에는 감정을 이해하고 이름 붙이는 데 어려움을 겪는 감정표현불능증인 경우가 많다. 연구자 리베카 브루어는 감정표현불능증인 사람들이 슬프거나 화가 나거나 불안하거나 지나치게 흥분할 수는 있어도 자신이 어떤 감정을 느끼는지 정확히 모른다고 말한다. 실제로 전체 인구 중 감정표현불능증의 비율은 10퍼센트지만 자폐 스펙트럼 장애를 가진 사람 중 감정표현불능증의 비율은 50퍼센트에 이른다.

아이에게 공감 능력을 키워주는 만능 방법 같은 것은 없다. 시간이 흐르면서 저마다의 패턴으로 나타나는 아이의 강점과 아이가 겪는 난관을 알아차리는 게 가장 중요할 뿐이다. 이 난관이 어디서 비롯된 것인지를 파악하고 거기에 알맞은 해결 방법을 적용하는 것이야말로 아이의 공감 능력을 건강하게 성장시키는 가장 기본이라 할 수 있다.

공감을 어려워하는 요즘 아이들

성취와 성공에 지나치게 집중하는 현대사회의 특성 때문에 요즘 아이들은 다른 사람에 대해 깊이 생각하는 것을 더욱 어려워한다. 말하자면 각자도생 사고방식인 것이다. 하지만 옳고 그름을 따지는 평가에 지나치게 집중하면 걱정이 너무 커져서 감정을 알아차릴 정신적 여유가 없어지고 도움의 손길을 뻗을 기회도 놓쳐버리고 만다. 그렇게 성장한 아이들은 거품처럼 부푼 자기 감정에만 매몰된 탓에 나 자신과 타인이 정확히 어떤 감정을 느끼는지 헤아리지 못한다.

이런 성향은 청년들에게도 나타난다. 2000년에 대학생이었던 사람들과 2010년에 대학생이었던 사람들을 비교한 결과를 보면 최근 학생들의 공감 척도 수치가 더 낮다는 걸 알 수 있다. 그중에서도 고통받는 사람들을 염려하는 '공감적 관심 수준'이 조망 수용 능력과 더불어 크게 떨어졌다. 하지만 이건 아이들 탓이 아니다. 아이들은 타인을 이해하고 배려하는 것은 물론이고 심지어는 얼굴을 마주 보는 것조차 중요치 않다고 여기는 환경에 그저 반응하고 있을 뿐이니 말이다.

8~12세 여자아이들을 대상으로 실시한 스탠퍼드대학교 연구에 따르면 긍정적인 사회적 감정과 가장 강한 연관성을 나타낸 요인은 바로 직접 얼굴을 맞대고 의사소통하는 데 쓴 시간의 양이었다. 전자 기기 사용 시간보다 대면 의사소통에 시간을 더 많이 쓴 아이는 보다 사교적으로 행동하고 눈에 띄는 이상 행동을 보이지 않았다. 그뿐만 아니라 사회적으로도 더 많은 성공을 거두었고 부모에게 안 좋은 영향을 받은 친구가 적었으며 수면 시간도 더 길었다. 반면 동영상 시청, 온라인 의사소통, 특히 유튜브 동영상을 보면서 문자를 보내는 미디어 멀티태스킹에 소비한 시간의 양은 부정적인 사회적 결과와 관련이 있다는 경향을 보였다.

다른 연구에서는 닷새 동안 화면을 볼 수 없는 캠프에 보내진 청소년들이 돌아올 무렵 비언어 단서를 더 잘 읽을 수 있다는 사실이 밝혀졌다. 이 연구들이 공통적인 결과를 보인 이유는 말하는 내용과 방식에 집중하는 것이 주의력을 향상하는 데 도움이 되기 때문이다. 아이들은 캠프에 있는 동안 평소보다 서로의 말에 집중한 덕에 각자가 온전하게 자리하고 있다는 느낌을 받았을 것이다. 이처럼 서로에 대한 집중이야말로 풍요로운 관계를 맺는 기반이라고 할 수 있다.

물론 디지털 세계에서 만든 인맥이 공감 능력을 높일 수도 있다. 누군가의 죽음에 애도를 표하거나 새로 태어난 아기 소식을 듣고 축하를 전하는 것처럼 온라인에서도 다양한 형태로 공감을 나타낼 수 있다. 하지만 그런 공감이 과연 얼마만큼의 깊이를 갖고 있을까? 좋아요 개수에 대한 집착과 "너무 귀여워요!" 같은 뻔한 말이 넘치는 댓글의 바다에서 감정의 복잡성은 쉽게 사라진다. 다른 사람의 완벽해 보이는 프로필을 살펴보며 자신과 비교하는 동안 아이는 공감에 필요한 사려 깊은 이해와 뉘앙스에서 점점 멀어지게 된다.

대화를 통한 공감 능력 발달이 그토록 중요하다면 우리는 왜 거기에 집중하지 않는 걸까? 이 의문이 오랫동안 내 주위를 맴돌았다. 그러던 중 부모들, 연구자들과 이야기를 나누며 대화에 관한 몇 가지 큰 오해가 있다는 사실을 알게 되었다. 공감 능력을 변하지 않는 고정된 자질이라 여기는 것, 공감 능력을 키우고자 하면서도 정작 대화가 아닌 설교에 집중하는 것, 아이의 관점을 '어떻게'가 아닌 '무엇'에 집중하도록 교육하는 것이 대표적인 예다.

공감에 관한 세 가지 오해

"걔는 정말 착하고 자상해요." "우리 애는 너무 이기적이라 걱정이에요." "마음이 엄청 여린 아이라 괜찮을지 모르겠네요." 그간 부모들을 만나 대화를 나누며 이처럼 아이를 단정 짓는 이야기를 많이 들어왔다. 규정하기 좋아하는 오래된 문화에 영향을 받은 탓에 부모들은 일찍부터 아이에게 꼬리표를 붙이는 경향이 있다. 대수롭지 않게 생각하는 경우가 많지만 이런 꼬리표가 문제를 일으키는 원인이 될 수 있다.

꼬리표는 지나치게 단순해서 아이의 특성을 온전하게 담아내지 못한다. 하지만 더 큰 문제는 악순환을 유발한다는 데 있다. 특히 부정적 꼬리표가 붙은 아이는 더욱 거기에 맞춰 행동하게 된다. 무신경하다는 말을 들은 아이가 한층 더 무신경하게 행동하면 부모는 애초에 자신이 본 게 옳았다고 믿는다. 이런 악순환은 공감이 고정된 자질이라는 오해를 부추긴다. 하지만 아이의 공감 능력은 계속해서 발달 중이며 함께 있는 사람, 현재 기분, 심지어는 배고픔과 피곤함의 여부에 따라서도 계속해서 달라진다. 비록 지금은 동생에게 멍청하다고 함부로 꾸짖는 아이더라도 나중에는 개미의 아픔에 공감하여 함부로 밟지 말라고 말하는 사람이 될 수도 있는 것이다.

설교로 공감 능력을 부여할 수 있다고 생각하는 것도 큰 오해다. 예전에 한 5학년 학생이 따돌림을 당하는 반 친구를 가리키며 "왜 쟤를 신경 써야 해요? 제 친구도 아니잖아요"라고 말한 적이 있다. 가해자는 아니었지만 방관자인 학생이었다. 그 아이에게는 피해자가 어떤 기분일지를 생각해보는 역지사지의 태도와 자신이 그 상황에 개입해야 마땅하다고 느끼는 윤리 관념이 필요했다. 어떤 사람은 공감이 일종의 비타민 같은 효과라 생각한다. 하지만 아무리 좋은 비타민이더라도 제대로 흡수되지 않으면 아무런 소용이 없다.

부모는 감정을 이야기할 때 아이가 행동을 고치거나 기분이 나아지기만을 바라며 자기 주장을 내세워 가르치려고 한다. 아이가 친구를 울리면 "그냥 미안하다고 해"라고 말하며 상황을 키우지 않으려 하고, 친구를 부러워하면 "별거 아니야, 알았지?"라는 말로 달래는 것도 같은 맥락이다. 이러면 모든 일에 일일이 언쟁을 벌일 필요가 없으니 단기적으로는 효과적이라 느낄 수도 있지만, 사실 이런 말로는 아이가 다른 사람의 관점을 받아들이고 서로가 원하는 바를 알아내는 데 도움을 줄 수 없다. 더불어 장기적으로 공감 능력을 함양하는 가장 큰 비결인 자기 인식을 높일 수도 없다.

그렇다면 자기 인식을 높일 수 있는 방법은 무엇일까? 예를 들어 세 살인 닉이 친구 존을 장난감으로 때려 울린 상황을 가정해보자. 이때 부모가 "존이 어떻게 느꼈을 것 같아?"라고 묻는다면 어떨까? 이 질문에는 존의 아픔을 이해하고 "슬플 것 같아" "기분이 나쁘겠지" 같은 대답이 들려오기를 바라는 의도가 담겨 있다. 이렇게 마음을 유추하는 질문을 던지면 자신의 행동과 상대의 반응을 연결 지을 수 있고 다음부터는 같은 잘못을 반복하는 일이 없도록 예방할 수 있다.

아이가 좀 더 나이가 많다면 자기가 뱉은 말을 돌이켜보게 할 수도 있다. 새 옷을 산 친구에게 아이가 뜨뜻미지근한 반응을 보였다면 이렇게 물어보는 것이다. "네가 새로운 옷을 입었는데 친구가 '음… 괜찮은 것 같기도 하고?'라고 말하면 기분이 어떨 것 같아?" 대놓고 상처를 주는 말은 아니지만 말투에 담긴 속마음을 눈치챌 수 있기 때문이다. 말이나 행동이 어떤 영향을 미치는지 생각해보는 과정에서 아이는 자신이 어떤 상처를 주었는지 알아차릴 수 있다.

그럼 완전한 느낌을 탐색하는 데 방해가 되는 요소는 무엇일까? 가장 먼저 떠올리게 되는 것은 문화에서 흡수하는 교훈이다. 아이가 남들보다 앞서나가거나 적응하는 데만 초점을 맞추다 보면, 다시 말해 단기 성과에만 몰두하면 관계를 거래처럼 생각하기 쉽다. 저 사람이 추천서를 써줄 만한 사람인지, 명문 학교에 입학하는 데 도움이 될 친구인지를 따지며 배려를 그 자체로 중요하게 여기지 않게 되는 것이다. 설사 배려하더라도 겉치레를 두른 배려일 가능성이 크다. 열 살 아들을 키우는 어떤 부모가 이런 말을 한 적이 있다. "아들에게 보이스카우트 같은 데 들어가라고 말했어요. 배려가 중요한 시대잖아요. 대학들이 그런 자질을 원하거든요." 하지만 목적 달성만을 위해 아무 생각 없이 하는 선행은 아이의 사고를 바꾸지 못한다.

또 성과에만 집중하다 보면 만사가 순조롭게 흘러가기를 바라는 마음 때문에 힘겹고 복잡한 감정에 단단한 태도로 대처하기 어려워진다. 특히 서둘러야 하는 상황이라면 아이는 더 쉽게 충동적으로 말을 내뱉거나 말썽을 피우게 된다. 이런 악순환이 반복되다 보면 아이의 빼어난 강점이 무엇인지, 진짜 힘들어하는 부분은 무엇인지 제대로 파악할 수 없다. 성과에 치중해야 하는 상황으로 날카로워진 아이에게 정말 필요한 것은 자기 감정을 처리하고, 다른 사람의 감정을 살피며 파악하고, 어떻게 해결하면 좋을지 조용히 고민할 시간이다. 이처럼 연민과 공감은 분명 가르칠 수 있는 영역이지만 오랫동안 대화를 주고받는 과정이 선행되어야 한다는 전제가 깔려 있다.

공감을 불러일으키는 화법

나는 아이의 공감 능력을 키우는 과정을 이해하기 위해 보스턴의 한 유치원에서 교사들을 관찰했다. 노련한 편에 속하는 교사는 적어도 하루에 한 번씩 모든 아이의 옆에 앉아 시간을 보냈다. 하지만 그런 교사의 인내심이 한계에 이르는 날도 있었다. 한번은 어떤 아이가 집에 가도 되냐고 다섯 번이나 묻자 교사는 "안 된다고 했지"라고 쏘아붙이며 고개를 돌렸다. 하지만 몇 분 뒤 다시 돌아와서는 아이에게 가까이 몸을 기대더니 따뜻한 말투로 사과의 말을 건넸다. "아까는 선생님이 미안했어. 모든 사람의 양동이에는 각기 다른 물의 양이 정해져 있는데 아까는 선생님의 양동이가 바닥을 드러내서 그랬어. 게다가 대답을 너무 많이 해서 입이 피곤했지 뭐야." 그러자 아이는 미소를 지으며 선생님을 안았다. "가서 양동이를 채우세요! 그러면 괜찮을 거예요."

나중에 알게 된 사실이지만 두 사람의 대화는 유치원에서 시행 중인 '양동이 채우기'라는 교육 과정에서 비롯된 내용이었다. 양동이 채우기 교육은 사람들이 눈에 보이지 않지만 정신적, 정서적 건강을 나타내는 양동이를 가지고 다닌다고 설명한다. 배려와 친절을 베풀면 상대방의 양동이를 채워주는 셈이고 심술궂게 굴면 상대방의 양동이를 축낸다는 재밌으면서도 의미 있는 개념이다. 하지만 나는 이론만큼이나 교사가 아이에게 구체적으로 전달한 내용도 흥미로웠다. 교사는 미안한 점을 솔직하게 사과하고 그럴 수밖에 없었던 이유를 설명했다. 그러면서 끊임없는 질문에 짜증이 났다는 사실도 슬쩍 흘려 아이가 이해할 수 있도록 자신의 마음을 고백했다. 아이는 교사의 화법을 통해 상대방에게 공감하는 표현법을 배웠을 것이다.

이처럼 아이와 갈등이 생겨 순간 좌절스러운 마음이 들어도 어느 틈엔가 공감을 표현할 기회는 있다. 물론 그 순간이 지나간 후에 말을 꺼내는 게 나을 때도 있다. 부모라면 다들 알겠지만 아이가 한창 성질을 부리는 와중에는 곰곰이 생각할 시간 같은 건 없다. 조금 더 큰 청소년 시기에 폭발할 때도 마찬가지다. 가장 현명한 방법은 흥분이 가라앉은 다음 적절한 때를 찾아 대화를 나누는 것이다. 우선은 아이가 하려는 말을 들은 뒤 거기에 맞게 다음 이야기를 이어가도록 하자.

부모의 공감 능력이 곧 아이의 공감 능력

몇 년 전 자폐 스펙트럼 장애를 가진 다섯 살 에릭의 엄마인 셀리아가 상담실로 찾아왔다. 그날 하루만 해도 에릭이 세 차례나 자제력을 잃는 바람에 셀리아는 기진맥진한 상태였다. 에릭을 학교에 내려주고 온 셀리아는 여전히 넋이 나간 모습으로 "제가 정말 나쁜 부모인 건 알겠는데 에릭도 노력해야 해요"라고 말했다. 나는 셀리아에게 공감을 표했다. 상담을 마친 후 다시 서둘러 떠나는 셀리아의 모습에서 얼마나 정신이 없는지가 잘 느껴졌다.

아이가 자폐 스펙트럼 장애를 비롯해 유사한 상황을 겪고 있다면 공감 능력을 부모 자신에게까지 넓혀 발휘해야 한다. 이런 아이들은 대개 의사 표현을 어려워하기 때문에 부모가 먼저 아이가 원하는 바를 알아채고 충족시켜주기란 결코 쉽지 않다. 연구자 크리스틴 네프는 이럴 때 스스로를 긍정적이고 애정 어린 목소리로 대하면 수치심, 죄책감, 자책의 소용돌이를 멈출 수 있다고 설명한다. 실제로 내가 아는 많은 부모가 아이를 상대하며 좌절스러운 상황을 마주했을 때 "오늘은 조금 어렵네. 그래도 늘 그랬듯 금세 해결되겠지" 같은 주문을 만들어 외우는 것으로 도움을 받았다.

한편 많은 부모가 관심과 보살핌을 아이와 부모 중 한쪽만 받을 수 있는 양자택일 사항이라고 생각한다. 밤잠을 설치며 세 번이나 깬 와중에도 이가 나기 시작한 아이를 보며 "한창 힘들겠다"라고 걱정하는 것, 큰아이가 징징거리자 날카롭게 쏘아붙인 뒤 죄책감을 느끼는 것처럼 말이다. 아이에게는 한없이 공감하면서도 스스로에게는 가혹한 잣대를 들이미는 부모가 너무 많다. 내가 부모들에게 자주 하는 충고 중

하나는 힘든 상황을 소리 내어 말하라는 것이다. 아이를 상대해야 하는데 정신이 없거나 걱정거리가 가득한 상황이라면 차근차근 설명해서 상황을 이해시켜도 괜찮다. 아이도 부모의 사정을 이해해줄 수 있기 때문이다. 다만 아이는 부모의 화법에 영향을 받으므로 이 점을 고려해 덤덤하고 차분한 말투로 설명하도록 하자. "그랬어야 했어" "전부 내 잘못이야" 같은 표현은 되도록 쓰지 않는 게 좋다. 오히려 다음에 어떻게 하고 싶은지를 이야기하는 방법이 훨씬 좋다. 아무리 자식을 책임지는 부모라도 좀 더 넓은 마음으로 자신의 상황 또한 헤아려줄 필요가 있다.

셀리아와 이야기를 나눈 초등학교에서 나는 아홉 살 로빈의 어머니인 니콜을 만났다. 어느 날 오후 니콜은 나와 만난 자리에서 눈물을 글썽이며 로빈이 좀처럼 다정하게 행동하지 않아 걱정이라는 고민을 털어놓았다. 그러고는 언짢은 기색을 비추며 말했다. "친구가 신나 하며 캠핑을 간다고 말했는데 '미안하지만 캠핑은 끔찍해'라고 하는 거예요. 이후로도 아이 상태가 계속 나빠지고 있어요." 나는 이야기를 모두 들은 뒤 질문했다. "어머니는 어떻게 하셨어요?" 그러자 니콜이 얼굴을 찌푸리며 대답했다. "일단 방으로 들여보냈어요. 그랬더니 엄마가 심술을 부린다면서 진실을 말하는 게 뭐가 문제냐고 묻더라고요. 그 말을 들으니까 너무 짜증이 나서 원래 정해져 있던 노는 시간을 끝내버렸어요. 나중에 후회가 되긴 했지만 사과는 안 했어요. 자기가 이겼다고 느끼게 하고 싶지 않았거든요."

로빈과 니콜의 사례 같은 일은 꽤나 빈번하다. 아이가 공감이 부족한 모습을 보이면 부모는 안 그래도 이미 어색해진 상황을 굳이 들쑤실 필요가 없다고 생각하기 때문에 그 이유를 깊이 파고들지 않는다. 하지만 사실 로빈은 사회적 기술이 부족할 뿐만 아니라 남들이 나와 다르게 느끼거나 생각할 수 있다는 마음 이론을 이해하는 데 어려움을 겪고 있었다. 보통은 부모가 아이의 공감 능력을 키워주어야 한다고 생각하지만 로빈과 니콜의 사례로 알 수 있듯 공감은 부모와 아이 모두에게 적용되어야 한다.

다른 사람의 관점을 이해하면 어떤 반응을 보여야 하는지 훨씬 쉽게 받아들일 수 있다. 이와 관련해서 사이먼 배런코언과 우타 프리스가 개발한 '틀린 믿음 테스트'가 대표적인 마음 이론 테스트다. 이 테스트는 바구니에 공을 넣고 산책을 나간 샐리라는 친구를 상상해보라고 한다. 그리고 샐리가 자리를 비운 사이 친구 앤이 공을 상자로 옮겼다는 정보를 알려준 뒤 집으로 돌아온 샐리가 어디를 보게 될지 묻는다. 아이가 상자라고 답한다면 그 아이는 샐리의 관점을 받아들이지 않은 것이다. 물론 공이 상자에 있는 건 맞지만 샐리는 그 사실을 모르기 때문이다.

소피가 두 살 무렵일 때 가족끼리 남부 해변으로 휴가를 갔던 일이 떠오른다. 휴가 첫날, 우리 옆에는 여섯 살 정도 된 여자아이가 앉아 있었고 어머니가 자외선 차단제를 발라주는 중이었다. 소피와 그 아이는 여행지에서 만나 친해졌고 한동안 즐겁게 놀았다. 그런데 별안간 소피가 친구 얼굴에 모래를 던졌고 아이는 눈을 비비며 흐느꼈다. "앞이 안 보여요." 어머니는 딸을 꽉 잡고 겁에 질려 다급한 목소리로 "눈을 떠봐. 조금이라도 떠봐!"라고 외쳤다. 하지만 아이는 계속해서 눈이 안 떠진다고 했다. 소피는 꿈에서 깨어난 듯한 표정으로 쳐다보는 중이었다. 나는 부끄러운 마음에 소피를 다그쳤다. "네가 던진 모래 때문에 친구가 다쳤잖아. 사과해." 하지만 소피는 나를 빤히 보기만 했다. 아이의 어머니는 괜찮다고 말했지만 질겁한 모습이었다. "정말 죄송해요. 아이는 이제 괜찮나요?"라는 내 물음에 입을 굳게 다물고 고개만을 끄덕일 뿐이었다.

조금 뒤 두 사람이 시야에서 사라지자 나는 소피에게 아까의 상황을 설명해보라고 했다. 소피는 입을 삐죽거리며 말했다. "모래가 아플지 몰랐어. 미안해." 그런데 그 말을 듣자 갑자기 모든 상황이 이해되기 시작했다. 소피는 매 겨울마다 보스턴에서 눈싸움을 하며 보냈는데, 신나서 눈뭉치를 던지는 소피에게 내가 "엄마 모자를 맞출 수 있는지 한번 보자!"라고 말한 기억이 났다. 마음이 누그러진 나는 "그랬구나. 하지만 이제 모래를 던지면 안 된다는 걸 알았지?"라 말했고 소피는 "알았어, 엄마"라고 답하며 내 옆에 몸을 웅크렸다.

어떤 문제가 발생했을 때 많은 부모가 원인을 아이의 부족한 공감 능력 탓으로 돌려버리곤 한다. 사실은 상황의 맥락을 읽는 기술이 아직 부족해서일 수도 있고 사과하는 방법을 몰라서 혼란스러운 걸 수도 있는데 말이다. 곧바로 원인을 알아차리기 어려울 수도 있지만 그렇다고 이런 혼란스러움을 그대로 내비치면 아이에게 안 좋은 영향을 미치는 악순환이 이어지게 된다. 이럴 때는 잠시 성찰하는 시간을 가져보자. 아이와 미처 얘기를 나누지 못한 부분이 있는지 돌아보는 것이다. 물론 부모가 아이를 파악하고 상황에 맞게 대처해야 하는 것은 맞지만 아무리 부모라도 모르는 부분이 있는 건 당연하다. 다만 부모 스스로의 기본 욕구가 채워지지 않으면 아이에게 공감하고 표현하는 일이 훨씬 어려워지므로 자기 자신을 챙기는 연습도 필요하다는 것을 알아두자.

그렇다면 상대가 나와 다를 수 있다는 것을 인식하는 마음 이론은 몇 살부터 시작될까? 보통은 네 살에서 다섯 살 무렵이지만 로빈처럼 그 시기가 지나서도 한참 동안 조망 수용을 어려워하는 경우는 꽤 있다.

아이가 마음 이론을 익혀 사교성을 기르기 위해서는 부모가 아이의 말에 집중해서 반응해주는 태도가 중요하다. 예를 들어 아이가 공룡 모양 그림자에 관심을 보인다고 해보자. 아이가 그림자를 가리키며 "공룡 같지?"라고 묻는다면 느끼는 바를 솔직하게 이야기하고 서로의 관점을 비교해보자. 부모의 눈에 그 그림자가 공룡 같은지 구름 같은지를 알려주는 것이다. 또 아이의 관점을 깊이 탐색하기 위해 어떤 점이 다르게 보이는지, 상상할 수 있는 가장 흥미진진한 대상은 무엇인지 시간과 공간을 넘나들며 질문을 던져보자. 아이에게는 부모가 같은 생각에 긍정을 표현하며 신나 하는 모습 자체가 공감의 토대다.

만약 아이의 공감 능력이 부족한 것 같다면 어떻게 해야 할까? 아이가 상처를 주는 행동이나 발언을 한다면 그 이면에 무엇이 있는지 생각해보자. 상황을 이해하지 못하거나 당황스러워서 창피를 면하고 싶었던 걸 수도 있다. 실제로 중학교 1학년 브라이언이 친구와 말다툼을 하고 있었는데 갑자기 그의 아버지가 불쑥 끼어들어 "네가 친구 감정을 상하게 했잖아"라고 훈계한 적이 있었다. 그러자 얼굴이 빨개진 브라이언은 "내 알 바 아니야!"라고 외쳤다. 갑작스레 큰 소리로 야단을 맞자 당황한 모습이었다. 우선 친구와의 말싸움이 어느 정도 사그라들 때까지 지켜본 뒤 나중에 이야기를 나누었더라면 아이는 훨씬 바람직하게 대화에 참여하면서도 더 많은 걸 배웠을 것이다.

공감이란 미스터리를 받아들이는 것

나는 대화로 공감 능력을 길러줄 수 있는 방법을 좀 더 배우고자 저명한 심리학자 장 버코 글리슨을 찾아갔다. 내가 글리슨의 연구를 알게 된 건 오래전이었다. 보스턴대학교 교수로 오래 재직해온 그는 수십 년간 어린이의 언어능력 향상 방법을 연구해오며 명성을 얻었다. 그중에서도 내가 가장 흥미롭게 느낀 건 사과에 관한 연구였다. 글리슨이 연구한 결과, 아이가 주로 듣는 사과는 부모가 건네는 "화내서 미안해" 같은 종류의 말이었다. 우리는 사과가 나약함의 상징이라 여기곤 하지만 사실 사과는 용기가 뒷받침되어야 할 수 있는 표현이다. 사과받은 아이는 부모가 자신의 잘못을 인정했다는 걸 인지하는 동시에 무언가가 잘못되어도 되돌릴 수 있다는 사실을 깨닫는다. 또 어떻게 사과해야 하는지도 배우게 된다. 예를 들어 친구의 기분을 상하게 했다면 예전에 부모가 건넨 사과의 말을 참고해 화해를 요청할 것이다. 그렇기에 부모에게 사과를 받는 경험은 아이가 앞으로 생길 오해를 푸는 데 중요한 역할을 한다.

아이의 공감 능력을 키워주는 또 한 가지 방법은 매사추세츠주 케임브리지에 있는 글리슨의 자택에서 발견할 수 있었다. 그의 연구 내용도 흥미로웠지만 무엇보다 글리슨이 들려준 사적인 사연 하나가 내 마음속 깊은 곳에 남았다. 글리슨은 몇 년 동안 자식들에게 생일 선물로 상점용 마네킹을 사달라고 부탁했다. 특별한 이유는 없었고 그저 문득 떠오른 생각이지만 떨칠 수가 없다는 게 이유였다. 하지만 자식들은 매년 다른 선물을 사왔고 결국 후로도 몇 년 동안이나 농담 반 진담 반으로 계속 조른 뒤에야 마네킹을 받을 수 있었다고 한다. "우리는 마네킹에 랄프라는 이름을 붙이고 휴일마다 옷을 입혔어요. 이사할 때도 버리지 않고 데려갔죠."

글리슨은 랄프가 수십 년이 지난 지금까지도 자신의 딸과 함께 살고 있으며 휴일마다 찾아온다고 웃으며 말했다. "그렇게나 오랜 시간이 흘렀는데도 여전히 그 우스꽝스러운 마네킹을 가지고 있다는 게 믿어지나요?" 나는 믿을 수 있었다. 이제 랄프는 재미난 선물을 넘어 가족의 전통이자 상징이 되었으니 말이다. 가족들이 마네킹을 통해 글리슨의 독특함을 받아들인 것은 다른 모든 이의 독특함 역시 받아들일 준비가 되었음을 보여준 셈이다. 바로 이것이 공감의 핵심 토대다.

글리슨의 이야기를 들으며 라일라의 생일 파티가 생각난 나는 중요한 사실을 깨달았다. 물건은 단지 물건에 그치지 않는다는 사실이다. 물건이란 서로를 느끼는 방식이자 각자가 받아들이는 서로에 대한 표식이라고 할 수 있다. 선물을 주고받을 때 물건이 무엇인지보다 훨씬 중요한 것은 바로 그 안에 내재된 받아들임의 의미다. 설령 지금 내 앞에 있는 사람의 욕구와 필요, 사고와 감정이 이해되지 않고 짜증스럽더라도 그 사람 자체를 존중하고 관심을 기울인다는 뜻이기 때문이다. 아무리 가까운 사이라 하더라도 물어보지 않으면 상대가 어떻게 생각하고 느끼는지 확실히 알 수 없기에 이럴 때야말로 양질의 대화가 큰 힘을 발휘한다. 이처럼 진정한 공감은 대화를 나누며 상대의 미스터리함을 기꺼이 받아들이는 데서 시작된다.

눈높이를 맞춘 공감

양질의 대화는 일상 속에서 자신과 타인의 생각 및 감정을 곰곰이 생각하고 탐색할 기회를 제공한다. 대화를 나누는 동안 스스로가 폭넓은 공감에 취약하다고 느낀다면 더 나아지기 위한 방도를 찾아보게 되고 그렇게 공감이 깃들기 시작한 대화는 장기적인 관계에 굉장히 큰 도움이 된다.

폴이 세 살일 때 갑자기 화장실에 혼자 가기 무섭다고 말한 적이 있다. 깜짝 놀란 나는 뭐가 걱정인지 물었다. 폴은 잔뜩 걱정되는 표정으로 "어두운 곳에 로봇이 있어. 분명 나를 찾아내고 말 거야"라고 말했다. 그러자 소피가 옆에서 "만화에 나오는 로봇을 말하는 거야"라고 설명을 덧붙였다. 상황을 이해한 나는 폴에게 그 로봇이 진짜가 아니라고 말해주었지만 아이는 납득하지 못한 표정이었다. 그렇게 대화를 이어가던 도중 소피가 손전등을 가지고 돌아왔다. "이 마법 손전등을 비추면 로봇이 어지러워할 거야. 한번 해봐." 소피의 말을 들은 폴은 혼자 화장실로 향하더니 손전등을 비춰보았다. 며칠 후, 손전등을 깜빡한 채 화장실에 갔다 온 폴은 로봇이 사라졌다고 알려주었다.

폴은 소피 덕분에 두려움을 극복할 수 있었다. 폴에게 필요한 건 자신이 상상하는 세계에 함께 동참해줄 사람이었기에 내 관점에 맞춰 폴에게 전한 위로는 벽을 쌓는 것에 불과했다. 반면 소피는 공감 능력을 발휘해 폴이 어떤 사람인지를 파악하고 이를 바탕으로 어떻게 보살펴야 할지까지 가늠해 판단했다. 이렇게 소피가 폴의 무서움에 공감할 수 있었던 것은 지금의 폴과 비슷한 나이였을 때 비슷한 대화를 나눠본 적이 있기 때문이다. 그래서 공감할 줄 아는 아이로 키우기 위해서는 부모가 먼저 공감을 표현해서 이해받는 경험을 심어주어야 한다. 부모가 보여주는 본보기야말로 아이가 앞으로 해나갈 공감의 밑바탕이 된다.

아직 말문이 트이기 전이라도 공감 능력을 키워주는 대화를 할 수 있다. 바로 아이가 보내는 단서를 알아차리는 즉시 반응하는 것이다. 반응한다는 것은 아이가 생각하고 느끼는 존재임을 인정한다는 의미다.

장난감을 보고 있다면 "마음에 들어?" "재밌게 생겼네"라고 말하면 된다. 갑자기 흐느껴 울기 시작한다면 일단 주변을 둘러보자. 만약 바닥에 엎질러진 시리얼을 발견했다면 "시리얼이 엎어져서 속상해?"라고 물어보는 것으로 아이가 어떻게 생각하고 느꼈는지를 추측한 다음 마음을 보여주자. 그러면 아이는 자기 마음을 맞춘 부모에게 높은 신뢰감을 갖게 된다. 위로를 받아본 아이가 다른 사람을 위로할 수 있다는 말처럼 부모의 공감 능력이 곧 아이의 공감 능력을 키우는 발판인 셈이다.

감정에 이름 붙이기

나이가 조금 더 들면 자기가 어떤 기분인지를 먼저 아는 것이 중요하다. 우리 가족은 "기분이 어때?"와 "무엇이 필요해?"라는 두 가지 질문으로 구성된 간단한 포스터를 만들어 감정을 확인했다. "기분이 어때?" 포스터에는 감정을 나타내는 표정이, "무엇이 필요해?" 포스터에는 각각의 방법이 나와 있다. 방법은 숫자 10까지 세기, 부드러운 인형 끌어안기, 퍼즐 맞추기 등 무척 간단한 것들이다.

처음에는 이 방법이 과연 도움이 될까 의심스러웠지만 세 살인 폴이 성질을 피우다가도 포스터로 달려가는 모습을 보면서 점차 생각이 달라졌다. 폴은 흐느껴 울다가도 금세 포스터 앞으로 달려가 이런저런 표정들을 뚫어지게 보곤 했다. 우선 그렇게 주의를 돌리는 것 자체가 감정을 진정시켰고 표정에 대해 이야기를 나누는 과정에서는 폴이 자기 감정을 점점 정확하게 짚어내기 시작했다. 슬픈 줄 알았는데 "외로운 것 같아. 안아줘" 같은 의외의 반응을 보이는 날은 무척 놀라기도아했다. 이처럼 도구를 활용하면 아이가 자신의 감정이 어떤 상태이고 무엇이 필요한지를 좀 더 정확하게 파악할 수 있으므로 훨씬 풍부한 대화를 나눌 수 있다.

갈등 해결의 열쇠, 공감과 경청

사립학교에서 근무할 당시 열세 살인 알렉스를 평가하고 일주일에 두 차례 상담한 적이 있었는데, 언어 학습 장애 진단을 받은 알렉스는 단어를 떠올리고 자기 의사를 표현하는 데 어려움을 겪는 중이었다. 아는 단어가 많지만 간단한 단어와 짧은 문장으로만 말하는 탓에 대화에 빈틈이 생겼고 상대방은 알렉스가 무슨 말을 하는지 잘 이해하지 못했다. "거기 갔어요. 아시죠? 그 장소까지 그걸 가지러요"라고 말한 적도 있다. 어쩌다 한 번쯤 이렇게 말하는 아이는 많지만 알렉스는 그 빈도가 심할 정도로 잦았다.

상담 시간이면 나는 알렉스가 말과 글로 자기 생각을 표현할 수 있도록 도와주었고 원하는 단어를 정확히 떠올리지 못할 때마다 함께 유의어를 열심히 찾았다. 사물과 사람을 묘사하는 법도 가르쳤다. 물건을 보았다면 어떻게 생겼는지, 냄새가 난다면 어떤 냄새인지, 사람이라면 그 사람이 하는 일은 무엇인지 등 구체적으로 설명하는 법을 알려주었다.

그러던 어느 날 알렉스는 같은 반 여학생인 나오미에게 데이트를 신청했다고 말했다. 하지만 아쉽게도 나오미는 예의 바르게 거절했다. 알렉스는 친구 잭슨에게 거절당한 이야기를 털어놓으며 "상관없어. 어차피 걔 속물이잖아"라는 말을 덧붙였다. 핸드폰을 보고 있던 잭슨은 고개를 들더니 "그래? 난 걔가 착하다고 생각했는데"라고 대답했다. 그러자 알렉스는 상처받은 표정으로 자리를 떠났고 내게 다시는 잭슨과 얘기하고 싶지 않다고 말했다. 나는 시간이 어느 정도 흐른 뒤 알렉스와 그날에 관한 이야기를 나누며 공감에 3E를 활용했다.

먼저 알렉스의 감정을 **확장**했다. 그 상황에서 나오미 편을 든 잭슨의 행동은 칭찬할 만했고 알렉스도 감정이 북받쳐 그런 거지 사실은 나오미가 착하다는 의견에 동의했다. 잭슨의 말이 야박하게 느껴졌다고 하지만 사실 알렉스가 화난 진짜 이유는 잭슨이 알렉스의 자격 의식(특별한 대우를 받을 권리가 있다는 인식—옮긴이)을 인정하지 않았기 때문이다. 알렉스는 잭슨이 한 말 때문이라기보다 자신이 얼마나 상처받았는지 잭슨이 알아차리지 못한 것 같아 기분이 나쁘다고 했다.

그다음 우리는 잭슨이 그간 어떻게 행동해왔는지를 **탐색**했다. 잭슨은 평소에 어떤 친구였을까? 알렉스는 엄마가 암 진단을 받았을 때처럼 자기가 힘들 때마다 잭슨이 많이 배려해주었다고 말했다. 하지만 나오미 얘기를 할 때는 그런 섬세함을 발휘하지 못한 것이다. 두 사람이 한창 사이가 좋았을 적을 생각하던 알렉스는 잭슨이 근본적으로 나쁘거나 무신경한 친구가 아니라는 걸 떠올렸다. 두 사람의 우정은 소중했고 균열을 봉합할 가치가 충분했다. 사실 나오미가 착하다고 말한 것부터가 천성이 자상하기에 할 수 있는 생각이기도 했다. 우리는 거절당해 화가 난 감정을 납득할 수 있는 방식으로 표현하는 역할극을 연습했다. 그런 뒤 알렉스는 농구 연습을 마친 잭슨에게 가 그때 자신이 느꼈던 감정을 설명하고 넘어가기로 결심했다.

마지막으로 우리는 어떻게 얘기를 꺼낼지, 괜찮은 부분과 고쳐 말하면 좋을 부분이 무엇인지 **평가**했다. 모든 연습을 마친 알렉스는 잭슨에게 나오미에 대해 무례하게 말한 점을 사과했고 실은 거절당했을 때 얼마나 화가 났었는지 설명했다. 잭슨은 상처받은 마음에 주의를 기울이지 못해 미안하다고 사과했다. 하지만 처음에는 혼란스러운 표정을 짓더니 언제 있었던 일을 말하는 거냐고 물었다. 이 말을 들은 알렉스는 다음에 다시 이런 일이 생긴다면 얼마 지나지 않았을 때 바로 이야기해야겠다고 결심했다.

이처럼 공감 능력을 키우는 대화는 현실 경험과 결부되어 있을 때 가장 큰 힘을 발휘한다. 여기서 신경 써야 할 점은 아이들의 각기 다른 특성을 고려해야 한다는 점이다. 로빈과 잭슨에게도 서로 다른 대화가 필요했다. 로빈이 조망 수용에 어려움을 겪었다면 잭슨은 좀 더 세심히 귀 기울여 듣는 습관이 필요했던 것처럼 말이다. 친구가 말할 때는 핸드폰을 잠시 내려놓고 대화에 집중해야 한다는 것을 부드럽게 알려주는 어른이 있었다면 더 좋았을 것이다.

아이 스스로가 문제를 쉽게 말할 수 있거나 어떤 도움이 필요한지 정확히 알고 있다면 순조롭겠지만 만일 도움이 필요한 것 같은데도 말하려 하지 않는다면 어떻게 해야 할까? 분명 화가 난 것 같은데 이유를 정확히 말하지 못하거나 밝히려 하지 않는다면? 이럴 때는 반영적 경청이 도움이 될 수 있다. 마음 챙김 육아 운동에서 영향을 받은 반영적 경청은 아이가 말하는 내용을 그냥 듣는 데 그치지 않고 말과 신체 언어를 비롯한 모든 것을 살펴 아이의 진짜 생각과 느낌을 확인하는 방법이다. 지금 이 순간 들리는 내용 그대로에 집중한 뒤 아이에게 들은 바를 들려주고 맞는지 확인해보자. 이 같은 존중과 이해의 경험은 아이가 경청의 태도를 갖추는 기반이 된다.

4P를 활용한 반영적 경청

반영적 경청은 네 부분으로 나뉘며 각각의 앞 글자인 'P'를 따 4P라고
부른다.

알아맞히기 Puzzle

먼저 탐정이 되자. 생각과 느낌이 드러나는 몸짓언어에 주목하는 것
이다. 가까이 앉는지 멀리 떨어져 앉는지, 표정은 어떤지, 본 적 있는
표정이라면 언제였는지를 고민해보자.

분해 Piece Apart

단서들을 꼼꼼하게 분석해서 어떤 것이 가장 중요한지, 우선순위를
어떻게 정해야 할지 파악하자.

추리기 Pare Down

아이의 감정은 어떤 상태일까? 전에 어떤 일이 있었던 걸까? 중요한
단서만 추려 한두 가지로 정리해보자.

처리 Process

단서를 정했다면 아이에게 이야기한 뒤 맞았는지 직접 들어보자.

4P를 활용해 연구자 닐 카츠와 케빈 맥널티가 '도어 오프너door opener'
라고 부른 방법을 시도해볼 수 있다. 아이의 행동을 "기분이 나빠 보
여" "신난 것 같네"처럼 말로 표현하는 것이다. 그런 다음 말을 이어 하
거나 대답을 기다리면서 아이를 대화로 초대하자. "아, 그래?" "그렇구
나"처럼 자유롭게 맞장구를 치는 것도 도움이 된다. 아이의 말이 끝난
뒤에는 들은 대로 다시 들려주고 맞게 이해했는지를 확인하자.

내 친구이자 세 아이의 엄마인 재스민의 사례로 이 과정을 살펴보자. 재스민은 이제 막 10대가 된 아들 루크에 대한 고민을 털어놓았다. "루크는 어릴 때부터 화를 다스리기 어려워했어. 심할 때는 사소한 일에 무척 심하게 화를 내기도 하더라고. 열 번째 생일에는 친구들이 축하 노래를 제대로 부르지 않았다고 정색을 하더니 왜 기분이 나쁜지 제대로 설명하지도 않고 방으로 들어가버린 일도 있었다니까. 물론 아이들이 노래를 대강 부르긴 했지만 이유는 말을 해줘야지."

그래도 세월이 흐르며 루크의 성격은 조금씩 수그러드는 듯했다. 그러던 어느 날 오후, 아빠와 다투던 루크는 한창 말다툼을 하다 말고 갑자기 자리를 뜨더니 방으로 들어가 나오지 않았다. "안에서 쿵쾅거리고 소리를 지르고 물건을 던지는 것 같길래 나도 잔뜩 화가 나서 위층으로 올라갔어. 방문 앞에 도착했을 때는 무게를 잔뜩 잡고 이야기를 꺼낼 생각이었어. 더는 아기처럼 행동하지 말라고, 그러지 않으면 정말 크게 혼날 거라고 말하려 했어. 그러다 일단은 생각을 멈추고 심호흡을 하면서 마음을 진정시켰고 문을 열어 루크를 봤어. 그런데 루크가 나를 보더니 '미리 말해두지만 아빠 때문에 이러는 거 아니야'라고 하더라."

의외의 말에 재스민은 그럼 무슨 일이냐 물었고 루크는 친구가 절교 선언과 함께 상처가 되는 말이 담긴 문자를 보내왔다고 설명했다. 이 말을 들은 재스민은 별다른 말 없이 그저 조용히 앉아서 루크의 괴로움을 인정하고 곁에 있어주었다. 그러면서 나도 네 또래일 때 비슷한 경험을 한 적이 있기에 어떤 기분인지 충분히 이해한다는 말을 덧붙였다. 재스민은 더 이상 그 문자를 읽지 않을 것을 권했고 만약 읽었다면 스스로 받아들일 시간을 가지라고 했다. 또 마음이 가라앉을 때까지 핸드폰을 대신 맡아줄 수도 있다고도 이야기했다. "그날 혼낼 투지를 불태우며 방에 들어가지 않은 게 정말 다행이었어. 만약 그랬다면 진지한 대화를 못했을 거고 상처를 준 친구를 어떻게 대하면 좋을지 차분히 말해줄 기회도 놓쳤겠지."

재스민은 이성을 찾은 뒤 루크에게 직접 설명할 여지를 주고 어떤 일이 일어난 것인지 알아맞혔다. 그러고는 아이의 말에서 단서들을 분해하고 내용 자체에 초점을 맞춰 어떻게 반응하면 좋을지 추렸다. 마지막으로 아이의 다음 감정을 추측하며 내가 네 편이라는 걸 알 수 있도록 함께 소리 내어 문제를 처리했다. 재스민은 상황을 악화시키지 않으면서도 아들이 체면을 차릴 수 있는 반응을 보여주었다. 또 답장하기 전에 생각할 시간을 갖는 게 좋다고 조언하며 루크가 자기 인식을 높일 수 있도록 도왔다.

만약 재스민이 루크의 이야기를 듣고 당장 핸드폰을 내놓으라 했다면 상황이 얼마나 다르게 바뀌었을지 생각해보자. 경솔하게 핸드폰을 압수하기보다는 대화를 통해 아이의 성숙 수준과 발달단계를 들여다보는 통찰력을 키우는 쪽이 훨씬 효과적이다. 두 사람의 사례로 알 수 있듯 대화를 주고받는 과정은 아이뿐만 아니라 부모에게도 도움이 된다. 아이가 상황에 대처할 준비가 되었는지 확인하고 그동안 너무 엄격하거나 관대한 건 아니었는지 돌아보며 변화의 계기를 맞이할 수 있기 때문이다.

감정의 어두운 면도 받아들이자

반영적 경청을 할 때는 부정적인 감정을 억누르거나 무시하지 않도록

146

조심해야 한다. 부모가 아이의 행복을 바라는 건 당연하지만 너무 긍정적인 감정에만 초점을 맞추다 보면 다른 감정은 중요하지 않다는 뉘앙스를 풍길 수도 있다. 그런 느낌을 받으면 아이는 두려움이나 걱정 같은 감정을 숨기거나 심지어 내보이는 것 자체를 부끄러워할 수도 있다. 감정은 숨기다 보면 곪기 마련이고 심한 경우 죄책감이나 불안으로 이어지기도 한다. 이를 방지하기 위해 아이의 감정을 전부 지지할 수 있는 '감정 회상'을 시도해보자. 과거의 사소한 순간들, 특히 스트레스가 심했거나 안 좋은 기억에 초점을 맞춘 뒤 회복탄력성을 강조하면서 어떤 일이 있었는지 이야기하고 어떻게 하면 좋을지 전략을 세우는 것이다.

예를 들어 아이가 "저번에 병원에 간 건 정말 끔찍했어"라고 말했다면 우선 3E를 시도해서 그 기억을 확장하고 아이의 감정을 탐색해보자. 그리고 반응을 평가한 뒤 잘한 점을 강조하는 관점에서 다시 표현해보자. "맞아, 그랬지. 의사 선생님이 주사를 놓았더니 얼굴이 빨개지더라. 울긴 했지만 정말 용감했어"라고 말하는 것이다. 이때 "또 무슨 일이 있었더라? 넌 기분이 어땠어? 어떻게 그 순간을 이겨낼 수 있었지?" 같은 질문을 던져 아이가 참여할 기회를 주면 좋다.

이야기를 잘 들어주는 사람에게 걱정스럽거나 스트레스 받는 일을 털어놓으면 정신 건강에 이롭다. 『감정이라는 무기』의 저자 수전 데이비드는 힘든 일을 털어놓는 과정이 감정을 완전하게 경험한 뒤 앞으로 나아가게끔 한다고 말했다. 한 연구에 따르면 9~12세 아동이 어머니와 스트레스 받은 사건을 이야기할 때 '질투'나 '실망'처럼 감정을 나타내는 단어를 더 많이 사용하고 설명할수록 우울과 불안 증세를 적게 겪고 반항하는 빈도도 낮았다고 한다. 유치원생을 대상으로 실시한 다른 연구에서는 어머니가 정서적으로 힘들었던 사건에 대해 자세히 말하는 연구를 진행했는데, 내용이 구체적일수록 아이의 감정 조절 능력이 발달하는 경향을 보였다. 이처럼 부모의 경험을 들려주면 아이는 자기만 그런 감정을 느끼는 게 아니라는 사실을 알게 된다. 슬프거나 속상하거나 두려운 감정을 느끼고 이에 대해 이야기하는 건 부끄럽거나 수치스러운 일이 아니다. 느끼는 그대로를 받아들인다는 게 어떻게 보면 무척 힘든 일이기도 하지만 아이들은 지난 일을 되돌아보고 자신의 감정을 확인하는 과정에서 내가 어떤 사람인지를 이해하게 된다.

아이가 가족 여행에서 돌아오는 길에 짐을 싸다가 **"슬퍼"**라고 말했다.

흔한 대답	"곧 괜찮아질 거야."
신선한 대답	• "어떤 게 슬퍼? 여행이 끝나는 게 슬플 만큼 좋았던 점은 뭐야?" • "나도 떠나야 해서 슬프지만 대신 학교 친구들을 만날 수 있잖아!" • "이해해. 특별히 또 하고 싶은 일이 있니?" • "슬픈 기분이 들 때 몸은 어떤 느낌이야?" • "혹시 다른 느낌도 드니? 난 피곤하면 유난히 더 슬프더라고."

실수를 예방하는 네 가지 대화법

그간 수많은 부모, 심리학자, 연구자와 이야기를 나누며 발견한 공감을 가로막는 네 가지 난관과 각각에 적절한 해결책을 소개한다.

난관 1: "넌 이렇게 느껴야 해" — 판단하는 말

"이런 일로 속상해하는 건 바보 같은 일이야"라는 말에는 명확히 판단이 개입되어 있다. 대답을 이미 내포하고 있는 부가 의문문도 마찬가지다. 가령 "우리 모두 그 파티에서 정말 즐거운 시간을 보냈잖아. 그렇지 않니?" 같은 말은 언뜻 들으면 상당히 중립적으로 들리지만 사실은 우리 모두가 똑같이 느끼고 있다는 전제를 담고 있다. 집에 있는 게 더 좋은 사람이 이런 말을 듣는다면 자기 생각을 말하기 껄끄러워질 것이다.

해결책: "있는 그대로 느껴도 괜찮아" — 열린 말

모든 감정을 받아들이려면 먼저 가족의 감정 문화에 주목하자. 어떤 감정을 공유했고 어떤 감정을 무시했을까? 감정 문화는 구성원의 성향이 좌우하기에 가족마다 모두 다르다. 분노 표현을 금하는 집안이 있는가 하면 흥분이나 기쁨을 표현하지 못하게 하는 집안도 있다. 내 배우자, 반려자, 친척들은 어떤 감정을 편안하게 표현하고 받아들이는지 살펴보자.

난관 2: "넌 이렇게 느껴" — 단정 짓는 말

부모는 본인의 감정과 아이의 감정을 혼동하거나 자신이 생각하는 아이의 감정을 말할 때가 많다. "그 영화는 별로 안 슬펐지?" "너 지금 화나지 않았잖아"처럼 부모의 의견이 마치 사실인 양 제시하는 것이다. 하지만 아이 입장에서는 슬프거나 화가 났을 수 있다. 조금 더 정확히 추측하고 싶다면 아이의 관점에서 보이는 세상을 생각해보자. 평소 아이의 몸짓언어와 말투를 대입하여 감정을 예측하면 도움이 된다.

해결책: "우리가 똑같이 느끼지 않을 수도 있어" ─ 분리하는 말

아이가 감정을 자세히 말할 수 있도록 이끌어주자. 자신의 감정을 구체적이고 명확하게 말하다 보면 다른 사람의 감정과 내 감정이 다를 수 있다는 걸 자연스레 인지하게 된다. 감정을 곰곰이 생각한다고 해서 무조건 그 감정에 흠뻑 빠지는 건 아니다. 오히려 어떤 감정이든 그에 대한 느낌을 낱낱이 이야기하면 이해에 도움이 된다.

보스턴칼리지 사회학과 교수 찰스 더버는 반응을 '전환'과 '지지' 두 종류로 나누었다. 전환 반응이란 부모가 대화의 중심을 이끄는 것이고 지지 반응이란 아이가 화제를 이어나가게 하는 것이다. 만약 아이가 "막상 다이빙대에 오르려니 불안해"라 말했다고 상상해보자. 이때 "왜?" "뭐가 걱정돼?" 같은 대답은 지지 반응이고 "다이빙은 재밌어. 내가 전에 다이빙을 해봤는데…" 같은 대답은 전환 반응이다. 후자의 경우도 공감하려는 의도였겠지만 정작 아이가 느끼는 초조함은 전혀 다루지 않은 셈이다. 아이의 감정과 부모의 감정은 언제든지 다를 수 있다는 것을 잊지 말자. 대부분의 대화에서는 전환과 지지가 자연스럽게 균형을 이루지만 아이가 할 말이 더 있는 것 같거나 유난히 취약해 보이는 날은 지지 반응에 초점을 맞추는 것이 좋다.

난관 3: "네가 느끼는 감정은 부끄러운 거야" ─ 사소하게 여기는 말

"그런 일로 울다니 바보 같아" "아기들이나 그런 걸 무서워하는 거야" 같은 발언은 명백히 아이에게 수치감을 주는 말이다. "별거 아니야" "어, 이제 그만" 같은 말 역시 좋지 않다. 이런 말들은 "그런 식으로 느끼지 마"라는 신호와도 같기 때문이다.

해결책: "처음에는 이해되지 않아도 괜찮아"―처리하는 말

감정을 이해하려면 시간과 대화가 필요하지만 실상은 감정이 아이를 급습하는 경우가 훨씬 흔하다. 잘 놀다가 갑자기 울음을 터뜨리거나 즐거운 대화를 나누다가 한 번의 농담으로 기분이 상하는 것처럼 말이다. 심지어 자기 감정에 깜짝 놀라거나 혼란스러워하는 경우도 있다. 생각보다 자주 일어나는 일이다. 실은 질투가 나는데 "화났어"라 말할 때도 있고 실망했는데 "슬퍼"라 말하기도 한다. 이럴 때 대화를 하다 보면 아이는 자신의 감정을 정확하게 알게 되고 부모는 아이에게 어떤 지지가 필요한지 파악할 수 있다.

감정을 날씨처럼 중립적이고 변하기 쉬운 것으로 여기면 이 모든 과정을 좀 더 수월하게 이해할 수 있다. 광범위한 감정들을 건설적인 방법으로 헤쳐나가는 데 집중해보면 어떨까? 세상에 나쁘기만 한 감정이란 없으며 항상 행복해야만 하는 것도 아니다. 만약 아이가 우중충한 기분을 전환하고 싶어 한다면 "어떻게 해야 지금 기분을 날릴 수 있을까?"라고 물어보자. 자기 기분은 자기가 통제할 수 있다는 것을 은연 중에 알려주는 것이다.

아이가 어떤 한 가지 감정을 말해놓고 확신하지 못하는 듯한 표정을 지을 때면 "지금 느끼는 감정이 그거 하나야?" 혹은 "그렇구나. 다른 느낌도 느껴지니?"라고 물어보자. 한 번에 여러 감정을 느끼는 건 자연스러운 현상임을 알려주면서 여기에 대해 함께 생각하고 이야기 나눌 시간을 가지는 것이다.

난관 4: "그런 기분을 느끼는 사람은 너뿐이야"―고립시키는 말

"그렇게 느끼다니 정말 특이하네" "그렇게 느끼는 사람 처음 봤어" 같은 말을 들은 아이는 자기 감정이 이상하고 남에게 말하면 안 될 것 같다는 느낌을 받을 수도 있다.

해결책: "이 감정은 함께 해결해나갈 수 있어"—함께하는 말

서로 힘을 합하면 된다고 격려하는 말은 혼자가 아니라는 말과 같다. 만약 아이가 감정 대화를 처음 하는 경우라면 당황한 탓에 금세 대화가 끊길 수도 있다. 연거푸 "모르겠어"라고만 반복할지도 모르지만 아직 이야기하고 싶다는 마음이 느껴진다면 부드럽게 대화를 리드해 이야기를 이어나가보자.

대화를 하다 보면 아이에게 뭔가를 채워주어야 할 때도 있지만 반대로 부모가 말문이 막힐 때도 있다. 그런 상황에는 다음과 같은 대화 습관과 유용한 팁들을 윤활유처럼 사용해보자.

대화 습관 1.　**공감적 위험 감수하기**

아이가 생각하고 행동할 때 공감적 위험을 감수하도록 가르치자. 공감적 위험은 쉽사리 예측되지 않는 사람과 관계를 맺을 때 필요하다. 쉽게 말하자면 아이의 공감 근육을 강화한다고 생각하면 된다. 공감적 위험을 감수할 줄 아는 아이는 반에서 혼자 외로워 보이는 친구에게 먼저 다가가거나 경기를 구경만 하는 친구에게 끼고 싶은지 물어볼 용기를 발휘한다. 아이의 이런 행동이 걱정스럽다면 그 이유가 무엇인지 생각해보자. 객관적으로 좋지 않아서인지 아니면 단순히 부모 입장에서 마음 편한 범위를 벗어났을 뿐인지를 판단해볼 필요가 있다.

대화 습관 2. '만약'을 활용하기

아이가 다른 관점을 이해할 수 있도록 조건문을 활용한 대화를 해보자. '만약'이나 '마치' 같은 말은 다양한 삶을 창의적으로 상상하는 데 도움을 준다. 먼저 아이가 관심을 갖는 주변 대상에서부터 시작해 넓은 갈래로 뻗어나가 보자. 만약 브라질에 사는 농부이거나 멕시코에 사는 사업가라면 어떤 능력이 필요할까? 그리고 어떤 장애물에 직면하게 될까? 올림픽 선수, 슈퍼 히어로, 실험에 실패한 과학자가 된 모습을 함께 상상하면서 이야기를 나누어보자. 처음에는 외롭거나 가난하거나 상처받았을 때 같은 추상적 상황을 상상하기 어렵겠지만 나중에 실제로 그런 감정을 느끼거나 그렇게 만든 사람을 만났을 때 이해하고 받아들이는 데 도움이 된다.

동시에 아이가 다른 사람의 즐거움을 함께할 수 있도록 축하의 본보기를 보여주자. 예를 들어 아이가 친구의 우승에 불만을 늘어놓는다면 입장을 바꾸어 생각해보는 질문을 건네는 것이다. "만약 네가 우승했다면 친구가 어떤 반응을 해주는 게 좋을 것 같니?" 이때 질투의 마음이 드는 것 자체를 부정하지 않도록 유의하자.

대화의 물꼬를 트는 팁

- 선택지 주기
"이런 것 같아, 아니면 저런 것 같아?"
- 아이와 관련한 질문 던지기
"어제 그 일이 있고 기분이 어땠어?"

- 경험 예시 꺼내기

  "올해는 여름휴가를 못 가서 너무 아쉽네. 넌 뭐가 실망스러웠니?"

- 감정 제시하고 확인하기

  "속상한 것 같은데, 그러니? 아니면 속상한 기분과 다른 감정이 섞인 거야?"

- 몸에서 느껴지는 감정에 주목하기

  "실망할 때면 가슴이 철렁 내려앉는 것 같아. 가끔은 얼굴이 빨개지기도 하고. 넌 실망할 때 어떤 느낌이 드니?"

- 이전 주제로 돌아가기

  "오늘 아침에 친구가 이사간다고 했잖아. 그 얘기를 더 자세하게 해줄래?"

- 조심스럽게 아이의 관점을 묻기

  "아까 캠핑에 안 가고 싶다 했잖아. 왜 그런지 자세히 얘기해줄 수 있어?"

- 한 걸음 물러나서 숨 돌릴 기회 갖기

  "우리 둘 다 흥분한 것 같아. 잠시 쉬고 나중에 얘기하면 어떨까?"

- 무엇이 필요한지 직접 설명하도록 권하기

  "어떻게 하면 기분이 나아질 것 같아? 심호흡을 하거나 포옹을 하거나 대화로 해결할 수도 있어. 물론 혼자 시간을 가질 수도 있고."

- 최선을 다하고 있음을 강조하기

  "어떻게 하면 너를 이해하고 도울 수 있을지 고민 중이야."

미스터리가 주는 깨달음

공감이란 오해받기 쉬운 개념이므로 대화 도중 엇갈리기 쉬운 것도 당연하다. 우리는 잘 만들어 오븐에 넣은 케이크처럼 감정이 완벽하게 나와야 한다고 생각하는 탓에 아이가 그렇지 않은 모습을 보일 때면 외면한 채 마음의 문을 닫아버리곤 한다. 하지만 마크 브래킷의 말을 빌리자면 공감 능력이 뛰어난 아이로 키운다는 건 감정의 달인으로 키운다는 말과 같다. 감정이 어떻게 보이고 들리는지를 알고 모든 감정을 받아들이는 아이로 키운다는 뜻이다. 사실 그러기 위해서는 부모의 본보기가 미리 갖추어져야 한다. 대화를 어떤 식으로 시작하면 좋은지, 자기 연민은 어떻게 표현하는 것이 현명한지를 몸소 보여주는 것이다. 하지만 모두가 알고 있듯 좋은 본보기가 되는 일은 결코 순조롭지 않다. 이처럼 부모가 처음부터 완벽한 존재가 아니듯 아이도 마찬가지이기에 이상하고 미스터리한 면모도 받아들이고 이해해보려는 노력을 기울여야 한다. 『양육쇼크』의 저자 포 브론슨의 말처럼 "보호자로서 부모가 새로운 것을 배울 때는 아이가 가장 미스터리할 때"이니 말이다.

나이별 맞춤용 질문 리스트

유아 ~ 유치원생

아이의 경험에서 소재를 가져와 대화를 시작하자.

Q "친구 표정을 보면 어떤 걸 알 수 있어?"

Q "몸을 그렇게 하면 (예를 들어 주먹을 쥐거나 높이 뛰어오를 때) 어떤 느낌이 들어?"

Q "방금 따라한 대사, 실제 그 사람처럼 말해봐. 어때?"

사람마다 도움을 원하는 방식이 어떻게 다른지 알려주자.

Q "친구가 안아주길 바라는 것 같아, 아니면 혼자 조용히 있고 싶은 것 같아? 왜 그렇게 생각해?"

Q "만약 그런 일이 일어난다면 친구가 어떻게 해주는 게 좋겠어? 친구도 같은 걸 원할까?"

초등학생

다른 사람의 마음을 세심하게 이해해야 하는 상황을 가정해보자.

Q "친구가 여름 캠프를 못 가는 대신 할머니와 할아버지를 만나게 된다면 어떤 기분일까?"

아이가 꺼낸 화제에 관한 도덕적, 윤리적 딜레마를 물어보자.

Q "만약 아이가 아픈데 병원에 가기 싫다고 하면 엄마랑 아빠는 어떻

게 해야 할까?"

다양한 관점으로 생각해볼 기회를 주자.

Q "학교에서 급식을 중단하면 피해를 입는 사람은 누구고 득을 보는
사람은 누구일까?"

Q "새를 새장에 가두고 반려동물로 키우는 것에 대해 어떻게 생각해?
이게 불법이 된다면 누가 좋아하고 누가 싫어할까?"

중학생 ~ 고등학생

복잡한 감정과 딜레마 상황에 대해 이야기해보자.

Q "다른 아이들이 너와 제일 친한 친구를 괴롭히는 현장을 목격하면
어떻게 할 거야?"

Q "친구가 자기 아버지의 범죄 사실을 털어놓으면 어떻게 할래?"

서로 다른 입장을 고려해볼 수 있는 상황을 제시하자.

Q "브라질에 사는 사촌과 미국에 사는 너에게 기후 변화는 각각 어떤
영향을 미칠까?"

Q "한 회사가 18세 미만 미성년자에게 비디오게임 판매를 중단하기로
결정했다면 이유가 뭘까? 아이, 부모, 게임 회사는 각각 어떤 입장을
취할까?"

Q1. "다른 사람들이 이해해줬으면 하는 게 있어?"

Q2. "기분이 나쁘거나 속상할 때 가장 도움이 된 게 뭐야?"

Q3. "주변 사람이 울적해한다면 어떻게 도와줄 수 있을까?"

4장

자존감과
독립심을 키워주는
자기 대화

폭풍우가 와도 두렵지 않아.

배를 조종하는 법을 배우고 있으니까.

루이자 메이 올컷

소피가 일곱 살 때 아파트 옥상에서 바비큐 파티를 한 적이 있었다. 아무래도 아이들에게는 지루했는지 소피가 친구 두 명과 칭얼거리며 물었다. "우리는 뭐 하고 놀면 돼? 밥 시간이 너무 긴 것 같아." 나는 분필 조각을 내밀었다. "이거 가지고 놀고 있어." 소피는 어리둥절한 표정으로 나를 빤히 보았다. "하지만 칠판이 없는걸?" 나는 주변을 둘러보았고 바닥에 목판이 깔린 것을 보아하니 나중에 물로 세척할 수 있을 것 같았다. 무엇보다 저녁을 다 먹기까지 한 시간이나 남은 상황이었고 그동안 아이들이 위험한 그릴에 가까이 가지 않았으면 했다. "바닥에 칠하면 되겠네." 소피와 친구들은 기뻐하며 소리를 질렀다. "낙서해도 된다는 거지?" 나는 나중에 꼭 청소하라는 말을 덧붙였다. 아이들은 날쌔게 움직이며 재빨리 온갖 모양과 땅따먹기 판을 그렸고 어느새 따라온 폴도 분필을 한 움큼 쥐었다. 이웃들이 달가워하지 않겠다는 생각이 들긴 했지만 머지않아 바닥 전체가 낙서로 뒤덮였다.

두 시간 뒤, 파티가 어느 정도 정리 되자 나는 호스를 꺼냈다. 그러자 소피가 친구들과 달려오며 "우리가 치울게!"라고 말했다. "아까 우리가 바닥을 청소해야 한다고 했잖아." 그런 말을 했다는 사실을 잊고 있던 나는 너무 늦었으니 내가 하겠다고 했다. "싫어요, 우리 일이에요!" 아이들이 소리를 지르다시피 외치는 탓에 결국 나는 어쩔 수 없이 호스를 건넸다. 아마 늦게까지 밖에서 불꽃놀이를 보려고 그런 거겠지 싶었지만 스스로 하겠다고 하니 사소한 일까지 하나하나 간섭하고 싶지 않았다. 그렇게 아이들은 직접 바닥을 문질러 닦으며 분필 자국을 지웠고 얼마 뒤 각자 헤어져야 할 시간이 왔다. 소피가 바쁘게 친구들과 인사를 나누던 중 한 아이가 내게 다가와 활짝 웃으며 말했다. "보세요. 바닥 전체가 깨끗하죠!"

돕고 싶은 아이와 대신해주는 부모

모든 아이는 부모를 돕고 싶어 하고 실제로 도와야 하는 것도 맞지만 매번 하고 싶은 대로 할 수는 없다. 집에 오는 손님들이 으레 "식사 준비를 도와드릴까요?" "설거지는 제가 할게요"라는 말을 하는 것도 비슷한 맥락이다. 이럴 때 보통 우리는 "아니에요, 그러실 필요 없어요"라고 대답하는데, 손님 입장에서는 잘 대접받고 있긴 하지만 멋쩍은 느낌을 받기에 주변을 괜히 어슬렁거리곤 한다. 차라리 "그럼 접시 좀 치워주실래요?"라는 대답을 들었더라면 마음이 더 편했을 것이다.

아이에게 도움이란 공감 능력을 불러일으키는 동시에 소속감을 높이는 자연스러운 본능이다. 이런 성향은 특히 어린 시절에 뚜렷하게 나타난다. 뚱한 표정의 사춘기 학생이라도 파티에 쓸 음악 선곡을 해달라거나 핸드폰 작동 방법을 알려달라고 부탁하면 금세 생기가 도는 표정을 보인다. 사회학자 비비아나 젤라이저의 말대로 "경제적으로 무가치하나 정서적으로는 값을 매길 수 없는 것들이 많아진 세상"에서 아이는 가치 있는 방식으로 기여하며 자신감과 존엄성을 키워나간다. 아무리 좋은 의도라 하더라도 부모 혼자 모든 일을 다 해버리면 아이는 집안일을 할 기회를 놓치게 되고 나중에는 집안일 알레르기가 생기는 지경에 이른다.

안타깝게도 부모는 아이의 장점과 목표를 북돋아주기보다는 모자란 부분을 강조하는 일이 더 많다 보니 말하는 방식에도 문제가 생기기 마련이다. 아이가 무언가를 해낼 거라 믿고 격려하기보다는 지시와 관리에 치중하는 것이다. 그러면서도 아이가 할 수 있는 집안일이 쌓인 현장을 보면 우리는 괜스레 억울한 기분을 느낀다. 맡길 수 있는 일을 하지 못하게 한 건 본인이지만 정작 아무것도 하지 않는 아이를 보면 하나의 독립된 인격체로서 과연 얼마나 성장할 수 있을지 상상하기 어렵다.

언뜻 사소하게 느껴질 수도 있지만 아이가 도울 수 있도록 허락하는 것은 중요하다. 하기 싫다고 불평할 나이가 되기 전인 아주 어릴 때, 해보고 싶어 하는 집안일은 경험할 기회를 주자. 아이가 바닥 청소에 스스로 도전하는 것과 부모가 걸레를 쥐어주고 어디부터 닦으라고 시키는 것 사이에는 엄청난 차이가 있다. 아이는 먼저 나서서 시도할 때 무엇이 가장 효율적인 방법인지, 주어진 시간은 얼마인지를 주체적으로 고민한다. 이런 고민의 과정이 쌓여 평소에도 어떻게 해야 문제를 지혜롭게 해결할 수 있을지 스스로 생각하고 결론을 내릴 줄 알게 된다. 시키는 일을 할 때는 딱히 생각할 거리가 없지만 직접 해결책을 고민하고 일을 완수하는 과정은 자신감과 독립심을 키워주기 때문이다. 거창한 임무를 완수해야 한다는 것이 아니다. 성숙함과 자기 인식을 비롯한 자신감의 토대는 아주 사소한 것, 즉 아이들이 충분히 선택하고 익히고 반성하는 활동에서 비롯된다.

자신감이라고 하면 무언가를 정복하는 허세 같은 것을 떠올리기 쉽지만 사실은 공감과 깊은 관련이 있다. 아이는 주변 사람의 감정과 생각을 이해하고 욕구를 충족하도록 도울 때 뿌듯함을 느끼며 자신의 장점을 칭찬하는 사람들로부터 좋은 영향을 받아 자신감을 쌓는다. 요란하게 응원한다고 해서 키워지는 것도 아니다. 진정한 자신감은 거울처럼 작동하는 대화를 통해 스스로를 정확하게 들여다보고 무엇이든 할 수 있다고 느낄 때 발달한다. 이런 대화가 쌓이면 두려움 자체가 사라지는 건 아니더라도 직면한 난관에 맞서 극복할 용기가 생기고 더 현명한 방법으로 타인을 돕는 법도 알게 된다.

그렇다면 자신감을 키워주는 대화 습관은 무엇일까? 첫째는 자신이 직면한 문제 상황과 스스로의 능력 수준을 명확히 이해하도록 돕는 것이고, 둘째는 난관을 극복할 때 무엇이 효과가 있는지 시험해보는 것이다. 시도해본 전략이 얼마나 효과가 있는지를 되돌아보면 이미 걸어온 길과 앞으로 가야 할 길에 대한 생각을 정리하고 즐길 수 있게 된다. 이 두 가지 대화 습관은 난관이 평범한 일, 어쩌면 흥미진진한 일이라고까지 느끼게 만든다. 그러기 위해서는 우선 자신감이 무엇인지부터 명확히 안 뒤 난관에 익숙해지는 과정이 필요하다.

자신감과 독립심

자신감이라는 단어를 들으면 어떤 것들이 떠오를까? 데일 카네기 같은 대중 연설가가 말하는 자신감을 떠올리는 사람도 있고 엄청난 묘기를 가진 스케이트보드 선수나 암벽등반 선수를 생각할 수도 있다. 물론 이 경우도 자신감을 나타내는 건 맞지만 사실 자신감이란 훨씬 더 넓은 개념이며 항상 현란하거나 놀랍지만은 않다. 자신감을 "나는 할 수 있다"와 동일한 말로 생각해보자. 이 말은 아직은 아니더라도 목표를 달성할 수 있다는 믿음과 능력이 있다는 뜻이자 중요한 일을 이루기 위해 노력할 수 있고 실패하더라도 마음을 가다듬을 수 있다는 의미다. 어떤 한 영역에서 자신의 능력을 믿는 자기효능감과는 다른 개념이다. 예를 들어 수학 문제를 풀 때는 자기효능감이 높던 사람이 운동을 할 때는 반대일 수 있지만 자신감이란 삶의 모든 영역에 적용되는 좀 더 일반적인 감각이다.

자신감은 아이의 행복과 성취에도 중요한 역할을 한다. 여러 연구를 통해 밝혀진 바에 의하면 성취 결과에 있어 자신이 얼마나 유능하다고 생각하는지가 실제로 얼마나 유능한지보다 더 강한 연관성을 나타냈다. 왜 그럴까? 이는 실패 이후의 결정과 관련이 있다. 실패하고 난 뒤 아이는 다시 시도할까? 성공하지 못한다 해도 다시 시도할까? 분명한 것은 연습을 거듭하면 능력이 성장한다는 것이다. 그렇기에 계속 노력할수록 더 멀리 나아갈 가능성이 높으며 장기적으로도 아이가 그릿grit을 키우는 데 도움이 된다. 그릿이란 심리학자 앤절라 더크워스가 장기 목표를 향한 열정과 끈기를 표현한 용어다. 심리학자 캐럴 드웩과 더크워스는 성장 마인드셋을 가진 아이가 그릿을 더 많이 기를 수 있다는 사실을 발견했다. 난관을 직면했을 때 "괜찮아. 나는 극복할 수 있어"라고 생각하는 아이가 바로 이런 경우다.

그렇다면 독립심은 어떨까? 독립심은 혼자 적절한 위험을 감수하는 능력과 관련이 있다. 관건은 '혼자 힘으로 하는 것'이 아니라 '도움을 청해야 할 때를 아는 것'이다. 독립심과 자신감은 서로 밀접하게 연결되어 있어서 스스로 할 수 있다는 생각이 자리 잡고 있으면 도움을 청해볼 법한 상황에서도 우선 시도해볼 가능성이 높다. 모든 능력이 아직 발달 중인 어린 시절일수록 자신감 있는 태도가 중요하다. 자신감이 미미해질수록 무력함에 빠지기 쉬우므로 자신감은 분명 배워야 하는 중요한 요소 중 하나다.

물러날 줄 아는 유동적 대화

공 던지기, 스케이트, 피아노, 수학 방정식 등 어린 시절에 무엇인가를 배우는 경험은 모두 자기 훈련이 될 수 있다. 아이는 조금씩 나아지는 자신의 모습을 보며 얼마나 발전했는지를 체감하고 부족한 부분을 발견하면 개선하기 위해 구체적 방안을 세운다. 하지만 동시에 끊임없이 진행 중이라는 생각이 들면 불안을 느끼기도 한다. 특히 성공 지향적인 이야기를 많이 들으면 이 상황이 절대 끝나지 않는다거나 아무리 최선을 다해도 충분한 것 같지 않다는 느낌에 휩싸이곤 한다.

부모가 일상을 구성하는 방식도 아이가 자신감을 갖는 데 영향을 미친다. 2019년 해버퍼드칼리지 심리학과 교수 라이언 F. 레이는 동료와 함께 6세에서 11세 어린이들이 과학자가 될 수 있겠다는 자신감은 잃어도 과학을 하는 능력에 대한 자신감은 잃지 않는다는 연구 결과를 발표했다. 그리고 여기에는 사용 언어가 중요한 영향을 미친다는 사실이 밝혀졌다. 무엇인가에 몰입하는 아이의 능력은 어떤 사람이 될지가 아니라, 일상생활에서 무엇을 할 수 있는지에 초점을 맞출 때 더 두드러진다. 특히 과학처럼 마냥 어렵다고만 느껴지는 과목의 경우, 일상에서 확실한 기량을 쌓아갈수록 아이는 안정감과 자신감을 확보해나간다.

부모의 말은 아이의 실패와 어려움을 되돌아보고 다루는 방식에 있어서도 똑같이 중요하다. 한 사립 초등학교에서 내가 맡았던 2학년 학생인 조사이아는 운동 실력이 뛰어났지만 읽기를 어려워했다. 또 조용한 성격이라 수업 시간에 이해하지 못한 내용도 따로 질문하지 않았다. 혹시라도 친구들이 놀릴까 봐 두려워서 소리 내어 책을 읽지도 않았다.

나는 조사이아를 상담하기 전에 그의 아버지를 먼저 만나 이야기를 나누었다. "분명 잘하게 될 거라고 얘기했지만 아이는 그렇게 생각하지 않는다고만 하더라고요." 아버지는 지난 몇 달 동안 격려를 건넸지만 그럼에도 조사이아의 실력은 나아지지 않았다. 오히려 읽기 능력은 친구들에 비해 점점 더 뒤처졌고 선생님이 권한 쉬운 책을 보고는 자기 능력에 대한 믿음만 더욱 약해졌다. 조사이아의 읽기 능력을 평가해보니 길고 낯선 단어를 잘 읽지 못하고 철자도 많이 틀리는 난독증 징후를 나타냈다. 나는 담당 선생님과 함께 조사이아의 읽기 능력을 높이고자 집중적 접근 방법을 써보기로 했다.

그 과정에서 나는 조사이아가 스스로를 말하는 방식에 대해 많은 대화를 나누었다. 처음 만났을 때 조사이아는 자기가 읽기를 지독하게 못한다며 침울하게 말했다. "다른 애들은 읽기를 정복하고 있는데 저만 안 그래요." 나는 읽기는 물론이고 그 무엇도 정복할 필요는 없다고 얘기했다. 그 대신 모르는 단어가 나오면 소리 내어 읽어보고 읽을 수 없으면 담당 선생님이나 나에게 도움을 청하라고 했다.

우리는 조사이아에게 자신감을 심어주고자 읽기 진척 상황을 보여주는 차트와 책 읽기 전에 되뇔 수 있는 주문을 만들기로 했다. 아이가 정한 주문은 "일단 해보자. 너무 어려우면 그만둘 수 있어"였다. 조사이아는 상담을 진행하며 성공을 모 아니면 도라고 여기는 생각에서 벗어나 점진적으로 진전해나가는 과정이라 보기 시작했다.

점진적 진전이라는 개념은 버밍엄대학교 심리학과 교수 로리 디바인 박사와 나눈 대화를 떠오르게 한다. 디바인은 아이 자신감의 핵심 기반이기도 한 전환, 다중 작업, 계획력을 어떻게 키워줄 수 있는지 연구했고, 이 능력들에 유동적 대화가 특히 효과적이라는 점을 발견했다. 유동적 대화의 핵심은 유연한 자세로 대화에 임하되 도움을 준 다음에는 재빨리 뒤로 물러나는 것이다. 디바인은 다음과 같이 조언한다. "아이가 힘들어할 때는 도움을 늘렸다가 더는 도움이 필요하지 않아지면 물러서세요. 너무 빨리 개입하지 않고 상황을 파악한 뒤 유연하게 대처해야 합니다." 자신감을 심어주는 대화란 밀물과 썰물을 생각하면 된다. 아이가 막혔다고 느끼면 개입했다가 고비를 넘긴 것 같으면 다시 뒤로 물러나는 것이다. 아이에게 따뜻하고 이해심 넘치는 말투로 고군분투를 두려워할 필요가 없다고 말해주자.

예를 들어 네 살 아이가 땅콩버터와 딸기 잼을 발라 샌드위치를 만드는 상황을 상상해보자. 무작정 재료를 전부 식탁으로 가져온 뒤 멈칫하며 어떻게 해야 할지 모르겠다고 말한다면 조언을 해 도움을 줄 수 있다. 우선 빵을 접시에 올린 뒤 잼 병뚜껑을 열라고 알려주는 것이다. 이때 아이가 무슨 뜻인지 이해한 것 같으면 바로 조언을 멈춰야 한다. 필요한 도움을 최소한으로 제공한 다음에는 뒤로 물러서서 '너는 네가 무엇을 해야 할지 이미 알아'라는 마음으로 대화를 시작하자. 아이가 확신하지 못하더라도 "지난번에 엄마가 어떻게 만들었더라?" "이제는 뭘 해야 할까?"같은 질문을 던져 다음 단계를 직접 구상하도록 유도

하자. 이런 대화는 아이가 자신에게 상황을 주도하는 통제권이 있다고
느끼게 만든다.

통제권을 가진 아이가 자신감도 높다

앞서 소개한 사례에서 알 수 있듯 상황을 통제할 수 있다고 느끼는 아
이는 고군분투를 두려워하지 않는다. 통제 소재(삶에서 일어나는 사건의 결
과를 좌우하는 힘이 자기 자신 혹은 외부에 있다고 믿는 정도―옮긴이)가 내부에 있
는 아이는 스스로 변화를 만들어나갈 수 있다고 믿으며 발전 여부가
자기 손에 달렸다고 생각하기에 다른 사람이나 운에 기댈 필요가 없
다. 통제권을 느끼는 아이는 더 많이 시도하되 건설적인 방법으로 실
패를 돌이킬 줄 안다. 만약 도중에 실패하면 한 걸음 물러나 전략을 짜
고 다시 시도하면 되니 말이다. 수십 년에 걸쳐 진행된 연구들에 따르면
내부 통제 소재가 강한 아이는 어려운 상황을 더 오래 버티고 더 많은 성공을
경험한다. 바꿀 수 있는 힘이 자기 안에 있다고 믿기 때문이다.
　또 쉽게 무력감을 느끼지 않는다. 나쁜 일은 자기 탓이고 좋은 일은
운 덕이라 생각하는 아이는 우울 성향이 강하고 성취도가 낮은 편이며
성장한 이후에는 더 우울해지는 경향을 나타낸다. 자기 대화는 시간이
흐를수록 스스로에 대한 믿음에 영향을 미치고, 이 믿음은 다시 내가
어떻게 행동하고 다른 사람들이 나를 어떻게 대하는지에 영향을 미친
다. 긍정적 자기 대화를 하는 아이는 타인이 잘해줄 것이라 기대하며
실제로 대개 그런 대우를 받는다.
　양질의 대화를 통해 아이가 생각보다 더 큰 능력을 갖고 있다는 것을

보여주면 내부 통제 소재를 키우는 데 도움이 된다. 이런 대화는 아이가 목표를 설정하고, 나아가기 위한 방법을 결정하고, 예상했던 전략이 통하지 않을 때 새로운 전략을 세울 수 있는 힘이 된다. 할 수 있는 일이 없다고 말하며 무력감을 느끼는 아이에게는 더욱 중요하다. 다음번에 할 수 있는 게 무엇일지 고민하는 긍정적 입장이 되도록 이끌기 때문이다.

만약 10대 아이가 레슬링 시합에서 기대보다 못한 결과를 얻었다고 해보자. 이유는 무엇일까? 자기보다 센 선수와 붙었거나 상대 선수의 경험이 많아서일 수 있다. 이렇게 아이가 어떻게 할 수 없는 영역을 마주했을 때는 그간 어떻게 지내왔느냐가 중요해진다. 얼마나 잘 먹고 잘 잤는지, 얼마나 효과적으로 훈련했는지, 경기에서 지기 시작한 순간 스스로에게 어떤 말을 했는지 같은 것들 말이다. 특히 자기 대화를 나누며 패배를 돌아본다면 변화를 만들어나가는 첫 단추를 잘 꿰었다고 할 수 있다. 부모는 미래에 초점을 맞춘 적극적인 언어를 사용해 곁에서 개선할 부분과 해결 방안을 탐색하도록 도와주면 좋다. 이때 최대한 결과를 어떻게 바꿀 수 있다고 생각하는지 직접 물어보는 것이다. 이런 대화가 쌓여 시간이 흐르면 아이는 스스로 해결책을 찾고 의사를 결정하는 자신감이 생긴다.

자신감을 키우는 대화법

몇 년 전 소피와 함께 동네 놀이터에 앉아 있던 날, 우리는 자리에 앉아 구름사다리에 오르는 아이들을 구경했다. 상쾌한 겨울 공기를 쐬며 아이들을 바라보고 있자니 전체가 두 그룹으로 나뉘어 있다는 것을 알수 있었다. 네 살에서 여섯 살 정도의 아이들이 섞여 있는 건 같았지만 두 그룹의 행동 양상은 무척 달랐다. 첫 번째 그룹은 한 칸씩 건너뛰며 더 높이 올라갔고 두 번째 그룹은 훨씬 낮은 곳에 매달려 있었다. 심지어 땅에서 30센티미터도 채 떨어져 있지 않았는데 겁에 질린 듯했다.

두 그룹의 차이에 흥미를 느낀 나는 좀 더 바짝 귀를 기울였다. 첫 번째 그룹 아이들이 더 높이 올라가는 동안 발견한 또 한 가지 놀라운 사실은 바로 부모들이 비교적 조용했다는 것이다. 딱히 끼어들지도, 박수를 치거나 응원을 하지도 않았다. 부모들은 아이들이 구름사다리를 오르는 동안 멀찍이 떨어져 있었고 그중 몇 사람이 흡족한 듯 "잘했어. 전보다 세 칸 더 갔네. 얼마나 더 갈 수 있을 것 같아?" "해냈네. 떨어지면 어떻게 해야 할지 알지?"라고 말한 게 전부였다.

아이들이 나누는 이야기를 들어봐도 "내가 너보다 더 높이 갔어"처럼 비교하는 내용은 없었다. 그저 장난치듯 지난번에는 얼마나 높이 올라갔는지를 서로 주고받는 정도였다. "저번에 네가 절반까지 오를 수 있다고 했잖아. 봐봐, 넌 이미 훨씬 멀리 올라왔어!" 그러자 상대 아이는 한 칸 더 앞으로 가며 "이거 봐!"라고 대답했다. 중간에 떨어지는 아이도 있었는데 이를 본 한 어른은 "아직 끝까지 못 올라갔구나. 그래도 오늘 늦게나 내일은 오를 수 있을 거야"라고 말했다. 아이는 고개를 끄덕이며 "아마도요"라고 말하더니 다시 출발점으로 향했다.

반면 두 번째 그룹이 있는 곳은 나무가 늘어선 공간에 하이파이브와 환호성이 메아리쳤다. 모두 부모들의 시끄러운 소리였다. 아이에게 가까이 선 부모들은 서로 끊임없이 이야기하다가 아이들이 멈칫거리며 아래를 볼 때만 말을 멈추었다. 한 아이가 철봉에 매달려 아래를 보자 엄마로 보이는 여성이 "보지 마"라 말했고, 그 순간 아이의 한 손이 떨어지더니 곧바로 곤두박질치고 말았다. 아이가 바닥에 웅크린 채 울자 여성은 꼭 안아주더니 날카로운 말투로 말했다. "뚝 그쳐. 넌 아기가 아니야. 그래서 엄마가 내려다보지 말라고 했지." 아이는 흐느끼면서 말했다. "알아. 안 봤어야 했어. 내 잘못이야."

소피와 놀이터를 떠난 뒤에도 그 대화들이 머릿속을 맴돌았다. 멀리서 본 두 그룹은 서로 비슷한 듯했지만 너무나 다른 양상을 띠고 있었다. 첫 번째 그룹에서 아이들의 능력을 키우도록 도와준 비결은 대화가 아닐까? 첫 번째 그룹의 부모들은 말을 많이 하지 않고도 아이가 얼마큼 나아갔는지 확인하며 피드백을 건넸다. "아직 거기에 도달하지 않았어" 같은 표현에서 '아직'은 낙관적 희망을 드러낸다. 2장에서 살펴본 바와 같이 드웩은 '아직'이라는 단어가 결국에는 목표를 달성할 것이라는 의미를 담고 있으므로 자주 사용할 것을 강조했다.

첫 번째 그룹의 보호자들은 아이들이 자기 의지로 결정할 기회, 즉 더 나아질 수 있는 힘을 손에 쥐어주었다. 마치 "계속 나아가면 성공할 거야. 마음 가는 대로 하되 어느 정도 위험도 감수하자. 조심해야 하는 건 맞지만 떨어져도 걱정할 필요는 없어"라고 말하는 듯했다. 그렇다면 두 번째 그룹은 어땠을까? 떨어진 아이는 겁을 잔뜩 집어먹은 채 아래를 내려다본 자신을 탓했다. 그런 식의 자기비판은 아이의 기분을 나쁘게 만들기만 했을 테고 다시 도전할 때도 전혀 도움이 되지 않는다.

그날 이후로 나는 사소한 소통이 어떻게 아이의 자신감을 키우거나 깎아내리는지 생각했다. 관건은 거창한 교훈도, 번지점프나 암벽등반 같은 특별한 활동도 아니었다. 일상에서 마주치는 아주 사소한 순간과 난관들이 바로 그 기회였다. 과연 아이의 자신감은 어떤 모습으로 나타날까? 어떻게 하면 대화를 통해 아이에게 통제권을 선사하는 방식으로 자신감을 키워줄 수 있을까? 드웩이 말했듯 자신감을 키우는 데 중요한 요소는 말하거나 말하지 않는 내용뿐만이 아니다. 얼마나 적극적으로 귀 기울여 듣는지, 숨은 두려움과 불안을 얼마나 잘 경청하고 열린 마음으로 받아들이는지도 똑같이 중요하다.

아이가 의욕을 느끼고 잘 해내려면 2장에서 소개한 것처럼 성장 마인드셋을 가져야 한다. 성장 마인드셋을 지닌 아이는 노력이 실력에 영향을 미친다는 것과 지적 능력은 언제든 바뀔 수 있다는 것을 인지한다. 이런 성장 마인드셋과 반대되는 개념인 고정 마인드셋은 이분법적 사고로 사람을 판단하고, 무엇이든 아무리 노력해도 바뀌지 않는다고 생각한다. 드웩을 비롯한 학자들은 성장 마인드셋을 북돋우기 위해 강조해야 하는 몇 가지를 이야기했다.

먼저 아이를 칭찬할 때 사람 자체의 특성이 아닌 노력을 칭찬하도록 하자. 아이가 수학 시험을 잘 봤다면 "넌 수학 실력을 타고났나 봐"라고 하는 대신 "이번에 공부를 열심히 했나 보네"라고 말하는 것이다. 후자의 말을 들은 아이는 노력이 결과를 바꾸었다고 생각하게 된다. 단지 똑똑하기 때문에 시험을 잘 본 것이 아니라 열심히 노력했기에 난관을 해결할 수 있었다는 사실을 알게 되므로 자신감도 함께 커지기 마련이다. 연구에 따르면 성장 마인드셋을 지닌 아이는 고정 마인드셋을 지닌 아이보다 강한 인내심으로 더 오래 버틴다고 한다. 웬만해서는 일찌감치 포기하거나 "아무래도 난 소질이 없는 것 같아"라는 말을 쉽사리 뱉지 않는 것이다.

또 칭찬은 구체적인 것이 좋다. "95점 받은 걸 보니 잘 이해한 것 같네"

보다 "분수 문제를 맞혔구나"라고 말하는 것이다. 그러면 아이는 정확히 무엇을 잘했는지 알게 되는 동시에 자기 인식이 높아져 나에게 어떤 성장 가능성이 있는지를 파악해 드러낼 줄 알게 된다. 마지막으로 아이가 성공을 거둔 전략을 강조해 칭찬해주자. "분수를 나누려면 뒤집어서 곱해야 하는 걸 알았구나"라고 말하면 아이는 자신의 노력 중 어떤 면이 성공으로 이어졌는지 구체적으로 알 수 있다. 그러면 자연스레 다음에도 동일하거나 비슷한 전략을 사용해 좋은 결과를 거둘 가능성이 높다.

물론 일방적으로 부모만 건네는 말들을 진짜 대화라고 할 수 없다. 중요한 것은 쌍방향 소통이다. 그렇다면 주고받는 대화는 어떻게 해야 할까? 자기 자신과 다른 사람에게 말하는 방식은 어떻게 가르치는 게 좋을까?

특성에 따른 자신감 교육

얼마 지나지 않아 나는 이 문제를 좀 더 깊게 파고들 기회를 얻었다. 이 중 언어를 사용하는 병원 진료소에서 임상 인턴십을 마칠 무렵, 중증 언어 발달 지체와 뇌 손상 때문에 시력이 저하되는 피질맹을 겪고 있던 세 살 여자아이 루스를 만난 덕이었다. 출생 당시 루스는 뇌에 혈류가 부족한 상태였고 신체장애까지 있어서 기어 다닐 수는 있지만 걸을 수는 없었다.

피질맹을 앓는 아이를 본 건 루스가 처음이었기에 과연 어떻게 상호작용을 할지 궁금했다. 루스는 들어오자마자 바닥에 앉더니 구석구석을 기어 다녔다. 그러다 솜 인형이 가득 담긴 플라스틱 상자 쪽으로 몸을 기울이더니 하나씩 차례로 움켜쥐며 "저게 좋아. 아니, 저거!"라고 말했다. 루스는 탐색을 이어갔고 어머니는 자신을 소아과 간호사 질이라고 소개했다. 나와 이야기를 나누던 중 루스가 테이블 아래로 기어 들어가자 질은 "그러면 다음은 어디로 가지? 가다가 막히면 돌아 나오면 돼. 너도 알고 있지?"라고 말하더니 다시 내 쪽으로 고개를 돌려 말을 이었다.

루스가 장난감 상자 쪽으로 돌아가자 질은 흐뭇하게 바라보면서 말했다. "믿기세요? 루스는 매일같이 뭔가 새로운 일을 하거나 새로운 말을 해요. 분주하고 호기심이 넘치죠. 제가 따라가기 벅찰 정도라니까요." 나는 루스가 노는 모습을 지켜보며 평가를 시작했고 45분이라는 시간이 훌쩍 지나갔다. 질은 루스가 돌아다니는 모습을 바라보며 "그게 마음에 들어?"라는 식으로 간간이 말을 덧붙였지만 대부분은 조용히 있었다.

질이 루스를 보살피는 에너지에 흥미를 느낀 나는 루스를 키우는 기분이 어떤지 직접적으로 물어보았다. 그러자 질은 루스가 태어난 첫해에 병을 진단받을 당시에는 거의 무너져 내린 상태였다고 했다. 아이가 남들에 비해 무척 제한된 삶을 살게 될 것이 분명하고 심지어는 따돌림을 당할 수도 있다는 생각에 두려웠기 때문이다. 하지만 시간이 흐르고 경험이 쌓이면서 질은 다른 방식으로 루스를 키우기 시작했다. 루스의 발달 과정을 고유한 궤적으로 보고 루스를 있는 그대로 보기로 결심한 것이다. 질은 할 수 있는 것과 없는 것에 초점을 맞추기보다 루스가 가져다주는 기쁨, 즐거움, 흥미에 초점을 맞추었다.

질에게는 루스 외에 장애가 없는 여덟 살 아들 데이비드도 있었다.

"자연스레 데이비드에게도 루스를 대하는 것처럼 행동하게 되었는데 오히려 루스보다 데이비드가 이 접근법으로 더 많은 혜택을 봤어요." 질은 데이비드가 늘 우유부단하고 위험을 회피하는 성격인 것을 알았기에 평소 격려의 말을 자주 해주었다. "원래는 정말 지나칠 정도로 격려했어요. 아무리 사소한 일이라도 잘 해내기만 하면 '정말 잘했어!' '역시 해낼 줄 알았어!'라고 말했거든요."

하지만 실망스럽게도 데이비드는 질이 바라던 것과 정반대로 행동할 때가 많았다. 격려에 용기를 내서 더 좋은 모습을 보이는 대신 "아니, 잘하지 않았어"라고 되받아치는 날이 잦았다. 책을 읽다 칭찬을 들으면 뚱한 표정으로 곧장 덮어버린 뒤 "어차피 못할 줄 알았어"라 말하는 식이었다. 질은 좋은 의도로 칭찬과 격려를 일삼았지만 정작 데이비드는 마음을 닫았다. 하지만 질이 루스를 대할 때와 같은 접근법을 쓰자 상황이 달라졌다. 질은 끊임없이 칭찬하는 대신 정말 놀랐을 때만 칭찬을 건넸고 데이비드가 이루고 싶은 것에 대한 질문을 시작으로 두 사람이 어떻게 힘을 합쳐야 그 목표를 달성할 수 있을지 이야기했다.

어느덧 상담 시간이 마무리되고 질은 루스를 유모차에 태우며 두 아이가 잘 자라서 어린 나이부터 진취적인 면모를 드러내 기쁘다고 말했다. 질의 이야기를 들으면서 나는 심리학자 에드워드 데시와 리처드 라이언의 내재적 동기 연구를 떠올렸다. 내재적 동기로 움직이는 아이들은 남들이 흔드는 당근인 외재적 동기 때문이 아니라 스스로가 원해서 그 목표를 이루려고 노력한다. 우리는 매일 내재적 동기와 외재적 동기를 접한다. 예를 들어 5킬로미터를 달리겠다는 목표를 세웠다고 하자. 그 이유는 살을 빼지 않으면 건강이 나빠질 거라고 말한 의사의 경고라는 외재적 동기 때문일 수도 있고 달리기가 재미있다고 느낀 내재적 동기 때문일 수도 있다. 즉 내재적 동기란 어떤 일을 계속하고, 더 많이 연습하고, 자신이 하는 일에서 의미와 즐거움을 찾는 비결이다.

도전 정신 일깨우기

내재적 동기를 가지려면 세 가지 요소를 갖추어야 한다. 스스로 선택하는 능력인 자율성, 능력을 키우고 부족한 부분을 향상할 수 있다는 감각인 유능감, 타인과 따뜻한 유대를 형성하는 관계성이 그것이다. 질의 사례는 이 세 가지가 서로 얽히듯이 작동한 경우였다.

질은 루스가 스스로 선택할 수 있는 자율성을 부여했다. 루스가 테이블 밑으로 들어가자 나오라거나 다른 데로 가라고 지시하는 대신 어디로 가고 싶은지 의사를 물었다. 또 가다 막힐 수도 있다는 위험 상황을 가볍게 조언하면서도 사실 어떻게 해야 할지는 이미 네가 알고 있을 거라 말하며 유능감을 심어주었다. 곁에 앉아 다정한 관계성을 유지해나가며 루스가 탐색하는 동안 편안함과 기대감을 느낄 수 있게 한 것까지, 두 사람의 대화는 풍부한 대화의 모든 요소를 갖추고 있었다. 질은 루스의 관심사를 따라가며 말하는 적응성을 갖추고 있었으며 이야기가 한 방향으로 흐르는 것이 아닌 서로 주고받는 대화를 나누었다. 더불어 루스가 관심을 보이거나 가장 몰두하는 것에 초점을 맞춘 아이 주도 요소도 갖추고 있었다.

많은 부모가 "자신감 넘치는 아이로 키우려면 어떻게 해야 할까?"라는 질문에 대개 "칭찬해주기"라는 답을 내놓곤 한다. 하지만 칭찬은 완벽한 정답이라기보다 해답의 일부일 뿐이다. 지나친 칭찬은 오히려 아이의 자신감을 떨어뜨리며 이런 경향은 특히 자존감이 낮은 아이에게서 강하게 나타난다. 오하이오주립대학교 연구자들은 이 현상을 '칭찬 역설'이라고 불렀다. 아이가 아등바등하고 있거나 실패한 상황에서 "이 정도면 최고지!"처럼 부풀려진 칭찬을 들으면 오히려 자존감이 낮아진다. 행동이 아닌 존재 자체에 초점을 맞춘 '인간 초점 칭찬' 역시 마찬가지다. "정말 똑똑하다"와 "이렇게까지 오랜 시간 앉아 문제를 풀었다니 대단하다" 중 전자가 인간 초점 칭찬이다. 그런데 연구 저자인 위트레흐트대학교의 에디 브루멜만은 이런 칭찬을 들은 아이가 되레 실패를 자신의 탓으로 돌리는 경향을 보인다고 말했다. 물론 성공했다면 자기가 똑똑하다고 느낄 수도 있겠지만 반대로 실패했을 때는 어떨까? 실패하면 멍청한 아이가 되는 걸까?

아이는 아주 어릴 때부터 거짓 칭찬을 알아차린다. 과장된 몸짓언어와 말투를 눈치채는 것이다. 사실 인간관계에서 과찬은 자연스러운 습관처럼 사용된다. 하다못해 소피가 자전거를 타려고 애쓰다가 자꾸 넘어졌을 때도 나는 "정말 멋졌어"라고 말했다. 하지만 이런 지나친 칭찬은 역효과를 낳을 때가 많다. 브루멜만의 연구에서 자존감이 낮은 아이를 과하게 칭찬했을 때 오히려 직접 도전을 찾아 나서는 경향이 감소했다는 결과가 나오기도 했다.

아이는 자신에 대한 솔직하면서도 다정한 이야기를 듣고 싶어 한다. 과한 칭찬을 들으면 힘든 일은 감당할 수 없겠다는 느낌을 받게 되고 실패를 그럴 수도 있는 당연한 일이 아닌 공포로 받아들인다. 게다가 너무 자주 듣기까지 한다면 도전을 꺼리고 실패를 피하는 경향까지 보일 것이다. 이때 부모가 실패를 감춰주려 하면 아이는 자신의 실패를 오래 바라보지 못하고 반성의 기회를 박탈당한다. 그러면 실패를 통해 무언가를 배울 수도, 실패가 주는 교훈을 알아차릴 수도 없다.

사실 실패는 정보가 가득한 저장고나 다름없다. 학업이나 사회생활을 비롯한 어떤 분야에서든 실패에서 배울 줄 아는 능력이 있다면 능력을 배로 끌어올릴 수 있다. 제시카 레히가 『똑똑한 엄마는 서두르지 않는다』에서 말한 것처럼 "학생들이 실패, 적응, 성장에서 습득한 경험치를 축적해둔 저장고인 도구 상자는 그 어떤 수학 공식이나 문법 규칙보다 중요"하다. 하지만 이 방법으로 아이를 돕기란 쉽지 않다. 너무 다양한 실패가 어디든 늘어서 있기 때문이다. 게다가 부모 마음이 그렇다고 해서 아이도 그렇다는 보장이 없기에 아이가 이 배움에 마음을 여는 것이 전제되어야 한다.

그렇다면 대화는 어떤 도움을 줄까? 이상적 대화는 아이가 상황을 명확히 마주해서 장애물을 확인하고 실패가 발전을 위한 계기로 이어지게끔 도운다. 우선 과정을 강조하는 것부터 시작하자. 실패에서 무언가를 배우는 일은 고통스럽지만 큰 도움이 된다. 하지만 아이 입장에서는 마음에 부정적인 영향을 받기 쉽다. 짧은 기간에 평가받는 일이라면 더욱 그럴 것이다. 게다가 아이들은 자기 자신과 실패의 경험을 쉽게 동일시하기 때문에 본인도 모르는 사이에 "실패했네"에서 "나는 실패자야"라고 생각하게 될지도 모른다. 그러므로 "난관에 도전했을 때 기분이 어땠어?" "뭐가 즐겁고 뭐가 지루했어?" "어디서 막혔어?" "어떤 전략을 사용했어?" "어떻게 하면 좀 더 새롭고 도전적인 목표를 세울 수 있을까?"처럼 구체적이고 객관적인 언어로 아이의 성취를 짚어주자. 야심 찼지만 실패한 시도는 가능하면 웃어넘기자.

아이가 로켓 모형과 설명서를 손에 쥔 채 말한다. "내가 만든 것 좀 봐!"	
흔한 대답	"훌륭해! 잘했어."
신선한 대답	• "어느 부분을 만들 때 제일 재밌었어?" • "우와! 설명서는 얼마나 봤어? 설명서가 도움이 됐어?" • "날개 쪽은 조립이 복잡해 보이는데 어떻게 했어?" • "진짜 날아올 것 같은데? 밖으로 가지고 나가서 날려볼까?" • "만들면서 기분이 어땠어? 조립하다 막힌 부분은 없었어?"

의도치 않은 한계 표현

과정에 초점을 맞추면 아이는 성공이나 실패에 지나치게 연연하지 않게 된다. 어려움에 도전하는 성향을 키우기 위해서는 부모가 성공과 실패를 이야기하는 방식에도 주의를 기울여야 한다. 보통은 자기도 모르게 스스로를 한계에 가두거나 습관적으로 능력을 폄하하곤 하기 때문이다.

물론 나도 아이의 자질에 의도치 않게 선을 그어버린 건 아닐지 걱정한 적이 있다. 폴을 낳고 합병증으로 며칠 동안 병원에 입원해 있던 시기였는데 예상보다 더 오래 머무르게 되면서 새로운 임시 돌보미 재닌을 고용했었다. 당시 소피는 겨울마다 스케이트를 타러 가고 싶어 했지만 하필 그때마다 함께 갈 수 없는 상황이었기에 아빠랑 가라는 말밖에 할 수가 없었다. 얼버무리는 것처럼 들리지 않게 노력하면서 나중에 데려가겠다는 말도 늘 덧붙였지만 어쩌다 보니 결국 한 번도 데려가지 못했다. 그런데 어느 날 소피가 스케이트를 타는 게 무섭다는 이야기를 꺼내자 나는 거기에 내 책임이 있다는 생각이 들었다.

입원 생활을 이어가던 어느 늦은 오후, 소피가 내 병실로 뛰어 들어 왔고 뒤이어 재닌도 들어왔다. 소피는 상기된 얼굴로 말했다. "재닌 아 줌마랑 몇 시간 동안이나 스케이트를 탔다? 그런데 생각보다 쉽더라 고! 심지어 대왕 고래도 잡아봤어." 소피가 말하는 대왕 고래란 아이들 이 연습할 때 잡고 지탱할 수 있도록 아이스링크에 만들어둔 플라스틱 고래 모형이다. 소피는 고래 모형을 잡고 연습하다가 재닌을 따라다닌 모양이었다. 재닌이 스케이트를 잘 탄 덕에 소피도 스케이트가 재미있 다고 느낀 듯했다.

소피의 두려움은 왜 사라졌을까? 나는 그간 소피와 스케이트에 대해 나눈 대화를 돌이켜보았다. 그러다 내가 소피에게 절대 스케이트를 탈 수 없을 거라고 웃으며 장난 친 적이 몇 번 있었다는 사실이 기억났다. 또 나는 좀처럼 눈이 오지 않는 남부에서 자랐기에 바다에서 수영하는 일에는 자신이 있었지만 눈이나 얼음과는 친해질 수 없을 것 같다는 말을 곧잘 하곤 했다. 그런데 생각해보니 소피에게는 이 말이 마치 내 가 절대 변할 수 없다는 뜻으로 전해졌을 것 같았다. 이처럼 많은 대화 가 의도치 않은 메시지를 전한다. 할 수 있는 것과 한계를 암시하는 미묘 한 메시지가 무의식중에 아이에게 새겨질 수 있다는 점을 잊지 말자.

자율적이고 독립적인 아이

부모가 자기 역량을 성찰하고 능력을 가늠할 때 아이도 그렇게 하도록 돕는 방법은 무엇일까? 나는 자유방목 양육 운동의 창시자이자 『자유방목 아이들』로 베스트셀러 작가가 된 리노어 스커네이지에게 연락했다. 스커네이지가 설명해준 자유방목 운동도 흥미로웠지만 일상 대화를 나누며 자신감과 독립심을 키우고자 계획한 'Let Grow 프로젝트'를 소개한 내용은 한층 더 흥미로웠다.

그는 자신감에 관한 대화가 어른에게서 시작된다고 주장했다. 스커네이지가 성장 프로젝트를 시작한 계기는 유복한 가정에서 자랐는데도 자기 능력을 제대로 발휘하지 못하는 극단적인 사례를 발견했기 때문이었다. 알고 보니 그 아이들은 열두 살인데도 날카로운 칼을 사용하지 못하게 하거나 10대가 되었는데도 동네 가게조차 가지 못하게 하는 등 강하게 통제하는 부모 밑에서 자랐다. 성장 프로젝트는 이런 문제 상황에 스커네이지가 내놓은 답이다. 그는 이 운동이 대화의 긴장을 푸는 시작이자 아이가 스스로를 더 많은 일을 할 수 있는 존재로 보는 계기가 되기를 바랐다.

프로젝트의 본질 자체는 너무 단순했기에 나는 혹여나 숨은 함정이 있는 게 아닐까 궁금했다. 방법은 이러하다. 우선 아이에게 부모가 금지할 것이라 생각하는 행동을 선택하게 한 뒤, 부모에게 허락을 받고 그 행동을 하고 나서 스스로를 되돌아보는 것이다. 무엇이든지 괜찮다. 혼자 근처 동네까지 걸어간다거나 피자를 주문한다거나 댄스 프로그램 오디션에 도전할 수도 있다. 다른 사람을 위한 일도 가능하다. 스커네이지는 당시 한 3학년 학생이 어머니에게 영어 단어를 알려주는 행동을 선택했다고 말했다.

이 프로젝트의 핵심은 아이가 활동 후에 하는 반성에 있다. 스커네이지는 "부모와 아이가 나누던 대화의 양상이 바뀌었다는 게 이 프로젝트의 가장 좋은 부분입니다"라고 말했다. 대화의 초점이 아이의 능력으로 옮겨가기 시작하면서 대화가 훨씬 긍정적으로 바뀐 것이다. 부모의 허락을 받고 원하는 바를 시도한 아이는 안락하다고 느끼는 영역을 벗어나서도 성공을 거둘 수 있다는 새로운 사실을 깨달으며 자신감을 키웠다. 이 경험으로 도전을 바람직하게 생각하게 된 아이는 무엇을 어떻게 성취했는지를 중심으로 대화를 이어나갔다.

아이는 클수록 점점 더 간섭에서 벗어나려 하고 부모는 위험 요소를 걱정하다 보니 서로 간의 줄다리기가 일어나기 쉽다. 부모는 새로운 도전을 이야기할 때 걱정되는 점부터 늘어놓으며 이를 피하기 위한 계획을 세우곤 한다. 하지만 도전이 능력 밖에 있다거나 너무 위험해 보인다면 시도할 수 있는 범위를 고민해보자. 가령 아이 혼자 기차를 타는 것이 무리라고 판단된다면 친구와 함께 보낼 수 있다.

아이가 세운 구체적 계획이 불가능할 것 같더라도 환영하는 태도를 보여주면 아이는 부모가 자신의 도전을 응원한다고 받아들인다. 물론 어떤 활동을 하는지도 중요하지만 더 중요한 것은 그 활동을 어떻게 표현하는지다. 아이가 새로운 일을 시도하려 할 때 부모는 멘토로서 어떻게 반응해야 할까? 만약 아이가 도전 의식에 불타긴 하지만 다소 역부족한 일에 도전하겠다고 선언한다면 어떻게 받아들이고 대화를 이어가는 것이 좋을까?

목표 선택과 되돌아보기

자신감을 키워주려면 3E를 활용해 아이가 목표를 선택하고 되돌아보도록 하자. 먼저 아이가 목표를 가진 이유를 **확장**하자. 동기는 무엇인지, 그 목표가 어떻게 필요를 충족하는지, 어떻게 하면 지금보다 나아질 수 있는지를 파악하자.

그리고 아이에게 성공이란 어떤 의미인지 **탐색**하자. 아이는 어떤 기준으로 성공을 가늠할까? 만약 달리기를 더 잘하고 싶은 아이라면 친구 집까지 쉬지 않고 뛸 수 있기를 원하는지, 경주에 나가기를 원하는지, 아니면 친구들을 따라잡을 수 있을 만큼 빨리 뛰고 싶어 하는지를 확인해보는 것이다. 최대한 구체적이고 객관적인 충족 기준을 세우도록 하자. 그런 다음 목표를 달성할 수 있는 다양한 경우의 수를 생각해보고 발생할 수 있는 문제 상황을 논의한 뒤 미리 전략을 세우자. 만약 아이가 달리는 도중 속도 조절에 실패해서 너무 숨이 차면 어떻게 해야 할까? 이럴 때는 부모가 아이의 감정과 상황 모두를 고려해야 한다. 감정에 초점을 맞추면 "당황했을 텐데 지금 기분이 어떨까?", 사실에 초점을 맞추면 "달려야 할 길이 남은 상황에서 당황하지 않고 계속해나가는 방법은 무엇일까?" 하는 생각을 떠올리는 것이다.

탐색 과정이 충분히 이루어졌다면 **평가**로 넘어가자. 이때 아이가 목표를 바꾸고 싶다 하면 어떻게 해야 할까? 답은 '상관없다'이다. 기존의 목표가 더는 자신에게 맞지 않다는 사실을 깨닫고 시간을 낭비하고 싶지 않다는 판단은 자기 인식의 증거라고도 볼 수 있다. 한동안은 새로운 목표를 정할 수 있도록 도와주되 목표를 변경하는 것 자체가 곧 실패를 의미하는 게 아님을 강조하자.

물론 관심사가 바뀌면 목표도 달라지기 마련이다. 그럴 때는 아이와 이야기를 나누며 목표를 다시 정해 계획을 세우면 된다. 혹여 잠시 새로운 일에 흥미를 느껴 흔들리는 것 같다면 스스로 알아차릴 수 있도록 돕자. 이런 경우라면 오히려 한동안은 기존의 목표를 고수하는 편이 바람직할 수도 있다. 만약 아이가 새로운 목표를 향해 나아가기 시작해 어느 정도 진전되었다면 기대와 현실을 비교해보자. 생각보다 더 좋아서 놀란 부분이 있었는지, 예상치 못한 장애물은 무엇이었는지, 거기서 어떤 교훈을 얻었는지 이야기해보는 것이다. 딱 맞는 목표를 찾아가는 시기는 모두가 거쳐가는 과정이며 이런 대화를 나누는 것 자체가 길을 잘 찾아가고 있다는 뜻임을 알려주자.

엉망진창의 이면

아이가 주변을 지저분하게 어지르거나 이해가 되지 않는 일을 하고 싶어 할 때는 어떻게 해야 할까? 어질러진 현장을 치우다 보면 피곤한 것은 물론이고 짜증이 치밀어 오르기 일쑤다. 그래도 그렇게 어지르고 싶어 하는 욕구 이면을 잘 살펴보면 탐험 충동이 자리 잡고 있는 경우가 많다. 이 사실을 알고 나면 자연스레 아이의 행동이 이해가 되는데, 바로 이것이 아이와 협력하는 첫 번째 단계다.

미운 두 살 시기를 예로 들어보자. 덴마크 부모들은 이 시기를 '경계 시기'라고 부른다. 이 시기 아이는 엉뚱한 행동으로 이상한 시험을 하기 시작한다. 접시는 어디까지 쌓으면 무너질까? 케첩을 다 짜면 양이 얼마나 나올까? 대개는 그저 호기심이 넘쳐서 하는 행동일 뿐이지만 이 광경을 보고 있는 부모는 반항으로 해석하곤 한다. 심지어 거기에 아이가 무아지경으로 떼까지 쓴다면 참아왔던 스트레스가 폭발할 수밖에 없다.

하지만 인내의 한계까지 밀어붙이는 아이의 행동에 화가 나더라도 이를 자연스러운 현상으로 받아들이기 위해 노력해보자. 아이의 행동에 의문을 가져보면 도움이 된다. 장난스러운 행동 이면에는 어떤 관심사가 숨어 있을까? 어떤 생각을 표현하려는 걸까? 물론 이런 자문자답 과정을 거친다 해도 여전히 짜증은 가시지 않겠지만 아이가 반항한다는 생각은 어느 정도 가라앉을 것이다. 사실 보통 그런 행동은 반항이 아니다. 아무 데나 낙서를 했다면 아이 입장에서는 벽이나 종이나 모두 그림을 그리는 도화지처럼 보이기에 그렇게 행동한 것일 뿐이다.

두루마리 휴지를 잡아당겨 전부 풀어버리는 전형적인 말썽을 예로 들어보자. 물론 짜증 나는 일이긴 하지만 아이는 "얼마나 감겨 있을까?" "끝까지 풀려면 얼마나 세게 당겨야 할까?" "다 풀면 끝에는 뭐가 있을까?" 같은 질문에 한창 흥미를 느낄 나이다. 그렇다고 아이가 휴지를 다 풀도록 내버려두라는 말은 아니다. 화를 내거나 야단치는 것은 당연하다. 하지만 아이는 이런 반응마저도 흥미진진한 게임으로 해석할 가능성이 높다(친구는 이를 가리켜 '엄마를 화나게 하는 게임'이라고 빈정대듯 말했다). 결국 부모와 아이는 서로 양보 없는 사투를 벌일 것이고 엄청난 휴지와 감정만 허비하게 될 것이다.

이럴 때 부모는 잘못된 점을 짚어주며 조망 수용 기술을 길러줄 수 있다. 감정을 추스르는 심호흡을 하고 상황에 가볍게 접근해보자. "우와, 엉망진창이네. 다시 감으려면 얼마나 걸릴까?" "내 눈에는 솜사탕처럼 보이는데 네가 볼 때는 뭐 같아?" 같은 말로 무심한 듯 아이의 생각을 확장시키자. "너라면 더러워진 휴지를 쓰고 싶을까?" "휴지를 전부 풀어버리면 다른 사람이 쓸 휴지가 없어지잖아" 같은 말도 중간중간 덧붙여 자신의 행동이 다른 사람에게 미칠 영향도 함께 언급해주면 좋다.

그런 다음 곰곰이 생각해보자. 아이가 휴지를 푼 이유는 무엇일까? 잡아당기는 행동 자체를 좋아해서일 수도 있고 끝에 무엇이 있는지 궁금해서일 수도 있다. 그러면 서랍에서 긴 스카프를 줄줄이 꺼내 휴지 풀기와 비슷하지만 덜 어지를 수 있는 활동으로 탐색 과정을 거쳐보자. 그러고 나서는 청소까지 마친 뒤 아이의 충동이 만족되었는지 평가해보자. 이런 대화는 어디에나 규칙이란 것이 있고 타인을 배려해야 하며 모든 것을 가질 수는 없다는 사실을 느끼게 하는 동시에 독립심을 키워준다.

실패를 마주하고 회복탄력성 기르기

선택한 결정을 바꾸는 법은 어린아이뿐만 아니라 청소년 역시 배울 필요가 있다. 특히나 실패를 경험했거나 목표만큼 성공하지 못했을 때는 더더욱 그렇다. 실패했을 때 얼마나 실망하는지는 타고난 성향에도 달려 있지만 부모와 어떤 대화를 나누는지도 큰 영향을 미친다. 역경을 극복하는 능력인 회복탄력성은 부모와 안정적이고 애정 어린 관계를 맺을 때 발달한다. 부모가 소통에 최대한의 관심을 쏟아 노력한다면 아이가 어떤 면에서 더 나아질 수 있을지를 금세 알아차릴 수 있고, 그러기 위해서 필요한 게 부추김과 격려인지 위로나 반성인지를 파악할 수 있다.

내 친구의 아들 제이크는 10살 때 친구 니코와 함께 크로스컨트리 대회 훈련을 한 이야기를 들려주었다. 두 사람은 시즌 내내 같은 속도로 달렸고 결승선을 함께 통과하자고 얘기했지만 경기 당일 제이크는

다리에 경련이 일어나는 바람에 뒤처진 채로 니코가 속도를 올려 우승하는 모습을 지켜볼 수밖에 없었다. 이 일로 크게 실망한 제이크는 자신감을 잃었을 뿐만 아니라 자기에게 맞춰 속도를 늦추지 않은 니코에게 배신감을 느꼈다. 그렇게 자신감과 우정 문제가 뒤엉켜 제이크는 니코와 서로가 소속된 팀에 거리를 두게 되었다. 대회가 끝난 뒤 제이크는 엄마에게 더는 뛰고 싶지 않으며 니코와도 절교하고 싶다고 털어놓았다. 제이크에게는 실패란 영원하지 않으며 그 사람을 규정 짓지도 않는다는 대화로 자신감을 회복할 기회가 필요했다.

친구는 아이가 소외감과 실망감에서 벗어나 회복할 수 있도록 3E를 활용해 도우려고 노력했다. 먼저 경기에서 진 것 때문에 마음이 상했다는 걸 알고는 제이크가 감정을 처리할 수 있을 만큼 시간을 주었다. 그리고 좀 더 냉정하게 판단할 수 있을 것 같다고 느껴질 때 경기 당일의 일에 대해 이야기를 나누었다. 우선 "뭐가 가장 실망스러웠니? 어떤 점이 제일 힘들었어?"라고 물어보며 제이크의 생각을 **확장**했다.

다음으로 **탐색** 과정에서는 다른 질문을 던졌다. "네가 넘어진 순간에 니코는 무슨 생각을 했을까? 니코가 네 기분을 상하게 하려고 한 걸까 아니면 달리던 중이라 급하게 행동할 수밖에 없어서 그런 걸까?" 제이크는 질문에 답하며 니코가 자신의 경련을 눈치채지 못했을 확률이 높고 그렇기에 일부러 인정머리 없이 군 게 아니라는 걸 깨달았다. 물론 그렇다고 상처받은 마음이 한 번에 가신 것은 아니었지만 니코와 절교할 필요까지는 없다는 걸 알게 되었다. 제이크는 뒤처졌을 때 왜 그렇게 당황했는지에 대해서도 생각했다. 고민한 결과, 지금껏 그렇게 심한 경련은 한 번도 겪은 적이 없었으며 닥친 상황에서 어떻게 행동해야 할지를 몰랐기 때문임을 깨달았다. 지난 상황을 되돌아보며 곱씹다 보니 다음번에는 속도를 늦추고 심호흡을 해야겠다는 생각이 들었고 스스로 속도를 조절하는 데 집중하겠다고 다짐했다.

제이크의 사례처럼 탐색 대화가 잘 마무리되었다면 새로운 계획을 세운 뒤 다시 시도해보자고 격려하며 **평가**를 진행하자. 새로 세운 계획이 무사히 실행되었다면 함께 되돌아보는 것이다. "이번 계획은 얼마나 효과가 있었어?" "예상한 결과와 예상치 못한 결과는 뭐였어?" 같은 질문을 들은 아이는 반성하고 고쳐나가는 과정을 반복하며 당장 성공을 거둘 수는 없다는 현실을 받아들이게 된다. 이처럼 회복탄력성은 단번에 얻을 수 있는 것이 아닌, 시간이 흐르는 동안 실패와 반성과 발전을 거듭하며 서서히 발달하는 것이다.

스스로 이끌어가는 자기 대화 활용법

어른이 어떤 말을 하는지도 중요하지만 자신감이란 결국 아이가 스스로에게 어떻게 말하는지와 직결된다. 어떤 경험을 실패로 여기는지, 실패했을 때 얼마나 자기 탓을 하는지, 스스로를 얼마나 쉽게 용서하고 다시 시도하는지를 보면 알 수 있다. 아이가 자신에게 높은 기준치를 세우는 것은 기특한 일이지만 그런 기준이 지나치게 높아서 본인이 감당하지 못하는 수준이라면 바람직하다고 할 수 없다. 그러다 실패 경험이 반복되고 건강한 방식으로 해결하지 못하면 아이는 부정적인 생각에 갇히게 된다. 아이의 부정적 자기 대화는 순간의 기분을 망칠뿐더러 현실에까지 반영되는 경우가 많다. 1960년대에 시작된 한 연구는 아이가 자신에게 통제권이 없는 경험을 너무 많이 하면 '학습된 무기력'이 생긴다는 결과를 밝혀냈다. 아무리 노력한들 어차피 성공하지 못할 테니 굳이 노력할 필요가 없다고 느끼는 것이다.

트라우마를 경험했거나 우울 성향이 강한 아이는 학습된 무기력을 경험할 가능성이 비교적 높다. 하지만 극단적으로 드러나지 않더라도 누구든 학습된 무기력을 겪을 수 있다. 아직 손도 대보지 않은 수학 문제를 흘끗 쳐다보며 "내 수준에는 너무 어려워"라고 말하거나 높은 구름사다리를 보면서 "나는 절대 안 건너야지"라고 말하는 아이들이 바로 이런 경우다.

반면 긍정적으로 자기 대화를 하는 아이는 노력을 포기하지 않기에 결국 성공을 거둘 가능성이 훨씬 높다. 나는 임상 실무에서 아이의 자기 인식을 구축하기 위해 자기 대화의 힘을 빌릴 때가 많다. 중학생인 비비언과 상담을 진행할 때도 그랬다. 비비언은 청각 처리 장애 진단을 받은 학생이었다. 청각 처리 장애란 청각 자체에는 이상이 없지만 들은 소리를 처리하는 데 어려움을 겪는 증상이다. 그래서 비비언은 언어를 이해하고 의견을 표현하기 힘들어했다. 특히 두 사람 이상이 동시에 이야기하면 모든 소리가 흐릿하게 들려 더 힘들다고 했다. 비비언의 어머니는 아이가 예전부터 늘 걱정을 달고 살았고 언어 문제에 있어 회의적으로 생각하는 경향이 한층 더 심해졌다고 말했다. 축구 코치가 실력을 칭찬해도 정작 본인은 스스로가 형편 없다고 생각하는 식이었다.

상담을 진행하면서 나는 가장 먼저 **확장**을 시도했다. 비비언은 칭찬을 받고도 왜 자기가 운동을 잘하지 못한다고 생각했을까? 아이는 공을 놓친 뒤 망설이다가 결국 옴짝달싹하지 못할 때가 많다고 말하며 얼굴을 찌푸렸다. "저는 항상 제가 잘하고 있는지 물어봐요. 코치님들은 그냥 해보라고 하지만 그렇게는 못해요. 어떤 날은 딱 한 번 실수 했을 뿐인데 아예 그만둬버릴 때도 있어요."

생각을 충분히 확장한 다음 **탐색** 과정으로 넘어간 나는 못하겠다는 말에 의문을 제기했다. 비비언은 왜 순간적으로 결정하는 일을 어려워하는 걸까? 정보가 부족해서 그런 걸까 아니면 실패라는 결과가 두려웠기 때문일까? 그것도 아니라면 잘못된 결정을 내릴까 봐 걱정스러웠기 때문일까? 비비언은 그 말이 자신에 대한 회의감 때문이라고 설명했다. '나는 원래 잘 못해. 아마 우연히 들어간 골일 거야' 같은 마음속 자기 대화로 스스로를 물어뜯으며 부정적 코치를 자처하고 있었던 것이다.

연구 결과에 따르면 부정적 자기 대화는 불안과 우울을 불러일으키고 긍정적 자기 대화는 자존감을 향상시켰다. 나는 이 결과를 염두에 두고 비비언이 긍정적으로, 적어도 중립적으로 생각하게끔 도왔다. 우선 비비언에게 어떤 생각을 하는지 쓰라고 한 뒤 나도 내 생각을 따로 적어 화이트보드에 정리했다. 그런 다음 내가 적은 목록 중 가장 도움이 될 것 같은 한 가지를 고르라고 했다. 보통 마주한 상황의 정반대 극단에 있는 지나친 긍정은 별로 도움이 되지 않는다. 그보다는 희망적이면서도 현실적인 중간 지점을 찾는 편이 낫다. 같이 논의한 끝에 비비언은 '아직 노력해야 하지만 결국에는 이룰 것'을 골랐다. 이 표현은 현재 마주한 난관을 인식하면서도 여기에 압도당하지 않도록 지지해주는 발언이었다. 비비언은 무너지지 않고 편안히 앞으로 나아갈 수 있는 기반이 필요했던 것이다.

비비언은 코치의 지시 사항을 이해하지 못해 당황스러워지면 경기에서 갑자기 빠져버리곤 했다. 이런 일이 반복될수록 제대로 된 실력을 발휘할 수 없었고 회의감은 더욱 강해졌다. 우리는 더 이상 이런 상황을 만들지 않도록 코치에게 명확한 설명을 요청하는 역할극을 연습하며 "어떤 걸 말씀하시는 건지 보여주실 수 있을까요?" 같은 질문을 정했다. 옴짝달싹할 수 없을 것 같은 느낌이 들 때 사용할 생각 루틴도 만들었다. 결정, 실행, 반성순으로 흘러가는 이 생각의 흐름은 다음과 같다.

결정	• 잠시 멈추고 다음 단계의 최선이 무엇일지 생각하기 • 생각한 것이 각각 어떤 도움이 될지 예측하기 • 최선의 행동 선택하기
실행	• 실천한 뒤 지나치게 생각하지 않도록 노력하기
반성	• 계획대로 잘 진행되었는지 확인하기 • 그대로 진행할지 선택을 수정할지 결정하기

비비언은 연습할 때 잠시 멈춰서 '그대로 직진하자' '물러서자' 같은 말을 떠올린 뒤 하나를 골라 끝까지 따랐다. 연습을 마친 다음에는 자신의 판단과 코치의 조언을 바탕으로 그 선택이 얼마나 효과가 있었는지 **평가**하고 반성하는 시간을 가졌다. 그렇게 몇 주일이 지나자 비비언은 좀 더 과감하게 행동하기 시작했고 전보다 자신감이 생긴 것 같다고 말했다. 물론 모든 난관이 사라진 건 아니었지만 여러 가지 해결책이 눈에 띄기 시작했다. 무엇보다도 장기적으로 자신감을 키우는 토대가 될 독립심과 자립심을 키웠다는 점에서 큰 의미가 있었다.

자신감을 키워주는 팁

- 피아노를 배우고 있다 해도 처음에는 한 곡을 완벽하게 연주하지 못할 수도 있고 어쩌면 앞으로도 영영 못할지 모른다. 하지만 그렇다고 아이가 피아노를 즐기지 못한다거나 실력이 나아질 수 없다는 뜻은 아니다. 연주 실력이 조금 부족한 것으로 아이를 규정해서는 안 된다. 설령 반에서 가장 못한다 해도 아이에게는 분명 다른 능력이 있기 때문이다. 아이가 스스로에게 실망하는 모습을 보인다면 다른 훌륭한 자질을 이끌어낼 수 있도록 격려해주자. 모든 것을 다 잘하는 사람은 아무도 없고 그럴 필요도 없다. 이럴 때는 어떤 활동에 시간을 쓸지 우선순위를 명확히 정하도록 도와주면 좋다. 예를 들어 피아노 연주에 전혀 흥미가 없지만 수행평가 때문에 연습할 뿐이라면 완벽한 연주 자체를 목표로 시간을 투자할 필요는 없으니 원하는 점수를 받을 수 있을 정도로만 연습하면 된다.

- 아이의 성장 수준을 파악하고 시간의 흐름에 따라 서서히 다음 단계로 나아가자. 아이가 잘 모르겠다고 망설인다면 다음 목표가 무엇인지 물어보자. 사소하고 작은 목표라도 좋다. 예를 들어 아이가 몇 단계만 거치면 되는 간단한 요리법으로 음식을 완성했다면 다음번에는 좀 더 복잡한 레시피의 음식을 만들어보거나 새로운 재료를 사용해 도전해보는 것이다. 틀려도 괜찮으며 부모는 오히려 그런 열린 태도를 자랑스러워한다는 사실을 알려주자.

- 육아에서 벗어나 부모인 나의 삶에서도 진전의 본보기를 찾아보자. 난관을 해결하기 위해 고군분투 중이라면 어떻게 대처하고 노력 중인지 곰곰이 생각해보자. 너무 무겁지는 않지만 진지한 태도로 인생 곳곳을 둘러보는 것이다. 운전을 배우는 중일 수도 있고 회계 업무를 익히는 중일 수도 있다. 어떤 부분이 발전했고 앞으로도 성장할 여지가 있는지, 목표에는 얼마큼 다가갔는지를 생각해보자.

아이가 자기 대화 과정을 거치며 자신감을 키우려면 구체적으로 어떻게 접근하는 것이 좋을까? 다음의 두 가지 대화 습관을 활용해보자.

대화 습관 1. 명확하게 밝히기

아이가 자기 인식을 키우고 통제권을 갖고 있다는 느낌을 받으려면 대화 시 부모가 내용을 명확하게 밝혀주는 습관이 필요하다. 아이가 상황을 파악하고 분명하게 이해할 수 있도록 말이다. 세 살이었을 때 친구 집에 놀러간 소피를 함께 데리러 간 적이 있었다. "우리 지금 어디가?"라고 묻는 폴에게 나는 누나를 데리러 가는 길이라고 대답했다. 하지만 그로부터 10초 만에 같은 질문이 들려왔고 아무리 대답을 해주어도 폴은 똑같은 질문을 반복했다. 여섯 번째 물었을 때 나는 명확하게 "'누나' 데리러 간다고, 알겠지?"라 대답했지만 폴의 질문 세례는 여전했다.

결국 나는 질문의 방향을 바꿔보는 쪽을 택했다. "우리가 어디 간다고 했지?" "누나 데리러 가는 거지. 그런데 어디로 가는 거야?" 폴의 대답에 나는 "누나 친구 알렉스 집에 가는 중이야"라고 덧붙였고 그때부터 우리는 알렉스가 누구인지, 알렉스 집에 놀러 가게 돼서 소피가 얼마나 신나 했는지를 주제로 대화를 나누었다. 그러자 폴은 계속해오던 질문을 멈추고 다른 이야기에 관심을 쏟았다. 내가 처음 했던 대답은 소피가 누구네 집으로 놀러 갔는지를 알고 싶었던 폴의 궁금증을 해소해주지 못한 것이다.

이처럼 대화가 한 굴레에서 벗어나지 못하고 있는 상황이라면 명확화, 논의, 계획으로 이어지는 3단계 과정을 시도해보자. 첫 번째 단계는 명확화다. 들은 것을 객관적이고 명확하게 해석해 대답하자. 극단적 표현이나 감정을 걷어내고 내용을 전하는 것이다. 평소 축구를 좋아하는 아이가 자기 실력을 비관적으로 바라본다면 코치가 절대 좋은 축구선수가 될 수 없을 것이라고 한 건지, 아니면 그저 킥 연습을 열심히 해야 한다는 말을 아이가 과대 해석한 건지 판단하자.

두 번째는 논의 단계로, 피드백을 정확하게 분석하는 법을 가르치자. 피드백을 들은 아이는 열의를 보일 수도 있고 낙담했을 수도 있으며 그 중간의 감정을 느낄 수도 있다. 아이가 코치에게 아직 갈 길이 멀었다는 말을 들었다고 해보자. 이때 아이의 반응을 잘 살핀 후 너무 한쪽으로 치우쳐 듣는다 싶으면 다른 방향으로 해석하는 게 더 정확할 것 같다고 설득해보자. 아이가 조언을 잘 활용하려면 어떻게 해야 할까? 피드백이라고 해서 전부 도움이 되거나 실행에 옮길 수 있는 것은 아니다. 갈 길이 멀다는 말과 킥을 하기 전에 한 걸음 물러서라는 말 중 무엇을 연습해야 할지를 훨씬 정확히 알려주는 의견은 후자다. 유용한 피드백과 쓸모없는 피드백을 구별하려면 아이가 비판적으로 사고할 줄 알아야 하며 모든 의견을 액면 그대로 받아들이지 않아야 한다. 이때 부모가 통찰력 있는 피드백이란 무엇인지, 굳이 반영하지 않아도 되는 피드백은 무엇인지를 구별하는 눈을 키워주는 것이 큰 도움이 된다.

세 번째는 피드백을 활용한 계획을 세워 다음 단계로 나아가는 것이다. 먼저 아이에게 도움이 된 전략을 곰곰이 생각해보라고 한 뒤 고쳐야 할 부분에 어떻게 적용하면 좋을지 이야기해보자. 아이가 평소보다 큰 레고 제품을 조립하고 싶어 하면 부모는 아이가 어려워서 포기할 거라고 예상한다. 하지만 무작정 말리기 전에 지난번에는 어떻게 조립했는지를 물어보자. 설명서나 조립 책자에 실린 그림을 본 게 도움이 되었는지 물어보고 지난 경험을 바탕으로 이번에는 어떤 전략을 세울 수 있을지 생각해보도록 하는 것이다. 아이가 레고를 완성할 만한 새로운 방법을 떠올렸다면 가능한 한 스스로 프로젝트를 주도할 수 있도록 이끌자.

대화 습관 2. 독립심 키우기

효율적으로 계획 세우기

숙제가 많다면 계획을 세부적으로 나누어 세우자. 부모와 함께해도 되는 경우라면 "평소에 하던 것보다 복잡한 방식이네. 우리가 어떻게 나눠 맡으면 좋을까?"라고 물어보자. 하루 동안 한 만큼을 바탕으로 다음 날 계획을 세우는 방법도 있다. "어제는 한 단원을 쉽게 끝냈잖아. 오늘은 얼마나 할 수 있을 것 같아?" 아이가 소심한 모습을 보인다면 용기를 북돋아주자. 설령 다 끝내지 못한다 해도 세상이 끝나는 건 아니라는 마음가짐을 갖는 것 자체가 큰 힘이 될 것이다.

스스로를 객관적으로 판단하기

자기 결점은 기를 쓰고 찾으면서 정작 장점은 잘 알아차리지 못하는 아이도 있다. 예를 들어 카메라를 처음 사용해보고 초점이 잘 맞지 않아 흐릿하게 찍혔다는 이유로 자기가 사진을 못 찍는다고 생각할 수도 있다. 어쩌면 상황이 마음에 들지 않는 느낌과 능력이 받쳐주지 못하는 것을 혼동하는 걸 수도 있다. 이럴 때는 대화를 나누며 아이가 스스로를 어떻게 보는지 확인해보자. 평소에 애매하게 판단하고 회피해버리는 편이었다면 자기 방식을 다시금 생각해보는 계기가 될 수도 있다.

그러기 위해서는 부모의 생각을 본보기로 보여야 한다. 예를 들어 공예 작품을 만들다가 싫증이 몰려온다면 이렇게 말해보자. "이제 슬슬 하기가 싫네. 오늘은 그만하고 내일 새로운 마음으로 다시 시작해야지." 여기서 핵심은 그만둔다고 포기하는 것이 아니라 내일 다시 '시작한다'는 것이다. 그리고 이런 마음이 드는 것이 지극히 정상임을 알려주자. 혹은 다른 태도를 보여줄 수도 있다. 컴퓨터가 고장 난 상황이라면 어떨까? "고치는 방법을 배워야 한다길래 막상 좌절스러웠지만 알고 보니 동료 중 절반은 같은 문제를 겪고 있더라고." 이 같은 사고방식은 해야 하는 것에 초점을 맞추는 대신 많은 사람이 같은 고민을 하고 있다는 사실을 알려줄 수 있다.

과도한 도움 삼가기

명확한 답이나 완성까지 고지가 얼마 남지 않았을 때 부모는 선뜻 뒤로 물러나기를 어려워한다. 조금만 도와주면 완벽해질 것 같다는 생각이 들기 때문이다. 알고 보면 아이가 충분히 마무리할 수 있는 일인데도 부모가 떠맡고 있는 일이 너무 많다. 부모란 아이의 삶을 대신 살아주는 사람이 아닌 통역가이자 안내자 같은 존재라는 걸 언제나 잊지 말자. 아이가 자기만의 삶을 개척하도록 도와주는 것이 부모의 역할이다.

긍정적 마인드로 문제 마주하기

한번은 친구인 데버라가 암벽등반 연습장에 다녀온 뒤 "나 어린이용 암벽에 올랐어"라 말했다. 10대인 아들은 훨씬 더 높이 올라가 엄지를 치켜세우며 "엄마, 잘했어!"라 외쳤다고 했다. 서로 시시한 장난을 주고받는 것처럼 보였겠지만 사실 두 사람에게는 굉장히 중요한 순간이었다. 그날 아침 데버라가 아들에게 고소공포증이 있다는 사실을 고백하며 제대로 등반을 못 할 수도 있다고 설명했기 때문이다. 그런데 잠시 후 데버라는 "내가 한 말이 아이에게 어떻게 들렸을까? 오늘 함께 가기로 해놓고 등반을 하겠다는 거야 말겠다는 거야?"라는 의문이 들었고 이 생각을 타파하고자 연습장에 도착해 안전장치를 조이고 암벽에 오르는 시도를 감행했다. "아들은 그 나이에도 내가 어떻게 말하고 행동하는지 다 보고 있더라. 내가 어떤 방식으로 두려움을 감당하는지 알아차린 것 같았어." 물론 한 번의 암벽 등반으로 고소공포증이 완전히 사라진 건 아니었지만 데버라의 태도가 아이에게 똑같이 행동하거나 최소한 시도해볼 가능성을 높이는 방식이었음은 확실하다.

우리는 모두 고정 마인드셋과 성장 마인드셋을 함께 가지고 있기에 삶에서 마인드셋이 어떻게 나타나는지 살펴볼 필요가 있다. 이때 드웩의 말처럼 자신의 고정 마인드셋에 주목하면 새로운 모습을 발견하는 데 도움이 된다. 우리는 어떨 때 해내지 못할 것 같다는 느낌을 받을까? 자기 대화를 나누면 이런 지점들을 확인할 수 있다. 만약 부정적으로 생각하게 된다면 지금도 꾸준히 나아가는 중이라고 스스로에게 말해주자. 모든 사람은 노력에 대한 격려를 받을 자격이 있고 불편하고 어려운 일을 시도했다면 그 자체만으로 인정받아야 한다.

관심사로 능력 키우기

아이가 흥미를 보이는 관심사로 해낼 수 있는 과제나 집안일을 찾아보자. 수학을 좋아하는 아이라면 직접 용돈 사용 계획을 짤 수도 있고, 청결을 중요시하는 아이라면 설거지와 뒷정리를 할 수도 있다. 일을 잘 끝마쳤다면 "네 덕에 우리 가족이 모두 깨끗한 그릇을 쓸 수 있겠네"처럼 아이의 행동과 도움을 받은 사람들을 강조해 고마움을 표현하자. 이런 말들은 아이에게 보상처럼 가닿아 자부심의 바탕이 된다.

할 수 있는 일에 집중하기

아이가 빨래를 하고 싶어 한다고 해보자. 나이가 많이 어리다면 전체 과정을 혼자 할 수는 없겠지만 옷을 분류하거나 건조가 끝났는지 확인하는 일 정도는 충분히 해낼 수 있을 것이다. 어느 날 아이가 용돈을 올려달라고 할 수도 있을 텐데 그러면 관리비를 줄이는 데 동참할 것을 조건으로 걸어보자. 아이가 흥미를 느끼는 일과 발돋움이 될 수 있는 적절한 일의 교집합을 선택해 보기를 제시하는 것이다.

대화 습관 3. 변화를 기록하기

구체적인 목표 설정하기

아이가 현재 자기 능력이 어느 정도인지 확인한 뒤 이루고 싶은 목표를 구체화하도록 돕자. 축구로 따지자면 몇 골을 넣었는지, 얼마나 멀리 뛰었는지, 어떤 포지션에서 잘하고 싶어 하는지를 구체적으로 논의하는 것이다.

강점으로 약점 보완하기

아이가 친구는 쉽게 사귀지만 운동 실력이 부족한 편이라면 친구 사귀는 기술을 활용해 운동을 잘하는 데 필요한 조언을 얻도록 권해보자. 예를 들어 야구를 잘하는 친구에게 친근하게 다가가 가까워지면서 오버핸드스로(공을 어깨보다 높은 위치에서 아래를 향해 던지는 투구 방식—옮긴이)에 대해 물어보고 팁을 얻는 것이다.

긍정적 단어 지도 만들기

단어 지도란 어떤 단어를 보았을 때 연상되는 단어들의 집합이다. 많은 아이가 '실패'를 '멍청함' '형편없음'과 같은 의미라고 생각하는 것처럼 말이다. 아이가 "실패하면 창피하잖아" "이미 망했어"처럼 부정적인 말을 자주 하는 편이라면 더욱 주목해야 한다. 열심히 노력하는 중이라면 "최선을 다하고 있다면 부끄러워할 필요 없어" "지금은 실망스러울 수도 있지만 계속 노력하다 보면 훨씬 좋아질 게 분명해" 같은 말을 건네 좋은 쪽으로 생각하도록 격려해주자. 머릿속에 긍정적 단어들이 자리 잡을 수 있게끔 유도하는 것이다.

과거와 현재 비교하기

성장 과정을 살펴볼 수 있는 부분에 주목해서 아이와 대화를 나누어보자. 시각 자료를 활용하면 변화를 더 뚜렷하게 느끼는 데 도움이 된다. 예를 들어 작년과 올해 쓴 일기를 비교하며 아이에게 물어보자. "작년에 쓴 내용들을 읽어봐. 그때 어떤 걸 배웠어? 지금이랑 어떤 점이 다른 것 같아?"

부정적 꼬리표에 의문 제기하기

아이가 "안 될 줄 알았어" 같은 말을 쉽게 하는 편이라면 이런 생각이 끈질긴 노력을 가로막는다는 걸 콕 짚어 알려주자. 부정적 언어에 '자신감 폭파기'라는 명징한 이름을 붙이는 것도 좋은 방법이다. 어떤 게 부정적 생각인지 의식하도록 만들었다면 어떤 태도가 인지 왜곡을 일으켰는지 설명해주자.

먼저 아주 잘하거나 못하거나 둘 중에 하나라는 식의 흑백 사고가 있다. 이럴 때는 회색 영역이 있다는 것을 알려주자. "내가 아주 잘하는 것까지는 아니지만 아주 못하는 것도 아니야. 게다가 그것 빼고 다른 건 진짜 잘해"처럼 말이다. 분명 안 좋은 결과가 나올 거라 막연히 예상하는 점치기식 사고에는 열린 마음으로 남은 가능성을 바라보는 해법이 필요하다. "어떻게 될지 잘 모르겠지만 아마 괜찮을 거야"가 대표적인 말이다. 마지막으로 뭔가를 단정 지어버리는 꼬리표 붙이기는 행동에 구체적인 표현을 붙여주는 것이 좋다. "슛을 제대로 넣지 못했지만 꽤 '아슬아슬'했어. 다음에는 넣을 수 있을 것 같아"처럼 명확한 표현을 덧붙여주는 것이다.

진짜 자신감은 행동과 반성을 반복하며 나아질 때 샘솟는다. 어려운 난관에 도전하는 법을 배우고 부족한 점을 반성할 때야 비로소 자기 인식이 쌓이는 것이다. 그리고 바로 이것이 어려운 일에 큰 꿈을 꾸고 용기를 갖도록 하는 원천이다. 스스로를 믿는다는 것은 언젠가 성공할 거라고 막연히 믿기만 하는 게 아니다. 나 자신을 믿는다는 말의 진짜 의미는 설령 성공하지 못하더라도 괜찮다는 것을 안다는 뜻이다.

놀라운 사실은 이 깨달음이 단지 아이의 자신감을 키우는 데 그치는 게 아니라 부모가 아이를 바라보는 방식까지 바꾼다는 것이다. 아이가 자신감을 가지고 기준치를 높이면 부모도 자연스레 믿음이 커지기에 아이가 실패했을 때마저도 격려를 아끼지 않게 된다. 실패는 아이가 성장했다는 증거이며 이것이야말로 성공으로 이어지는 길이기 때문이다. 부모는 아이가 겪는 역경을 묵묵히 지켜보는 동시에 어떤 일이 있어도 전적으로 사랑한다는 마음을 보여주어야 한다. 아이가 더 노력하려는 의지를 얻는 건 바로 그런 든든함을 느낄 때이니 말이다.

나이별 맞춤용 질문 리스트

유아~유치원생

아이가 흥미를 느끼거나 참여하고 있는 활동에서 질문을 끌어내자.

Q "다음 단계는 어떻게 해야 할까? 더 쉽고 효율적으로 진행하는 방법도 있을까?"

Q "반 정도 완성되었네. 마지막까지 잘 마무리하려면 어떻게 해야 할까?"

작은 성공이라도 축하해주자.

Q "고민하더니 숙제를 잘 끝냈구나. 혼자 마무리한 부분 중에서 어떤 부분이 가장 뿌듯해?"

Q "이렇게나 많은 그림을 그리다니, 기분이 어때?"

초등학생

실패하더라도 다시 시도해보도록 유도하자.

Q "만약 첫 번째 계획이 실패하면 어떻게 할 거야? 다르게 시도해볼 수 있는 방법에는 뭐가 있을까?"

Q "다시 시도해서 목표를 달성하면 어떤 점이 가장 신날 것 같아?"

아이가 스스로의 발전을 어떻게 느끼는지 확인하자.

Q "과학 숙제를 할 때 어떤 부분이 제일 즐거웠어? 아직도 헷갈리는 내

용이 있다면 어떤 거야?"

Q "다 끝났다는 걸 어떤 기준으로 판단해? 저번보다 나아진 것 같아?"

쉽사리 해결되지 않는 문제에 대해 곰곰이 생각해볼 기회를 주자.

Q "같은 부분에서 계속 오류가 나는 이유가 뭘까? 이걸 해결하려면 어떻게 해야 할까?"

Q "친구가 요즘 그런 문제를 겪고 있구나. 너라면 어떤 조언을 해줄 거야?"

장기적인 결과를 예측하게 하자.

Q "목표를 달성하면 다음 달, 혹은 내년에 어떤 도움이 될까?"

Q "이 프로젝트를 끝내는 게 왜 중요해?"

Q "이 기술로 다른 사람을 어떻게 도울 수 있을까?"

오늘 바로 적용하기

Q1. "이번 주, 이번 달, 올해 안으로 달성할 수 있는 목표가 각각 뭐야?"

Q2. "계획이 잘 이루어지고 있는지 확인하는 방법이 있어? 그렇다면 중간 점검을 해보자."

Q3. "만약 목표를 성공적으로 달성하면 어떤 축하를 받고 싶어?"

5장

친구의 마음을
헤아리는 관계 대화

우정은 한 사람이 다른 이에게

"뭐, 너도? 난 나만 그런 줄 알았어"라고 말하는

그 순간에 생겨난다.

C. S. 루이스

출산 후 신경이 곤두서 있던 나는 소피를 두고 일하러 가야 하는 상황까지 겹쳐 너무나 슬펐다. 평소 관심을 가지고 진행하던 연구가 하필 그해에 진행되었고 언제 또 올지 모를 기회였기에 쉽게 포기할 수 없었다. 그렇게 소피가 태어난 지 몇 개월 후부터 남편과 함께 알아보기 시작해 고용한 사람이 바로 린다였다. 박사 논문을 마무리하는 동안 소피를 돌봐준 보모 린다를 영원히 잊을 수 없을 것이다.

린다는 긴 금발에 활짝 웃는 모습이 매력적인 내 또래 여성이었다. 처음 린다가 우리 집에 와 소피 옆에 앉자마자 나는 적임자를 찾았다는 느낌이 들었다. 린다는 따뜻하면서도 유능했고 적당한 장난기까지 겸하고 있었다. 평소 낯선 사람을 무서워하던 소피도 린다 품에 안겨 있을 때는 잠잠하게 가만히 있었다. 린다는 커피를 마시며 자기 이야기를 털어놓았다. 오랫동안 보모 일을 해왔으며 최근에 남편과 함께 보스턴으로 이사를 왔다는 내용이었다. 린다의 아이인 말루는 소피와 같은 병원에서 소피보다 몇 주 일찍 태어났다고 했다.

린다는 소피를 보러올 때 말루를 데려와도 괜찮겠냐고 물었다. 나는 오히려 좋은 환경이 될 것 같다는 생각에 물론이라고 대답했지만 이내 걱정이 들기 시작했다. 린다가 말루를 돌보는 데 치중하거나 반대로 소피를 돌보느라 말루를 등한시할지도 모른다는 생각이 들었기 때문이다. 어쩌면 아이들끼리 서로 잘 어울리지 못할 수도 있고 소피 입장에서는 엄마가 곁에 있는 말루가 부러울지도 몰랐다. 만약 그게 티라도 난다면 나는 매일 아침 집을 나서면서 죄책감을 느낄 게 분명했다. 하지만 린다는 자신만만해 보였고 만일 문제 상황이 발생했다 해도 자기만의 노하우로 잘 헤쳐나갈 것 같다는 느낌이 들었다.

하지만 내 걱정은 이내 물거품처럼 사라졌다. 몇 달 만에 린다와 말루가 자매 같은 사이가 되었기 때문이다. 린다는 놀라울 정도로 두 아이를 동시에 잘 돌보았다. 하루는 린다가 특유의 엉뚱한 재치를 발휘해 무료로 이용할 수 있는 동네 인도 뷔페식당에 소피와 말루를 데려간 적이 있었다. 두 아이는 그곳에서 난생처음 매운 마타르 파니르(완두콩과 치즈가 들어가는 카레―옮긴이)라는 퓌레를 맛보았다. "아이들이 정말 잘 먹더라고요." 소피에게 밍밍한 오트밀을 먹일 계획이던 나는 린다의 말에 그저 웃어 보일 뿐이었다.

어느 여름날 보스턴 코먼 공원에서 만났던 기억도 여전히 생생하다. 아이들은 돗자리에 드러누워 있었고 소피가 커다란 선글라스를 쓰자 말루는 깔깔거리며 웃어댔다. 햇살을 맞으며 두 사람이 장난치는 모습을 보던 나는 린다는 물론이고 소피에게 진정한 첫 번째 친구가 되어준 말루를 만나게 돼서 정말 다행이라고 느꼈다. 두 아이가 티격태격할 때도 있었지만 그건 자연스러운 과정이었다. 아무런 결점 없는 관계란 있을 수 없다. 소피와 말루처럼 아이들은 안전한 관계에서 서로를 아끼고 공정하게 행동하는 법을 배운다. 어릴 적 경험한 우정이 이후 모든 관계에 적용되는 기술의 발판이 되는 셈이다.

두 아이가 함께 보낸 시간을 떠올리면 애착 이론 창시자로 유명한 존 볼비의 연구가 생각난다. 존 볼비는 아이의 인생 초기 관계가 요람에서 무덤까지의 관계 맺기 방식을 특징짓는다고 말했다. 아기의 사회적 뇌는 출생 직후부터 얼굴과 목소리에 깊은 관심을 기울이며 성숙하기에 인생 초기에 하는 경험은 어떤 쪽으로든 대화 기술을 쌓는 데 중요한 역할을 한다. 더군다나 최초로 만나는 성인인 부모와 맺는 관계의 질은 아이에게 영향을 미칠 수밖에 없다.

린다와의 인연을 마무리한 날도 오래 기억날 것만 같다. 소피와 말루가 생후 1년 6개월쯤 되던 어느 날 아침, 집을 나서려는 내게 린다가 다가와 할 말이 있다고 했다. "무슨 일인가요?" 나는 깜짝 놀라서 가방을 내려놓으며 말했다. 그러자 린다는 활짝 웃으며 "저 다시 임신했어요. 쌍둥이예요." 나는 깜짝 놀라 린다를 안고 축하하면서 "일을 그만두기에 충분한 이유네요"라고 답했다. 물론 정말 기쁜 일이었지만 그래도 출근길에 괜스레 몸이 떨리는 것은 어쩔 수 없었다.

린다는 우리 가족에게 선물 같은 존재였기에 더욱이 아쉬웠지만 그래도 견딜 만했다. 린다를 알게 된 후로 우정이 행복에 얼마나 중요한지, 그리고 이것이 아이에게 어떤 영향을 주는지를 깨달았다. 또 생각보다 훨씬 어릴 때 시작되는 우정과 관계가 얼마나 중요한지도 깨달았다.

생후 6개월인 아기도 비슷한 연령대의 아이를 보면 흥분하고 관심을 끌고 싶어 소리를 낼 때가 많다. 본격적인 우정을 나눌 수 있기 한참 전인 첫돌 무렵부터도 이미 놀이 상대에 대한 선호를 나타내는 것이다. 두세 살만 돼도 발달 중인 조망 수용 기술을 이용해 친절한 행동을 보여준다. 실제로 세 살배기 아이가 넘어져 울고 있는 친구에게 "걱정 마. 아빠가 낫게 해줄 거야"라고 말하는 걸 들은 적이 있다. 이런 연구 결과를 이미 다 알고 있었음에도 소피와 말루가 매일매일 같은 책을 보려 하고 행동을 따라 하고 계단에서 서로를 쫓아 내려가며 우정을 키우는 모습은 무척이나 놀랍게 다가왔다.

우정은 반드시 필요하다

사회적 관계는 아이의 건강과 행복에 꼭 필요한 요소다. 그 중요성은 아무리 강조해도 지나치지 않을 정도다. 아이가 친구를 원만하게 사귀지 못하거나 관계를 잘 유지하지 못하면 부모로서 걱정되는 것이 당연하다. 어린 시절의 우정에서 비롯되는 기쁨 역시 아무리 강조해도 지나치지 않다. 각기 하는 놀이는 다를지라도 친구를 만나서 웃는 아이의 모습, 그리고 그걸 바라보는 부모가 행복해지는 건 똑같을 것이다.

부모는 아이가 자신감 넘치고 독립적이기를 바란다. 또 좋은 친구들과 튼튼하게 관계 맺기를 바란다. 우정은 일상에서 커다란 의미를 지닐 뿐만 아니라 신체 건강에도 영향을 미친다. 한 연구에 따르면 어릴 때 친구들과 시간을 많이 보낸 남자아이는 그렇지 않은 아이보다 어른이 되었을 때 혈압이 낮고 과체중일 가능성이 낮은 경향을 보였다. 부모도 그 중요성을 알고 있어서인지 아이의 학업 진행 상황보다 친구들과 잘 어울려 지내는지를 더 궁금해한다. 인기가 있는 편인지, 혹시나 따돌림을 당하는 것은 아닌지, 어떻게 하면 친구들과 강한 유대 관계를 형성하고 유지할 수 있을지에 대해 말이다.

이는 부모뿐만 아니라 아이 역시 관심을 쏟는 주제다. 놀이 전문가 피터 그레이는 이런 말을 하기도 했다. "만약 아이가 육아서를 쓴다면 기존에 출간되던 책들과는 다른 내용이 담겨 있을 겁니다. '다른 아이들이 나를 어떻게 생각하지?' '어떻게 하면 친구를 사귈 수 있을까?' 같은 생각들을 훨씬 더 많이 다룰 거예요. 아이들은 그런 질문에 답을 얻고 싶어 하니까요."

우정은 생물학적으로도 꼭 필요하다. 아주 예전부터 신경계를 진정시키며 사회적 기술을 연습할 수 있는 기회가 되어왔기 때문이다. 사냥 능력만큼이나 사회화도 인간의 뇌가 발달하는데 중요한 역할을 했기에 초기 인류가 우정을 쌓으면서 더 똑똑해졌다고 보는 과학자들도 있다. 인간 외에도 비교적 뇌의 크기가 큰 여러 종이 친구를 사귀는데 말, 얼룩말, 하이에나, 원숭이, 돌고래도 오랫동안 지속되는 우정을 쌓을 수 있다.

그렇다면 우정이란 정확히 무엇일까? 이 개념을 살펴보기 위해서는 수천 년 전으로 거슬러 올라가야 한다. 고대 그리스 철학자 아리스토텔레스는 사람들을 하나로 묶는 애정 어린 관심이라는 뜻의 '필리아 philia'에 대해 기술했다. 필리아에는 친구를 있는 그대로 특별히 아낀다는 뜻도 있다. 다시금 정의해보자면 친구는 서로가 좋은 감정을 느끼고 함께 시간을 보내고 싶어 하는 관계다. 본질적으로 우정이란 오랜 시간에 걸친 협력 행동을 토대로 생겨난다. 함께 보낸 시절을 기억하고 서로의 취향을 고려해 여행지를 결정하는 일은 추억과 미래를 그리는 우정의 속성이라 할 수 있다. 지나간 추억과 미래에 대한 계획이 서로를 한데 뭉치게 하는 것이다. 아무런 추억도, 앞날을 계획할 능력도 없다면 친구를 사귀고 우정을 유지하기란 거의 불가능하다.

그러므로 우정은 아이의 건강과 행복에 무척이나 중요하다. 실제로 끈끈한 우정을 유지할 때 학습에 더 많은 시간을 투자하고 새로운 것에 열린 태도를 취하며 무엇이든지 더 열정적으로 참여한다. 수월하게 학교생활을 하고 선생님과도 더 가까이 지내면서 친밀함을 주고받은 아이는 평균적으로 더 높은 행복감을 드러낸다. 심지어 성인이 되었을 때도 비교적 쉽게 취업에 성공하는 경향을 보이기에 친구가 없다면 신체적으로나 정서적으로나 실제 빈곤에 버금갈 정도로 해롭다는 말에 일리가 있다.

현대의 우정은 심리적 생존에 더 큰 영향을 미치긴 하지만 그렇다고 정서적인 면에만 국한되는 것은 아니다. 실제로 친구가 많으면 건강할 가능성이 높다. 자신감을 얻고 편안한 기분을 느끼며 질풍노도 시기의 스트레스를 견디려면 친구가 필요하다. 빈곤 가정의 11~19세 청소년 400명 이상을 대상으로 조사한 연구는 절친한 친구가 있을 경우 힘든 시기를 좀 더 쉽게 극복할 수 있다는 사실을 발견했다. 또 친구와 어울리다 보면 내가 어떤 사람인지를 알게 되기도 한다.

절친한 친구와 단단한 우정을 쌓았다는 느낌이 들면 아이는 경계를 늦추고 진정으로 마음을 연다. 이런 친구와 대화를 나누면 아이는 상대가 자기 말을 경청하고 나를 있는 그대로 바라봐준다고 느낀다. 열 살인 아이가 가장 친한 친구 이야기를 꺼내며 이런 말을 한 기억이 난다. "저희는 다른 누구도 알아듣지 못하는 서로만의 언어로 말하는 느낌이에요."

좋은 친구 사이인지를 알아보는 가장 쉬운 방법 중 하나는 그들의 일상 대화를 엿듣는 것이다. 보통 친한 친구들은 지난번에 하던 이야기를 이어서 하는 경우가 많은데, 맥락을 모르는 사람은 거의 알아들을 수 없을 정도다. 자기들끼리만 알아듣는 농담과 연결 고리를 만들어두었기에 다시 처음으로 돌아가 대화를 시작할 필요가 없는 것이다. 예전에 마트에서 일곱 살 여자아이가 친구에게 보내는 문자를 본 적이 있는데 수집용 숍킨스(고무 재질의 작은 인형 장난감—옮긴이)를 사는 것에 대한 이야기를 하는 듯했다. "반짝이 달린 주황색 샀어? 한정판이 제일 예쁜데 용돈이 모자라(울상 이모티콘). 혹시 하나 더 있으면 대신 구해줄 수 있어?" 문자를 읽은 아이는 조금 이따 엄마에게 "한정판이 있는지 찾아보고 와도 돼?"라고 물었다. 아이는 어린 나이에 이미 이모티콘 같은 신체 언어를 연습 중인 셈이었다.

1971년에 바실 번스타인은 공통된 배경과 경험이 있다고 상정하고 말하는 '한정어'에 대해 설명했다. 한정어를 사용하는 사람들은 소속감을 느낀다. 이런 내부자 언어를 사용하는 이유는 상대를 보살피고 싶은 마음과 더불어 보살핌을 받고 있다는 느낌을 원해서다. 여자아이와 남자아이는 이런 보살핌을 서로 다른 방식으로 나타내곤 하는데 그 차이는 생각보다 크지 않다.

1980년대 후반부터 심리학자 엘리너 매코비는 두 문화 이론을 주장했다. 매코비는 여자아이와 남자아이가 서로 다른 우정 문화에서 성장한다고 보았다. 중학생이 될 즈음이면 남자아이는 비교적 큰 무리에 속해 신체 놀이와 공동체 활동에 초점을 맞추는 반면, 여자아이는 일대일로 우정을 쌓고 서로에게 비밀을 털어놓는 과정에 집중했다. 그런데 최근 들어 과학자들은 두 성별의 우정 양상에서 다른 점보다 비슷한 점이 더 많다는 사실을 발견했다. 예를 들어 여자아이만 비밀을 공유하고 갈등을 해결하는 대화에 큰 비중을 두는 것이 아니라 남자아이도 똑같되, 이 과정을 공동 활동으로 이루려는 것뿐이었다. 하지만 모든 것이 그렇듯 친구 관계 또한 복잡하기에 성별만을 기준으로 딱 잘라 말할 수는 없는 노릇이다.

우정을 유지하는 시기별 방법

어린 시절이 지나고 나면 우정은 단계별로 발달한다. 제각각 고유한 양상을 띠기 마련이지만 아이가 습득해갈 사회적 기술들을 차례로 떠올리면 어느 정도 예측은 가능하다. 하버드대학교 심리학과 교수 로버트 셀먼은 3~6세까지의 어린이가 '일시적 놀이 친구'를 사귄다고 주장한다. 이 시기의 아이는 자기 마음대로 놀고 싶어 하고 다른 생각을 가진 아이는 피하려 한다. 물론 개인차는 있기 마련이지만 아이들은 보통 5세 무렵부터 다른 사람과 어울리며 자신에게 잘해주는 아이를 친구라 여기기에 최신 장난감이나 인기 있는 뭔가를 누릴 기회처럼 내가 받을 혜택을 기준으로 친구의 우선순위를 정한다.

아이는 일곱 살 무렵부터 협력을 주고받기 시작한다. 셀먼은 이 시기를 가리켜 '규칙대로 행동하는 단계'라고 했다. 아이들은 이 단계에서 공정성에 대한 확고한 생각을 가지게 되며 상대가 자신을 무시했다고 생각하면 절교를 선언하기도 한다. 또 친구의 비판을 알아차리고 두려움을 느끼기 시작한다. 여덟 살 아이가 핼러윈 의상을 고르면서 "친구들이 비웃지 않을 옷을 입고 싶은데"라고 말하는 것도 이 때문이다. 여덟 살 무렵부터, 특히 여자아이들은 비밀을 털어놓고 서로에게 의지하며 저마다 짝을 지어 일심동체로 붙어 다니곤 한다. 그러다 열두 살 무렵이 되면 상호 간의 신뢰와 서로가 도움을 줄 수 있는 부분에 초점을 맞춰 좀 더 성숙한 우정을 나누기 시작한다.

한편 그간 상담을 진행하고 운동장 속 무리들을 관찰하며 우정을 가꾸어나갈 능력이 부족해 외로움을 느끼는 아이도 많이 만나왔다. 현실에는 지금까지 설명한 이상적인 우정과 동떨어져 있는 아이가 너무 많다. 미국 전역에서도 교우 관계를 어려워하는 현상이 나타나고 있다. 심리학자이자 작가인 진 트웬지가 800만 명이 넘는 아이들을 대상으로 실시한 설문 조사에서 고등학교 3학년 학생 중 외롭다고 대답한 학생의 비율은 2012년 26퍼센트에서 2017년 39퍼센트로 증가했다. 그중에서도 자주 소외감을 느낀다고 대답한 학생의 비율은 30퍼센트에서 38퍼센트로 증가했다. 트웬지는 그 이유로 소셜 미디어와 핸드폰 사용을 꼽는다. 요즘 세대는 친구와 같은 자리에 모이기보다 혼자 핸드폰을 보는 시간이 훨씬 많다. 내가 만난 수많은 10대 청소년들도 친구를 실제로 볼 일은 별로 없지만 SNS를 통해 각자의 휴가 계획부터 구매 예정인 졸업 선물까지 정보란 정보는 낱낱이 꿰고 있었다.

하지만 우정에서 비롯된 외로움은 하나의 이유로 설명할 수 없는 복잡한 감정이다. 외로움을 다루는 가장 유명한 연구자인 시카고대학교 존 카치오포와 스테파니 카치오포는 소셜 미디어가 희생양이 된 것일 뿐 이것으로 모든 게 설명될 수 없다고 말한다. 퓨리서치센터에서 실시한 전국 단위 연구는 10대 청소년이 친구를 잘 만나지 못하는 주된 이유가 해야 할 일이 너무 많기 때문임을 밝혔다. 두 번째 이유는 반대로 친구가 너무 바빠서였다. 아무래도 일정이 너무 빡빡하면 친구를 사귀는 것 자체가 어렵고 사귀더라도 친한 사이를 유지하기가 어렵기 마련이다.

우정을 가로막는 세 가지 원인

나는 이와 관련한 연구를 진행하는 과정에서 끈끈한 우정을 방해하는 주요 원인 세 가지를 발견했다. 우선 극심한 학업 스트레스와 학교 시스템의 영향이 컸으며 우정을 쌓는 과정에 일일이 간섭하거나 아예 간섭하지 않는 부모의 극단적인 집중 양육 태도에도 책임이 있었다. 친구와 직접 만나 우정을 쌓을 기회 자체를 박탈시키는 온라인 소통도 원인의 한 부분을 차지했다. 학업 스트레스와 학교의 전통적 시스템은 아이들이 공부에 오랜 시간을 쏟느라 친구를 사귈 시간이나 정신적 여유가 없게끔 만든다. 성적에 초점을 맞추느라 협동 학습이나 사회적 기술에는 관심을 기울이지 않는 학교도 많다.

예전에 한 고등학교에서 부담임교사로 근무한 적이 있었는데, 내 역할은 담임교사와 함께 아이들을 가르치며 수업 내용에 새로운 어휘와 복잡한 문장을 곁들이는 것이었다. 나는 책에 등장할 개념을 미리 소개하고 아이들과 함께 복습했으며 곧 나올 어려운 단어들에 대해서도 알려주었다. 당시 열네 살이던 마크는 그룹 프로젝트 시간에 우두커니 혼자 앉아 있었다. 알고 보니 마크는 그해에 그룹 활동을 전혀 하지 않고 있는 상태였다. 원래도 자진해서 외톨이가 될 만큼 조용한 성향인데 학교를 다니면서 더 심해진 것이었다. 그런 마크에게 학교란 고군분투하며 나아가야 하는 곳이었다. 대화란 교사의 질문에 답하거나 도움을 요청할 때만 필요한 수단이었으며 짧게만 느껴지는 쉬는 시간과 점심시간만이 우정을 키우고 사담을 나눌 수 있는 유일한 기회였다. 심지어 그 시간마저도 아이들은 조용한 목소리로 이야기해야 했다.

보스턴 지역의 몬테소리학교는 이 학교와 정반대되는 기조로 아이들을 교육했다. 몬테소리학교에서 나는 주로 일대일 및 소그룹으로 아이들을 가르쳤으며 수업을 완벽하게 이끌고 싶은 마음에 교실 안팎에서 학생들을 관찰하는 데 많은 시간을 보냈다. 어느 날 오전에는 읽기

평가를 할 차례가 된 학생에게 가던 도중 복도에 모여 있는 초등학생 무리에게 눈길이 갔다. 한참 수다를 떨다가도 다시 집중해서 지도 퍼즐을 맞추던 그 아이들은 한 반 전체가 옆을 지나가도 알아차리지 못하는 듯했다. 나는 가던 길을 멈추고 그들의 대화를 잠시 엿들었다. 나이 차이가 나는 아이들이 섞여서 장난 섞인 놀림을 주고받으며 퍼즐을 맞추고 있었다.

알록달록한 모양의 세계지도 퍼즐을 맞추면서 한 여자아이가 자기보다 어린 남자아이에게 말했다. "내 생각에 짐바브웨는 저쪽인 것 같아. 네 생각은 어때?" 남자아이는 "아마도"라고 하더니 조각을 맞춰 넣고 미소를 지으며 말했다. "너희 엄마가 이번 주말에 네가 우리 집에 놀러올 거라고 하던데, 맞아?" 여자아이는 다른 조각을 손에 들고 대답했다. "응. 여기 중국. 아, 그리고 어제부터 내 아기가 기어 다니기 시작했어. 대단하지?" "네 아기?" 남자아이는 무슨 뜻인지 궁금한 표정을 지으며 되물었다. "정확히는 우리 엄마 아기지만 내 아기이기도 해."

거기 있는 많은 아이가 이처럼 편안하게 대화를 주고받고 있었다. 나이와 학년의 경계를 넘나들며 즐겁게 관계를 발달시키면서도 배움을 얻는 중이었다. 소통의 현장을 보고 있자니 교사가 공감, 협력, 자기주장을 가르쳤을 때 학생들의 수학과 읽기 성적이 올라간 연구 결과가 떠오르기도 했다. 이런 경향은 특히 성적이 낮은 학생들에게 높게 나타났다. 하지만 중요한 것은 소통의 중요성을 강조하지 않는 학교가 너무 많다는 것이다. 부모도 학교가 강조하는 대로 따라갈 때가 많다 보니 우정을 뿌리 깊은 욕구와 필요로 생각지 않고 뒷전으로 미루기 일쑤다.

부모의 집중 양육 태도 또한 친구를 사귀는 데 도움이 되지 않는다.

부모는 계속 아이를 따라다니며 모든 갈등을 해결해주고 싶어 하며 만약 그러지 못했을 경우 아이를 방치했다고 생각한다. 부모 입장에서는 자연스러운 생각의 흐름이긴 해도 너무 과한 관심은 아이에게 역효과를 불러일으킬 뿐이다. 부모가 지나치게 먼저 나서서 갈등을 해결하는 이유 중 하나는 다른 부모에게 비난받을까 두려워하는 마음 때문이다. 아이가 겪는 갈등을 곧 부모를 향한 비판으로 여기는 것이다.

이 점에 관해서는 나도 찔리는 구석이 많다. 폴이 두 살이었을 때 모래밭에서 놀던 도중 또래 여자아이가 삽을 가져가더니 돌려주려 하지 않는 일이 있었다. 그런 일이야 흔히 일어나는 일이라고 생각한 나는 아이들끼리 알아서 해결하기를 바라며 기다렸다. 하지만 곧 여자아이의 어머니가 끼어들어 폴에게 삽을 건네더니 내게 말했다. "딸이 미안하대요. 일부러 그런 건 아니에요." 나는 "괜찮아요. 별일도 아닌데요, 뭐"라 대답했다. 우리는 그렇게 말다툼을 피했고 아이들은 마저 이어 놀기 시작했다.

나는 나중에야 그 소통이 우리 모두에게 얼마나 황당한 일인지 깨달았다. 아이의 어머니는 딸의 행동에 대해 사과를 건넸고 나는 그 사과를 받아들였다. 정작 문제는 두 아이 사이에서 벌어졌는데 말이다. 우리는 왜 아이들끼리 해결하도록 놔두지 않았을까? 이유야 많겠지만 하나만을 꼽자면 문화적 배경 때문이라 할 수 있다. 기자 파멜라 드러커맨이 『프랑스 아이처럼』에서 주장했듯 프랑스 부모들은 미국인처럼 '집중적으로' 행동하지 않는다. 나도 파리 놀이터를 꽤나 많이 구경해보았지만 프랑스 부모들은 대부분 아이를 구경만 하며 서로 수다를 떨거나 커피를 마시는 편이다. 덕분에 나는 몇 번이나 모래밭에 들어가고 싶은 마음을 억누르기 위해 애써야 했다.

물론 가끔은 가르치고 일러줘야 할 때도 있다. 나 역시도 "그만 때려" 라는 말을 지긋지긋하게 했다. 하지만 사실은 부모가 아니라 직접 영향을 받은 상대에게 피드백을 들어야 하는 경우가 더 많다. 이맘때는 또래 친구의 말이 가장 큰 도움이 되기 때문이다. 만약 아이가 오락실에서 한 게임을 독점하다 친구에게 "불공평해!"라는 항의를 들었다면 어떨까? 차례를 양보하든 반박하는 대답을 내놓든 부모가 아무런 노력을 하지 않아도 아이는 분명 배우는 바가 있을 것이다.

사실 갈등과 논쟁은 생산적으로만 활용한다면 언어능력을 발달시키는 데 도움이 된다. 실제로 네 살인 리스가 친구 셰이에게 장난감 트럭을 빌려 달라 말하는 걸 본 적이 있다. 셰이가 트럭을 건네자 리스는 "내 트럭이야"라고 외치며 가져가 놀기 시작했다. 그러자 셰이는 "네 트럭은 아니야. 내 거야"라고 주장하며 달려들었다. 리스는 "빌려준다고 했잖아"라며 항의했고 셰이는 "맞아. 하지만 누구 트럭인지는 꼭 기억해!"라고 반박했다. 셰이는 리스가 트럭을 가지고 노는 것 자체는 개의치 않아 했지만 자기 트럭이라 생각하는 건 언짢아했다(아마 리스가 트럭을 돌려주지 않을까 봐 걱정했던 것 같다). 리스와 셰이의 입장은 말을 주고받을수록 점점 명확해졌다. 바로 이런 과정들이 쌓여 아이의 언어능력이 발달하는 것이다.

부정적 피드백은 아이가 어떻게 자기주장을 펼쳐야 할지 파악하는 데 도움이 된다. 예를 들어 같은 반 친구가 아이에게 괴짜 같다고 말했다 치자. 그렇다면 과연 아이는 어떻게 반응할까? 원래 하던 행동을 바꿀까? 어쩌면 친구의 말뜻은 이해했지만 괴짜 기질을 유지하고 싶어 할 수도 있다. 아이들은 상대방의 피드백을 곰곰이 생각하면서 자기가 거기에 순응하고 싶은지 아닌지를 결정한다. 이런 경험들이 쌓여 자기 개성과 상황을 적절히 융화하는 정서 지능의 토대가 되는 것이다. 그런데 부모가 방관하거나 과도하게 간섭하면 이런 성찰 과정을 제대로 거칠 수 없게 된다.

우정을 방해하는 원인으로 꼽은 마지막은 온라인 소통이다. 역설처럼 들리지만 사람들과 잘 어울리려면 반성, 휴식 시간, 고독이 필요하다. 칼 뉴포트가 『디지털 미니멀리즘』에서 언급한 것처럼 아이들은 성찰을 통해 사회적 딜레마를 해결하고 자신의 가치를 확인하며 어떻게 해야 다른 사람에게 가장 잘 보일지를 결정한다. 정해진 활동을 하거나 화면을 바라보기 바빠 고독이 결핍된 오늘날에는 성찰할 기회를 만들기가 더욱 어렵다. 아이들은 다른 사람들의 정보를 처리하느라 정작 자신의 의견은 또래 압력의 바다에 녹여버리곤 한다. 끊임없이 SNS를 들여다보고 글을 올리면서 즐겁게 기분 전환을 하는 중이라 느낄 수도 있겠지만 사실은 그저 주의를 산만하게 분산시키는 걸지도 모른다.

최악의 경우에는 남들이 나를 어떻게 보는지 지나치게 의식하며 신경이 곤두서게 된다. 요즘은 SNS 계정만 들어가도 좋아요, 하트, 팔로우 숫자로 누구나 인기 정도를 실감할 수 있으니 말이다. 범죄에 노출될 위험도 생긴다. 아무나 접속할 수 있는 공간인 만큼 계정을 만들고 게시물들을 업로드하는 순간부터 완벽하고 안전한 보호는 어려워진다. 또 가족, 친구, 심지어 낯선 사람들에게까지 인정받고 싶어 하는 욕구가 습관처럼 몸에 배기도 한다. 그렇게 좋아요 숫자에 집착하다 보면 결국에는 타인의 반응을 과도하게 의식하게 되고 자기가 가진 진짜 생각을 무시하는 상황에 이르게 된다.

핸드폰을 활용한 대화법

- 대화 시간과 화면 시간(스마트폰, 컴퓨터, 텔레비전 등 전자 기기 화면을 보는 시간—옮긴이)을 혼동하지 말자. 진정한 대화란 아이와 질문과 대답을 주고받고 서로 이야기하는 상호작용이다. 깊이 있는 대화, 하이파이브 같은 신체 접촉과 댓글, 표정 이모티콘이 어떻게 다른지 생각해보자.

- 친구들이 각기 다른 상황에서 어떤 대답을 선호할지 이야기하며 공감 능력을 키워주자. 한 친구가 SNS에 할머니가 돌아가셨다는 글을 올렸다면 누구나 볼 수 있는 공간에 댓글을 다는 것이 나을까, 개인적으로 메시지를 보내는 것이 나을까? 아이는 어떤 방법을 선호할까? 핸드폰 사용 시간만 제한한다고 수월한 대화가 이루어지는 건 아니다. 아이가 스크롤을 내려 새로 고침만 하고 있다면 좀 더 적극적인 방식으로 친구에게 다가가볼 것을 권유해보자. 프로필만 계속 확인하는 대신 실제로 메시지를 보내 말을 걸어보는 것도 하나의 좋은 방법이다.

- SNS를 대화 주제로 활용하자. 사실 부모는 아이가 핸드폰으로 무엇을 하는지, 어떻게 사용하는지 잘 모르는 경우가 많다. 이때 떠오르는 질문들로 이야기의 물꼬를 트는 것이다. 요즘 자주 하는 게임이 있다면 친구들과 가까워지는 데 도움이 되는지, 주로 혼자 하는 편이라면 다른 친구들과 팀을 이루기도 하는지 물어보자.

  또 아이의 핸드폰 사용 방식을 알아둘 필요도 있다. 주로 언제 문자를 보내는지, 어떤 게시글을 찾느라 반복해서 새로 고침을 하는지, 누구와 소통하고 싶어 하는지를 안다면 상황에 맞춰 건설적이고 센스 있는 조언을 해줄 수 있기에 핸드폰을 문제 삼아 싸우는 일이 확연히 줄어들 것이다. 부모는 핸드폰 사용을 무작정 막을 게 아니라 아이가 기술을 잘 활용할 수 있도록 도와주어야 한다.

대화로 사회성의 기반 쌓기

그렇다면 현실에서의 소통은 어떨까? 과도하게 참견하는 부모가 되지 않으려면 문제가 생겼을 때 아무것도 하지 않고 아이가 알아서 해결하기를 바라야 할까? 꼭 그런 것은 아니다. 멘토 역할을 하며 적절한 조언을 덧붙이는 정도는 아이가 유연한 태도로 다양한 상황에 적응하게끔 도와주고 관계에 대한 직감을 길러준다. 어떤 관계를 유지해야 하고 어떻게 해야 가장 잘 유지할 수 있을지에 대해 말이다.

친구와 우정을 쌓을 때도 조망 수용 기술을 잘 활용하면 끈끈한 관계를 맺는 토대가 된다. 조망 수용 능력을 사용할 수 있다는 것은 다른 사람이 어떤 감정을 느끼고 무엇을 필요로 하는지 귀 기울여 들을 자세가 되어 있다는 뜻이기 때문이다. 반대로 조망 수용 능력이 부족한 아이는 상황에 대한 이해가 떨어지므로 유대 관계에 취약할 수밖에 없다. 친구를 사귀기 어려워하는 아이들을 보면 보통 언어 문제를 겪는 경우가 많다. 언어능력이 낮으면 자신의 마음을 제대로 전하지 못해 뭔가를 거절당할 가능성이 높고 실제로 거절을 당하면 마음에 상처를 입어 스트레스를 받고 불안을 겪게 된다. 놀랍게도 거절은 낮은 학업 성적, 높은 중퇴율과도 연관이 있다. 이런 아이들은 대체로 사회적 신호를 알아차리는 정신적 여유도 부족한 편이다.

우정은 비교적 쉽게 친구를 사귀는 아이에게도 똑같이 중요하다. 아이들은 누군가를 따돌리거나 무리를 나누는 것보다 단합력을 키우고 혼자 있는 친구에게 말을 거는 행동을 통해 소통 능력을 기른다. 또 친구와 다양한 상황을 마주하며 각각 어떻게 행동해야 하는지를 깨닫고 사회적 상황에 쉽게 적응할 수 있는 융통성을 익힌다. 새로운 집단에 적응하거나 나만의 개성을 드러내고 싶은 순간이 오면 이렇게 쌓은 배움들을 적절하게 활용하면 된다. 그러다 보면 어느새 타인과 관계 맺는 일에 수월함을 느끼는 순간이 오게 된다. 끈끈한 우정은 자신감의 기반이자 낯선 사람에게 보다 쉽게 다가갈 수 있는 용기의 바탕이기 때문이다. 대화를 통한 우정이야말로 친밀한 유대 관계를 맺고 사회적 기술을 쌓는 요긴한 비결이다.

내 탓 굴레에서 벗어나기

부모는 아이에게 최대한의 관심과 사랑을 쏟고 있다고 생각하지만 뒤늦게 생각지 못한 교우 관계 문제를 알게 될 때가 있다. 이럴 때면 서로가 당혹스럽다. 왜 이런 일이 생기는 걸까? 일단은 부모와 아이 모두 바쁜 이유가 크다. 문제가 발생해 갈등이 커지지 않는 한 부모도 굳이 먼저 묻지 않는 것이다. 부모는 아이가 교우 관계에 어려움을 느끼면 먼저 말할 것이라고 생각하지만 정작 아이는 자기가 어려움을 느끼는지도 모르는 경우가 많다. 혹은 어떻게 이야기를 꺼내야 하는지를 모를 수도 있다. 언제 외롭고 겉돈다는 느낌을 받는지 정확하게 설명하기가 어려울 수도 있기 때문이다. 그러다 보니 소외당하거나 무안한 상황에 처해도 쉽사리 먼저 말을 꺼낼 수 없게 되고 그런 스스로가 한심하다고 느낄 수도 있다. 실제로 내가 상담했던 많은 아이가 우정에 문제가 생겼을 때 탓을 스스로에게로 돌렸다.

나와 상담을 진행하던 열다섯 살 마리아는 파티에 초대받지 못했다는 사실을 알고 눈물을 글썽이며 "제 잘못이에요"라고 말했다. "아이들이 파티 이야기를 꺼냈을 때 제가 너무 가고 싶은 티를 냈어요. 다들 저를 미워하는 것 같아요." 당시 나는 마리아가 독해 능력을 키울 수 있도록 일주일에 두 번씩 수업을 진행하고 있었다. 마리아는 적혀 있는 단어 자체는 아무 문제 없이 읽을 수 있었지만 읽은 내용을 이해하는 데 어려움을 겪었다. 또 정보나 감정이 명백하게 언급되어 있지 않으면 추론을 바탕으로 결론을 이끌어내지 못하는 편이었다. 간단한 예를 들어보자. 키우던 물고기가 죽자 주인이 밖으로 나가 오랫동안 하늘을 쳐다본 다음 집으로 돌아와 저녁을 먹지 않겠다고 말한다면 주인은 어떤 심경인 걸까? 명확하게 슬프다는 이야기가 나온 적은 없지만 보통은 으레 물고기가 죽어서 슬퍼한다고 생각하기 마련이다.

마리아가 어려워한 것이 바로 이런 비약적 추론이다. 이야기에 나타나는 사실은 이해할 수 있지만 행간 읽기에 어려움을 느끼는 것이다. 이 문제는 교우 관계에도 영향을 미쳤다. 어릴 때는 소통에 별다른 어려움이 없었기에 친구가 많은 편이었지만 고등학생이 되고부터 주고받는 대화가 조금씩 미묘한 어감을 띠기 시작하자 마리아는 상황을 이해하기 힘들어했다. 재치 있는 농담과 말로 굳이 표현하지 않고 넘어가는 상황이 잦아지자 결국 마리아는 친구들의 이야기에 끼기 어려운 지경에 이르렀다. 쉽게 불안해하고 걱정하는 모습을 보이다 마리아는 최악의 결론으로 성급하게 결정 짓는다는 뜻의 심리학 용어 '파국화' 성향을 보이기 시작했다. 친구들이 자신을 파티에 초대하지 않는 일이 벌어지자 모두가 자신을 미워한다고 가정해버린 채 문제의 원인을 자신에게로 돌린 것이다.

나는 마리아와 고민을 나누는 과정에서 3E를 활용했다. 먼저 조심스럽게 "무슨 일 있어?"라고 물어보며 아이의 생각을 **확장**했다. 이때 아이가 생각하는 바를 최대한 구체적이고 명확하게 밝힐 수 있도록 대화를 이끌어주는 자세가 필요하다. 아이의 해석과는 별개로 친구들이 정확하게 뭐라고 말했는지를 물어보되 말이 끝나기 전에 섣불리 단정 짓지 말자. 감정이 격해져 있는 상황이라면 우선 휴식을 취하는 게 우선이다.

어느 정도 이야기를 들었다면 친구들이 그렇게 한 이유를 **탐색**해보자. 일단 상대 입장에서 생각해보는 과정이 필요하다. 마리아와 나는 단순히 싫어서라는 것 외에 파티에 초대받지 못할 만한 다른 이유를 고민했다. "마리아, 다들 너를 미워한다는 생각 자체에 의문을 가져보는 게 어때?" 그러자 마리아는 지난 몇 주 동안 있었던 친구들과의 크고 작은 사건들을 떠올렸고 친구들이 일부러 상처를 주려고 한 건 아닐 수도 있겠다는 쪽으로 생각을 전환했다. 결국 마리아는 친구들에게 직접 말을 꺼내보겠다는 결론을 내렸다.

생각을 행동으로 옮겼다면 다음은 **평가**할 차례다. 과연 아이는 무엇을 배웠을까? 마리아의 경우, 친구의 어머니가 손님 인원을 열 명으로 제한했다는 사실을 알게 되었다. 그리고 그 열 명은 차를 타고 오지 않아도 될 정도의 가까운 거리에 사는 친구들이었다. 만약 대화를 시도하지 않았더라면 혼자만의 착각으로 괜히 친구들을 피했을지도 모를 일이다. 그랬다면 마리아는 더욱 안 좋은 쪽으로 생각했을 것이고 어쩌면 친구들이 진짜 마리아를 소외시키는 일이 벌어졌을 수도 있다.

많은 부모가 아이의 친구 관계 고민을 들으면 별것 아니라고 치부해버리곤 하지만 이런 태도는 회피하는 모습으로 비춰질 뿐, 아이는 자기 감정을 인정받지 못했다고 느낀다. 게다가 걱정하던 문제도 여전히 해결되지 않았기에 불안도만 더 높아지기 쉽다. 실제로 많은 아이가 마리아와 비슷한 문제로 어려움을 겪고 있으며 생각을 명확하게 표현하는 데 익숙지 않은 10대의 경우는 특히 더 그렇다. 안 그래도 감정과 호르몬이 고조되는 시기에 오해와 의사소통의 혼선은 극적인 사건과 스트레스를 유발하는 원인이 된다.

만약 친구들이 정말 마리아를 따돌리려 했다면 어땠을까? 듣기 괴롭겠지만 그런 경우라 하더라도 털어놓고 나면 도움이 되며 부모의 든든함에 힘입어 어떻게 대응하면 좋을지도 함께 생각해볼 수 있다. 부모는 자신이 아이의 친구 관계를 정리해주어야 한다고 생각하지만 정말 해로운 우정이라면 아이가 스스로 어떻게 할지 결론을 내려야 한다. 만약 부모가 나서서 친구 관계를 조종하려 한다면 금단의 열매를 갈망하듯 오히려 더 그런 친구에게 끌려 할지도 모른다. 스스로를 돌아보게끔 하는 성찰이야말로 아이가 진정 많은 것을 배울 수 있는 계기다.

나를 돌아보는 작은 변화

나는 보스턴 외곽 동네를 돌아다니며 단기간 동안 정말 많은 아이를 만났다. 차로 30분 거리인 동네 안에서도 저마다 각기 다른 배경을 가진 사람들을 보며 세상에 얼마나 많은 다양성이 존재하는지를 새삼 실감했던 기억이 있다. 지역 전문대학 바로 옆의 도심 학교였던 찰스타운 중학교 학생들은 대부분 걸어 다니거나 지하철로 통학했다. 제1언어로 스페인어를 사용하는 학생들이 많던 탓에 나는 내 스페인어 실력이 좀 더 뛰어났으면 좋았겠다는 생각을 하기도 했다.

어린이와 그 가족들을 주로 상대하는 첼시 클리닉의 경우에도 지역 주민 상당수가 스페인어를 모국어로 사용했고 대부분의 임상의가 두 가지 혹은 세 가지 언어를 구사했다. 부모들은 생계를 위해 여러 일을 하는 경우가 많았다. 반면 바닷가 근처에 자리 잡은 윈스럽 학교의 경우 거의 대부분이 백인 학생이었고 주말에는 요트를 타거나 수영하는 일이 흔했으니 비교적 부유한 편이라 할 수 있었다.

여러 동네 출신의 아이들을 보며 나는 환경이 관점과 일상에 얼마나 많은 영향을 주는지 이해했다. 또 구조적 인종차별, 불평등, 빈곤 같은 사회 전반의 불평등이 발달에 미치는 영향도 확인할 수 있었다. 예를 들어 빈곤 지역의 학생들은 학교 상담사를 만날 수 있는 기회가 훨씬 적었다. 어떤 학교는 학생들이 자기 문제에 관해 상담을 받는 반면 어떤 학교에서는 학생에게 말할 기회조차 주지 않고 벌을 내렸다.

이런 발달 과정을 제대로 보게 된 건 한 중학교에서 6개월 동안 근무하면서였다. 그중 한 사람이었던 중학교 3학년 제러마이아는 조용하고 예의 바르며 열심히 공부하는 학생이었다. 수업 시간에는 말수가 적은 편이었고 수학은 잘했지만 읽기를 힘들어했기에 나는 독해와 작문을 중점적으로 가르쳤다. 제러마이아는 소리 내어 읽는 게 어색하고 창피할 때도 있다 말했지만 꾸준히 최선을 다했다. 그러던 어느 날 제러마이아가 교장실에 불려가느라 수업에 결석하게 되었다는 소식이 들려왔다. 이유가 궁금해져 밖에서 제러마이아를 기다리고 있던 내게 갑자기 한 교사가 지나가며 불쑥 말을 건넸다. "걔 행동 장애예요." 제러마이아는 안에서 고개를 푹 숙인 채 신발을 노려보고 있었다.

곧 나온 제러마이아는 무슨 일이 있었는지 털어놓았다. 같은 반에 평소 눈에 띄게 말을 더듬는 브렌던이라는 친구가 있었는데, 몇 주 전 제러마이아가 장난으로 브렌던 흉내를 냈고 반 전체가 웃은 사건이 있었다고 했다. 아이는 겸연쩍은 얼굴로 말했다. "애들이 재밌어하는 것 같았어요." "그래서?" "그래서 또 했죠." 제러마이아는 매일 아침 브렌던에게 가서 자주 더듬는 단어를 말해보라 시킨 다음 놀렸고 아이들은 웃으면서 제러마이아에게 관심을 보였다. 선생님이 그만하라고 말했지만 제러마이아는 멈추지 않았다. 사실 원래 두 사람의 사이에는 문제가 없었다. 심지어 제러마이아는 "저는 브렌던을 좋아해요. 멋진 녀석이거든요"라 말하기도 했다. 둘의 사이 때문이라기보다는 또래 압력과 불안감이 제러마이아를 계속 놀리게 만든 것이다. "사실 브렌던을 놀리면서 우쭐한 기분을 느꼈어요. 전 별로 좋은 사람이 아닌 것 같아요." 제러마이아는 그간의 행동을 곱씹으며 자기 대화를 부정적인 쪽으로 몰아갔다.

이럴 때는 아이가 자신의 강점을 활용할 수 있도록 도와주는 것이 좋다. 나는 제러마이아가 친구들에게 어떻게 보이고 싶었는지에 대한 솔직한 마음을 물었다. 제러마이아는 다른 사람들이 우러러보고 함께 있고 싶어 하는 사람이 되고 싶었다고 했다. "제 롤 모델은 저희 형이에요. 형은 멋있으면서도 다정해요. 제가 파티에 따라가도 뭐라고 하지 않거든요."

우리는 이 말을 출발점으로 어떤 사람이 되고 싶은지를 함께 찾아보았다. 제러마이아는 유머러스하고, 관대하고, 멋있고, 다정하고 싶어 했다. 우선은 원래 하던 행동이 원하는 자질을 드러낼 수 있는지 생각해보기로 했다. 만약 그렇지 않다면 방향을 바꿀 예정이었다. 이처럼 원하는 이상향을 설정해두면 목표에 이르기까지 큰 동기부여가 되며 중간에 길을 잃어버려도 쉽게 돌아올 수 있는 이정표가 된다. 이 과정은 사려 깊으면서도 충동적으로 행동할 수 있는 10대 시절에 특히 중요하다. 목표를 설정하는 단계를 건너뛰면 왜 다르게 행동하고 싶은지 자세히 이야기할 기회를 잃게 되기 때문이다.

포부를 설정했다면 현실과 비교해보자. 아이에게 다른 사람이 자신을 어떻게 보는 것 같은지와 어떻게 봤으면 좋겠는지를 물어본 뒤 둘의 차이를 살펴보는 것이다. 제러마이아는 친구들이 자기를 말썽꾼이자 바보라고 여기는 점이 언짢다고 했다. 이를 들은 나는 어떻게 바뀔 수 있을지 물어보며 학교에서의 하루를 최대한 구체적으로 설명해보라 했다. 제러마이아는 등교하자마자 브렌던에게 자주 더듬는 S로 시작하는 단어를 말해보라 시킨 다음 옆에 앉아 히죽히죽 웃는다고 했다. "자리에 앉자마자 저절로 그렇게 돼요." 많은 일상이 그렇듯 이런 타성은 대개 무의식적으로 시작되고 이어진다. 그러므로 일상이 어떻게 펼쳐지는지에 주목하는 것이 변화를 만드는 핵심 기반이라 할 수 있다.

드디어 변화가 눈에 띄기 시작했다면 어떻게 이루어졌는지를 평가하자. 제러마이아는 자기가 무의식적인 습관에 갇혔다고 생각해 좌절했지만 나는 그런 반복쯤은 충분히 깰 수 있다고 격려하며 함께 방법을 찾아나갔다. 우선 간단한 방법부터 시도해볼 것을 권했다. 다른 자리에 앉기, 새로운 친구와 수다 떨기, 전과 달리 브렌던에게 평범한 인사 건네기 정도면 충분했다.

변화 과정이 어느 정도 몸에 익었다는 느낌이 든 뒤부터는 제러마이아의 공감 능력을 키워줄 다음 질문을 던졌다. "브렌던의 기분이 나아지려면 어떻게 해야 할까?" 제러마이아는 사과하고 싶었지만 친구들 앞에서 하고 싶지는 않았기에 학교가 끝난 뒤 브렌던을 따로 만나 수다를 떨다가 사과를 건넸다. 결과적으로 우리가 나눈 대화 덕에 제러마이아는 자기 인식을 높일 수 있었고 친구와의 관계를 회복하면서도 본인이 추구하는 가치관에 가까워질 수 있었다.

이처럼 자기 인식을 높이기 위해서는 아이가 직면한 다양한 사회적 상황을 대화로 이끌어내야 하며 아이의 행동 방식과 이유는 물론이고 어디서 누구와 함께하는지도 고려해야 한다. 예를 들어 캠프 활동처럼 체계가 짜인 활동을 할 때는 친구를 사귀는 일이 쉬울 수도 있지만 자유로운 파티에서는 입을 꾹 다물고 있을지도 모르니 말이다. 아이가 스스로에게 '나쁜' '심술궂은' 같은 부정적 꼬리표를 붙인다면 본인이 좋은 친구였거나 쉽게 친구들과 어울리던 때를 상기시켜주자. 칭찬받을 만한 행동을 했다면 직접 언급해주는 것도 좋다. "빌려달라고 하지 않았는데도 장난감을 같이 가지고 놀다니 참 너그럽다" "친구에게 어머니의 기분이 괜찮은지 물어봤구나. 착하네"처럼 말이다.

아이의 감정을 인정하기

아이가 규칙에 따라 행동하지 않을 때는 사회적 성향을 고무줄이라고 생각해보자. 어느 정도 당기면 신선한 관점을 가지거나 새로운 상황에 적응하도록 이끄는 데 도움이 되겠지만, 너무 심하게 당기거나 잘못된 방향으로 당기면 아무리 회복탄력성이 있더라도 고무줄이 끊어질 수 있다. 이럴 때는 아이가 원래 잘하는 것에 초점을 맞추자. 『감정이라는 무기』의 저자 수전 데이비드는 캠프에서 어떻게 새 친구를 사귀면 좋을지 고민하던 한 소년과 상담한 이야기를 들려주었다. 데이비드는 소년이 전략 게임과 일상 계획하기를 좋아한다는 특징을 활용해 고민을 해결하고자 했다. 그 결과 소년은 버스를 같이 탄 아이들 중 자신과 성격이 비슷해 보이는 아이를 파악해 먼저 말을 거는 전략을 계획했다. 본인의 타고난 성향과 잘 어울리면서도 통제감을 느낄 수 있는 방식이었다.

같은 문제지만 좀 더 장난스러운 접근법이 필요한 아이도 있다. 이미 진행 중인 게임에 참여한다거나 북적이는 운동장에서 누군가를 만나기로 했을 때 기회를 노려보라고 권하는 것이다. 아이가 불안해하면 그 감정을 인정해주자. 예일대학교 심리학과 교수 엘리 리보위츠는 어른과 아이가 불안을 느끼는 방식이 다르다고 말한다. 아이에게 불안은 사회적 차원이기에 문제 상황을 맞이했을 때 달래줄 사람을 찾아 부모에게 가지만 정작 부모는 해결에 초점을 맞춘 대응을 할 때가 많다. 파티에 갈 생각에 불안하면 가지 말라고 하는 게 바로 이런 경우다. 부모는 아이가 불편하지 않았으면 좋겠다고 생각해서 하는 말이겠지만 이런 식으로는 아이가 건강하게 발달할 수 없다.

이럴 때는 "다른 아이들도 긴장하고 있을 거야" 같은 인정의 말을 건네서 지금 느끼는 감정이 정상이며 스스로의 기분에 대한 자기 인식을 높이도록 도와주어야 한다. 리보위츠는 아이에게 스스로가 웬만한 고충에는 대처할 수 있는 사람임을 알려주라고 조언한다. 친구, 형제자매, 교사에게도 비슷하게 조언해달라 미리 귀띔해주면 좋다. 파티에 누가 올 것 같은지, 가서 어떤 말을 하면 좋을지, 어떤 일이 일어날 것 같은지를 이야기하며 자기소개를 연습해두는 것도 도움이 된다.

화용론으로 숨겨진 의미 찾기

아이는 성장할수록 상대의 반응뿐만 아니라 달라지는 자신의 행동 때문에도 문제 상황을 마주한다. 예를 들어 이제 막 자신감을 갖고 농담을 하기 시작했는데 그중 일부만 통한다고 해보자. 이럴 때 부모는 화용론을 이용해 도움을 줄 수 있다. 화용론이란 타이밍, 어조, 드러나지는 않지만 함축하고 있는 의미 등 우리가 사용하는 단어와 그런 단어를 사용하는 방법을 말한다. 화용론에서는 맥락 이해와 화제 유지 여부를 결정하는 것이 중요하다.

화용론을 춤에 비유한다면 중요한 것은 바닥이라 할 수 있다. 낯선 사람이 "거기 서"라고 외친다면 무섭지만 게임 채팅에 올라온 말이라면 재밌게 느껴지는 것처럼 말이다. 반대로 말하지 않으려 할 때도 화용론 기술이 필요하다. 예를 들어 부모가 "저희 아이의 수학 실력은 어떤가요?"라고 물었을 때 교사가 "읽기 실력은 나아지고 있어요"라 대답했다고 하자. 교사의 대답을 화용론적으로 해석한다면 솔직한 답변을 피하고 있다는 것을 알 수 있다.

성장하면서 춤 실력은 점차 발달하더라도 스텝은 언제든지 꼬일 수 있다. 예를 들어 언제 대화에 끼어들지, 어떻게 돌아가면서 말할지, 흐름을 중단시키지 않고 자연스럽게 대화를 풀어가는 방법은 무엇일지 배우기란 말처럼 쉽지 않다. 대화를 많이 연습해보지 않은 어린아이들은 재미있고 짜증 나고 속상한 기분을 한꺼번에 불러일으켜 돌발 상황을 만들기도 한다.

일곱 살 정도 된 여자아이 두 명이 장난감 가게에서 인형을 보며 나누던 대화도 그러했다. 한 명이 "2만 6000원이네. 우리 엄마는 절대 안 사주겠지"라고 말하자 다른 아이가 "뭐야, 너희 엄마 가난해?"라고 물었다. 그러자 질문을 들은 아이는 "난 그렇게 말하지 않았어"라고 반박했다. 이 상황에서는 질문한 아이가 과장된 추측을 한 게 맞지만 아이들이라고 항상 일부러 그런 추측을 하는 것은 아니다. 보통은 자기 말이 어떻게 해석될지 모르거나 조망 수용 기술이 부족해서 충동적으로 말하는 경우가 대부분이다.

중학생들과 독서 토론을 했을 때 나는 모임에서 가장 말이 없던 브라이언에게 "이 이야기가 어떻게 끝날 것 같아?"라고 질문을 던졌다. 그러자 친구인 제이비어가 "전 알아요"라며 대답을 가로챘다. 나는 다시 브라이언을 꼭 집어서 "브라이언은 어떻게 생각해?"라 물었지만 제이비어는 브라이언의 얼굴이 붉어지는 것을 알아차리지 못하고 득달같이 말을 이었다. 같은 상황이 반복되자 나는 결국 제이비어에게 브라이언의 표정과 몸짓이 무슨 말을 하고 있는지 주의를 기울여보라고 했다. 말하지 않아도 브라이언의 속상한 마음은 얼굴에 그대로 드러났다. 제이비어는 브라이언이 속상해 보인다 말했고 브라이언은 그렇다고 솔직하게 인정했다. 속상한 이유를 설명해보라고 하자 브라이언은 "넌 내가 이야기할 기회를 좀처럼 주지 않아"라고 말했고 제이비어는 "달라고 한 적이 없잖아"라고 답했다.

우리는 두 사람의 소통을 지켜보며 발언 기회가 어떻게 돌아가는 게 좋은지, 발언 시간은 얼마가 적정한지, 누군가의 발언이 제대로 확보되지 못했다면 어떻게 해야 하는지를 논의했다. 중요한 건 엄격한 규칙을 만드는 게 아니라 원활한 모임을 위해 모두가 원하고 필요로 하는 바를 정확히 밝히는 것이었다. 제이비어에게 필요한 것은 공평한 발언 기회를 갖는 게 얼마나 중요한지를 이야기하는 설교가 아니라 자기가 친구의 말할 기회를 빼앗아서 친구가 좌절했다는 명확한 신호였다.

화용론적 대화법

"무슨 규칙이 있을까?" ― 예상 이야기하기

아이는 어떤 상황에서 무엇을 예상해야 할지 모를 수 있다. 특히 첫 경험이라면 이런 일이 발생하기 쉽다. 난생처음 클래식 음악 콘서트에 갔을 때가 기억난다. 첫 번째 노래가 끝나고 박수를 쳤더니 주변 사람들이 웃었는데 알고 보니 내가 첫 번째 노래라고 생각했던 곡은 악기를 조율하는 소리였던 것이다. 이처럼 새로운 곳에 가게 된다면 숨겨진 무언의 규칙을 알려주자. 축구를 좋아하는 아이라면 경험에 빗대어 설명해줄 수 있다.

"대가는 무엇일까?" ― 규칙을 위반할 경우 상상하기

어떻게 해야 할지 알면서도 가끔씩 엇나가려 하는 아이는 어떻게 대해야 할까? 이럴 때마다 곤란하기는 하지만 반드시 나쁜 일은 아니다. 때로는 한 걸음 물러서서 그대로 흘러가게 두어야 할 때도 있다. 아이도 자기 행동에 대한 대가를 인식할 필요가 있기 때문이다. 예를 들어 코치의 지시에 따르지 않으면 경기에 출전하지 못하는 것처럼 말이다. 이럴 때는 "코치님이 뭐라고 할까? 그리고 그 반응을 본 너는 어떻게 느낄까?" "코치님이 널 어떻게 생각했으면 좋겠어?"처럼 아이의 장기적 욕구에 초점을 맞춘 질문을 해보자.

"어떤 선택을 할까?" ― 어떻게 하고 싶은지 묻기

선택의 기회를 넘겨 주었다면 이후로는 중립적 입장을 취하도록 하자. 아이가 직접 세운 전략의 가능성을 따져보고 선택하도록 도와주기만

하면 된다. 아이는 대세에 따르고 싶어 할 수도 있고 결과를 개의치 않아 할 수도 있다. 다만 어떤 선택이든 시간이 지나면서 바뀔 수 있다는 점을 인지하도록 잘 설명해주자.

유머러스한 역할극

부모와 아이가 각각 역할을 맡아 특정 상황을 이야기하는 역할극은 사회 규범을 확인해볼 좋은 기회다. 교사와 학생, 코치와 선수, 아니면 친구 중 두 명이라고 상상할 수도 있다. 부모는 역할극을 하며 어렵거나 미묘한 주제를 느긋하고 장난스럽게 다룰 수 있다. 말로만 하는 설교보다 훨씬 몰입할 수 있는 방법이다.

한번은 영감을 얻고자 병리학자이자 사회적사고센터를 설립한 미셸 가르시아 위너의 연구를 살펴본 적이 있는데, 자폐증 아동에 초점을 맞춘 가르시아 위너는 눈과 뇌를 동원해서 듣는 전신 경청이 필요하다고 강조했다. 전신 경청을 할 때 사회적 단서를 더 잘 알아차릴 수 있기 때문이다. 또 그는 빈정거림이나 농담을 듣고 추론하는 능력과 다른 사람의 관점을 이해하는 능력을 똑같이 중요하게 다룬다. 이런 훈련이 되어 있는 아이는 듣거나 읽은 내용에 관한 큰 그림을 그릴 줄 안다.

가르시아 위너의 원칙은 장애가 있는 아이뿐만 아니라 모든 연령대의 아이를 대할 때 도움이 된다. 특히 초등학교에서 중학교로 올라가는 시기에 친구 관계를 고민하는 아이가 꽤 많은데 그 정도 나이가 되면 이미 여러 차례 반이 바뀐 상태라 한 무리의 친구들과 어울리기만 할 수도 없다. 게다가 중학생이 되면 대화에 농담이 섞이는 경우가 많아져서 새로운 흐름을 받아들이는 과도기를 겪게 된다.

나와 동료들은 화용론에 어려움을 겪는 학생들, 언어능력을 제대로 구사하지 못하는 학생들을 대상으로 이 역할극을 실행했다. 특정 상황에서 무엇을 해야 하는지, 어떤 행동이 가장 효과적인지 말할 수 있는 아이라도 실제로는 얼어붙는 경우가 많다. 그럴 때 역할극을 하다 보면 어느 지점에서 문제에 부딪히는지를 정확히 짚어낼 수 있고, 일단 문제를 알아낸 뒤에는 원활한 소통을 위한 전략을 찾을 수 있다. 또 이런 역할극은 불안도 높은 아이가 스트레스를 심하게 받거나 감당하기 어려운 상황을 대비할 수 있도록 도와준다.

역할극은 뻔한 설교나 규칙으로 접근하지 않는다는 장점이 있다. 오히려 가끔은 이 같은 정반대 접근법이 효과적일 수 있다. 장난스러운 태도를 취한 채 하지 말아야 할 행동의 극단으로 가보는 것이다. 부담 없이 사회 규범을 명확하게 밝히고 실천하도록 돕는다는 점에서 어떤 아이에게는 이런 방법이 더 적합할 수 있다. 예전에 이 방법을 실행 중인 동료를 우연히 마주친 적이 있다. 교무실에 들어서자 동료가 중학교 2학년 레노어 옆에 앉아 있었는데 레노어는 의자에 기대앉아 껌을 짝짝 씹고 있었다. 아이는 지루한 듯한 표정으로 말했다. "금요일은 일을 안 할 거예요. 그리고 핸드폰은 항시 사용하고 싶어요." 그 말을 들은 동료는 얼굴을 찌푸리며 대답했다. "생각해볼게요. 원래는 허용하지 않는 거 알죠?" 레노어는 꿈쩍도 않고 말을 이었다. "그리고 출퇴근 기록도 하기 싫어요. 여기가 중학교는 아니잖아요?"

곧 내 동료는 면접을 중단하더니 레노어의 연기에 웃음을 터뜨렸다. 그러고는 실제 면접에서 어떻게 해야 할지를 논의했다. 알고 보니 레노어는 다가오는 인턴십 면접을 준비하며 최악의 면접자를 연기하고 있었던 것이다. 동료는 레노어에게 실제로 해야 할 행동의 정반대인 불량스러운 예시를 떠올린 다음 직접 해보도록 시켰다. 연기를 마친 레노어는 불량한 예시들을 발판으로 삼아 철저하고 성실한 태도를 강조했고 바른 자세를 유지했다.

이처럼 아이가 불량하게 행동할 때 주게 될 인상과 받게 될 피드백을 이야기하는 방법은 잔소리보다 훨씬 효과적이다. 특히 아이가 긴장되는 상황을 맞이할 일이 있다면 이런 특이한 접근 방법이 도움이 된다. 우스꽝스러운 불량 예시를 연기하다 보면 내가 생각보다 적절한 처신 방법을 많이 알고 있다는 사실을 깨닫기 때문이다.

타협으로 갈등 해결하기

아이들은 암묵적으로 서로의 욕구와 필요를 이해하지만 이에 대한 배려를 실천하는 데는 어려움을 겪는다. 특히 감정적으로 과열된 싸움이라면 더욱 힘들다. 갈등 자체가 달갑지 않은 건 맞지만 의외로 기회를 제공할 때도 많다. 나는 소피와 폴에게 줄 생각으로 밸런타인데이를 기념해 사무실에서 열린 파티에 준비되었던 거대한 레드벨벳 컵케이크를 하나 골라 집으로 가져왔다. 하지만 곧 폴이 "자르지 마! 내가 통째로 먹을 거야!"라며 칭얼거렸고 소피는 말다툼 끝에 "알았어! 폴한테 다 먹으라 해!"라고 소리친 뒤 자리를 박차고 나갔다. 나는 두 개를 챙기지 않은 스스로를 탓한 뒤 반성, 궁리, 타협 전략을 사용해보기로 했다.

나는 소피를 부른 뒤 우선 폴에게 컵케이크를 양보한 호의를 인정했다. 하지만 그 과정에서 폴이 어떻게 해야 할지를 성숙하게 알려주지 못했고 소피 본인도 공평하지 못한 결과만 얻었다는 것을 이야기했다. 그때 기분이 어땠는지 묻자 소피는 폴이 우는 소리를 듣고 있기가 지긋지긋했으며 문제를 해결하고 싶었다고 말했다. 그러고는 "폴이 울면 내가 엄마랑 얘기할 수가 없잖아"라고 덧붙였다.

나는 소피의 의견을 반영해 저녁 식사 시간에 다 같이 모여 평화롭게 이야기해보자고 제안했다. 상황이 여의치 않았더라면 잠자리에 들기 전이라도 시간을 확보했을 것이다. 그렇게 모인 우리는 폴의 욕구를 탐색했다. 평소에는 사이좋게 나누어 먹는 편이라 분명 다른 것이 원인인 것 같았다. 차차 얘기를 듣다 보니 그 상황에서 폴이 싫어했던 건 단순히 나누어 먹는 게 아니라 컵케이크를 '자르는 것'이었다. 예전부터 알고 있었지만 폴은 크기와 상관없이 통째로 먹는 것을 좋아했다. 꼭 잘라야 한다면 자기가 자르고 싶어 했는데 아무래도 본인이 자른다는 데서 통제감을 느끼는 것 같았다. 그 점을 염두에 두고 우리는 해결책을 모색했다.

이런저런 이야기가 오가던 중 소피가 아리송한 표정으로 물었다. "그럼 그냥 폴에게 다 주는 방법밖에 없는 거 아니야?" "그 방법은 당장 폴이 만족해 할지 몰라도 시간이 흐른다면 어떻게 될까?" "버릇이 나빠지겠지. 난 더 화가 나고." 상황에 이입하는 소피를 보며 나는 다시금 질문을 이었다. "네가 폴이라면 어떻게 하고 싶을 것 같아?" "나이가 어린 거랑은 상관없이 정당한 자기 몫을 받고 싶겠지." "그럼 폴이 그렇게 느끼면서도 동시에 깨달음을 얻을 수 있는 방법은 뭘까?" "음… 폴에게 반으로 자르라고 하는 건 어때? 대신 내가 먹을 부분은 내가 고를게." 나는 꽤 괜찮은 소피의 해결책에 동의했다. 이 과정에서 내 역할은 소피가 폴의 발달단계를 고려해 행동을 이해하게끔 대화를 이끄는 것이었다. 그날의 경험으로 소피와 폴은 다른 사람과 적당히 타협하면서도 자신의 욕구를 충족하는 배움을 얻었다.

학교 폭력에 대처하는 자세

간단하지 않은 갈등은 어떻게 해결하면 좋을까? 열한 살 아들 마이크를 키우는 엘런은 내게 전화를 걸어 퀸이라는 아이가 마이크를 괴롭힌다는 근황을 털어놓았다. 퀸은 마이크를 사물함으로 밀치고 숙제를 밟고 심지어 돈까지 빼앗았다고 했다. 이런 일이 점점 심해지며 이어지는 중이었다. 엘런은 학교에 연락해 상황을 중재해달라 요청했고 교사들은 자신들의 감독하에 퀸과 마이크가 만나서 이야기해보는 게 어떻겠냐고 제안했다. 엘런은 내게 그런 방법이 효과가 있을지 물었다. 아무래도 탐탁지 않은 듯했는데 마이크가 방어적인 태도를 취할 때마다 퀸은 교사가 보지 않을 때까지 기다린 뒤 더 심하게 괴롭혔기 때문이다.

사실 갈등과 학교 폭력은 똑같은 말이 아니다. 학교 폭력은 강한 아이가 약한 아이를 반복적으로 괴롭히는 권력 불균형이기 때문이다. 하지만 안타깝게도 학교 폭력은 놀라울 만큼 흔하게 벌어지고 있다. 2017년을 기준으로 미국 취학 아동 다섯 명 중 한 명이 학교 폭력을 당하고 있는 것이 현실이다. 최근 들어서는 온라인으로 괴롭히는 사이버 폭력이 큰 문제가 되고 있다. 여러 연구 결과를 취합해보면 아동 및 청소년 중 최소 20퍼센트에서 최대 40퍼센트가 사이버 폭력을 경험했다고 응답했으며 그중에서도 여아가 더 위험에 노출되어 있었다.

나는 상처받은 아이 때문에 괴로워하는 학부모들이 학교 모임에서 우는 모습을 본 적이 있다. 무슨 말을 해야 할지, 어떻게 개입해야 할지 모르겠는 탓에 주체할 수 없는 기분을 느끼는 듯했다. 물론 가장 큰 고통을 겪는 사람은 당사자인 아이다. 당하는 순간에 괴로운 건 물론이고 중증 우울증, 자살 충동, 약물 복용을 비롯한 수많은 심리적 문제를 겪는 경우도 있기 때문이다. 심지어 일부 학생은 중년까지도 학교 폭력 트라우마의 영향을 받는다는 연구 결과도 있다.

그렇다면 폭력의 당사자들끼리 터놓고 말하도록 하는 것은 어떨까? 사실 이 방법은 역효과를 낳는 경우가 많다. 피해 학생은 기분이 더 나빠지고 가해 학생은 더 잔인해지기 때문에 가해 학생을 막아 피해 학생을 보호하는 것이 올바른 방법이다. 또 모든 아이는 가해자에게 맞서 공개적으로 말하는 법을 배워야 한다. 이때 부모는 무엇을 할 수 있을까?

우선 피해 학생에게 언제, 어디서, 어떻게 폭력이 발생했는지 구체적으로 물어보는 것부터 시작해야 한다. 교사에게 말할 수 있도록 지지해주고 혹시 그 전에 상황을 멈출 수 있을 것 같은지 물어보자. 교사가 조치를 취하고 있는지도 확인해야 한다. 아이에게 선생님이 어떤 식으로 대처하고 있으며 그 방법이 얼마나 효과가 있는지 물어보자. 그런 다음 부모로서 3E를 활용해 문제를 풀어가자.

우선 아이의 자기 대화를 **확장**하는 것이 첫 번째다. 아이가 괜히 스스로에게 나쁜 감정을 느끼기 시작했다면 그럴 만한 이유가 전혀 없다는 것을 알려주자. 아이의 자존감을 유지하는 데 초점을 맞추는 것이다. 부모가 끝까지 도와줄 것이기에 혼자 이겨내야 할 필요가 없다는 사실을 각인시켜주자. 반대로 가해 학생이 어떤 기분을 느낄지도 **탐색**하자.

폭력을 행사하는 것 자체가 공감 능력이 결여되었다는 뜻이지만 그렇다고 근본적으로 악하다는 말과 완전히 동일하다고 볼 수도 없다. 가해자를 미워하는 건 자연스러운 일이지만 그 학생 또한 대개 행복하지 않고 자존감이 결여된 상태라는 사실을 아이가 알 수 있도록 설명해주자. 가해자라고 특별히 강하거나 대단한 존재가 아니라는 사실을 인식하면 피해자의 정체성에서 벗어나 본래의 스스로를 인식하고 통제감을 느낄 수 있다.

마지막으로 좀 더 심오한 문제를 **평가**하자. 예일대학교 아동연구센터 교수 데니스 수호돌스키Denis Sukhodolsky는 학교 폭력 가해 학생과 피해 학생 모두의 발달과 학습 차이에 주의를 기울여야 한다고 주장한다. 가해 학생은 폭력이 잘못이라는 사실을 이해해야 하며 분노 조절과 비언어적 단서를 알아차리는 훈련을 해야 한다. ADHD(주의력결핍 과잉행동장애) 같은 원인이 있을 수도 있다. 잘못과는 별개로 본인 역시 치료를 받아야 하는 상황일지 모른다. 그리고 그래야 같은 일이 반복되는 것을 막을 수 있다.

가해 학생은 다른 학생들이 맞서는 모습을 보이면 행동을 멈출 때가 많기에 아이들은 나서는 사람이 되어 윤리적이고 도덕적인 사람이 어떤 의미인지를 배워야 한다. 그런 용기는 아이를 더 훌륭한 친구로 만드는 동시에 옳은 일을 한다는 감각 자체로 긍정적 효과를 불러일으킨다. 폭력에 맞서는 구체적인 대화 방법을 익히기 위해서는 다음 두 가지 습관을 시도해볼 수 있다.

대화 습관 1. 스토리텔링 대화

아이가 여러 사람의 입장을 고려하려면 유연한 태도로 다른 관점을 받아들이는 스토리텔링 대화를 시도해보는 게 도움이 된다. 등장인물 몇 명, 장소, 문제 상황만 있으면 된다. 문제를 해결하고자 누가 어떻게 노력했고 어떻게 느꼈는지, 무엇이 바뀌었거나 바뀌지 않았는지를 탐색하면서 상황을 기승전결로 설명하는 것이다. 다양한 추론을 나누며 모두가 똑같이 생각하지 않는다는 사실을 알려주자. 부모의 삶과 일상속 소재로 운을 띄우는 정도면 충분하다.

인물, 장소, 문제 설정하기

나는 아이가 자기 이야기를 하고 싶어 하지 않을 때 스토리텔링 게임을 해보자 할 때가 많다. 이 게임은 아이가 인물, 감정, 동기를 재밌게 생각해보도록 도와준다. 우선 등장인물, 장소, 문제를 정한 뒤 상황을 만들어 상상해보자. 아직 어리다면 사람을 동물로 바꾸는 등 조금 더 쉬운 가정을 해도 좋다. 선뜻 답을 내놓기 어려워한다면 먼저 예시를 들어주는 것도 괜찮다.

행동에 초점을 맞춘 객관적 언어 사용하기

아이가 "나는 진짜 나쁜 친구야" "걔는 맨날 심술궂어"처럼 부정적 꼬리표를 붙인다면 성장과 변화 가능성을 강조하자. 꼬리표와 정반대로 행동한 적도 있었음을 떠올리게 하는 것도 하나의 방법이다. 아이가 동생과 말싸움 중인 상황이라면 "어제는 동생 숙제를 도와줬잖아"라고 말해주는 것이다. 중요한 건 구체적 행위에 초점을 맞추는 것이다.

"새로 전학 온 친구가 있는데 내가 먼저 인사를 건네지 않았어" "걔가 저번에 내 장난감을 훔쳤어"는 "나는 부끄러움을 타" "걔는 무례해" 같은 말보다 훨씬 객관적이다. 객관적 표현을 사용하면 그 사람이 왜 그렇게 행동했는지를 알 수 있다. 행동에 합당한 이유가 있었다는 사실을 알게 될 수도 있고 말이다.

또 난관 자체를 부정적으로 생각하기보다는 이를 통과하며 얻게 되는 긍정적 효과에 집중해보자. 힘든 경험으로 성장을 도모하는 것이다. 아이가 농구 팀에서 제외되었다면 그 덕에 친구들과 연습을 함께 할 시간이 많아질 것이고, 시험에 떨어졌다면 이를 계기로 열심히 공부하는 친구를 더 많이 사귀게 될 수도 있다. 만약 친구들과 예정해두었던 여행이 취소되는 일이 발생했다면 "아쉽지만 여행을 못 가게 돼서 좋은 점도 있지 않을까?" "어떻게 하면 친구들의 기분을 전환시켜 줄 수 있을까?" 같은 질문을 던져볼 수 있겠다.

대화 습관 2. 믿어보는 게임

이상하거나 불쾌한 행동을 하는 사람에게 어떤 사연이 숨겨져 있을지 상상해보자. 일단은 상대에게 유리한 가정을 들어보는 것이다. 도서관에서 울고 있는 아이가 있다면 제일 좋아하는 책을 누군가 이미 빌려가서일 수도 있고, 슈퍼마켓에서 소년이 얼굴을 찡그리고 있다면 밖에 나가 축구를 하고 싶다는 생각이 가득하기 때문일 수도 있다. 모두에게 각자의 사정이 있다는 걸 알면 아이는 좀 더 열린 마음으로 상대를 이해하게 된다.

부족한 점을 성장 신호로 표현하기

"걔는 너무 자기 생각만 해"라고 말하는 대신 "차례를 기다리는 법을 아직 배우지 못했구나"라고, "걔는 운동에 소질이 없어" 대신 "완주하기 위해 애쓰는 중이네"라고 얘기해보자. 모든 아이는 발달 중에 있으니 미숙한 것이 당연하며 아이뿐만 아니라 어른도 실수를 저지르며 산다는 것을 알려주자.

책과 영화로 인물의 내면 헤아리기

드러난 이유와 드러나지 않은 이유, 적당히 원하는 것과 정말로 원하는 것의 차이를 파악하면 상대의 마음을 훨씬 쉽게 이해할 수 있다. 여기에 큰 도움이 되는 게 다양한 책과 영화를 접하며 등장인물의 마음을 다각도로 살펴보는 연습이다. 저마다 어떤 입장을 취하고 있는지, 우선순위는 어떻게 다른지, 그 이유는 무엇인지를 헤아리다 보면 자연스레 현실 관계에도 적용해 생각할 수 있게 된다.

구체적인 표현 사용하기

'그런 사람들'이나 '그 집단' 같은 표현 대신 구체적이고 객관적인 언어를 사용하자. '심술궂은' 대신 '친구 사이를 고자질하는'이라고 표현하는 것이다. 집단 전체를 뭉뚱그려 판단하는 데서 벗어나 실제로 일어나고 있는 일에 초점을 맞추도록 도와주자. 압축된 말들에는 아이의 예상보다 훨씬 많은 뉘앙스가 들어 있기 때문이다.

인생의 마지막 시기에 많은 사람이 후회되는 일로 친구들과 더 가까이 지내지 않은 것을 꼽는 데는 그럴 만한 이유가 있다. 바쁜 일상을 살다 보면 우정을 제쳐두거나 사랑하는 사람을 챙겨야겠다는 생각을 잃어버리는 경우가 많다. 한 연구에 따르면 성인이 되고 25세부터 친구를 잃기 시작하며 이런 감소 추세는 은퇴할 때까지 이어진다고 한다. 하지만 인간관계에 쏟는 관심을 놓지 않으면 삶의 속도를 늦추고 우선

순위를 다시 정할 기회를 얻을 수 있다. 시간이 흐르고 앞서 설명한 대화 기술들이 익숙해지는 날이 오면 아이는 오랜 우정이 가져오는 재미와 행복을 느끼게 될 것이다. 명심해야 할 점은 이런 대화를 나누기까지 오랜 시간이 걸린다는 거다. 친구는 단 하루나 한 번의 대화만으로 생기지 않는다. 아리스토텔레스의 말을 빌리자면 "친구가 되고 싶은 마음은 금방 생겨나지만 우정은 천천히 익는 과일"이기 때문이다.

나이별 맞춤용 질문 리스트

유아~유치원생

친구의 마음을 파악하고 갈등을 해결하는 방법을 논의해보자.

Q "친구가 실망한 것 같아? 어떻게 하면 기분을 풀어줄 수 있을까?"

Q "들어보니 이번 말다툼은 좀 심각했던 것 같네. 어떻게 화해하는 게 좋을까?"

Q "아직 화가 안 풀린 것 같던데. 네가 정말 미안해한다는 걸 보여줄 수 있는 방법은 뭘까?

친구 관계를 넓혀가도록 사교성을 키우자.

Q "새로운 친구한테 말을 걸려니까 긴장되니? 첫인사를 어떻게 건네면 좋을까?"

Q "친구가 편하다고 느끼게끔 도와주는 방법에는 어떤 게 있을까? 너라면 아직은 낯선 친구가 어떻게 해주면 좋을지 입장을 바꿔 생각해봐."

초등학생

딜레마 상황을 가정해 갈등을 대비하자.

Q "어떤 친구가 비밀을 털어놓으면서 아무한테도 말하지 말아달라고 부탁했는데 가장 친한 친구가 그 내용을 알고 싶어 한다면 어떻게 할 거야?"

Q "반에 전학생이 왔는데 친구들이 못되게 군다면 어떻게 할래?"

Q "친구의 감정을 상하게 하지 않으면서도 혼자 있을 시간이 필요하다고 말하는 좋은 방법이 있을까?"

아이가 친구라는 존재를 어떻게 느끼는지 확인해보자.

Q "필요한 만큼 친구가 있는 것 같아? 그 친구들이랑 친한 편이야? 그렇게 생각하는 이유는 뭐야?"

Q "네가 생각하는 완벽한 친구 관계란 어떤 모습이야?"

중학생 ~ 고등학생

더 복잡한 딜레마로 이야기를 이끌자.

Q "가까운 친구가 네가 정말 싫어하는 애와 사귄다는 소식을 들으면 어떻게 할 거야?"

Q "제일 친한 친구가 가족이 마약을 한다는 사실을 털어놓으면서 아무에게도 말하지 말아달라 한다면 어떻게 할 거야?"

아이가 친구 관계를 평가해볼 기회를 만들자.

Q "그 친구랑 많이 친해 보이던데, 어떤 점이 가장 마음에 드니?"

Q "만약 절교하는 상황이 찾아온다면 무슨 이유 때문일까?"

Q "친구 관계가 바람직하지 않다고 느껴지는 경우가 있잖아. 그렇게 생각하는 너만의 기준이 뭐야?"

Q1. "친구로서 네가 가진 가장 좋은 자질은 뭐야? 고치면 좋을 부분이 있다면 어떤 점일까?"

Q2. "너랑 가장 가까운 친구에게 어떤 점이 제일 고마워?"

Q3. "사람들이 널 어떻게 봤으면 좋겠어? 어떤 점을 기억해 주는 게 좋니?"

6장

창의력을 키워주는
자유로운 놀이 대화

가장 풍요롭고 자연스러운 마음의 놀이는 대화에 있다.

대화는 인생의 그 어떤 행위보다도 달콤하다.

미셸 드 몽테뉴

한 초등학교에서 나는 다른 교사들과 함께 언어 학습 평가를 맡고 있었다. 결과를 바탕으로 일부 학생을 소규모 단위로 묶어 수업하도록 하고 도움이 가장 많이 필요한 학생의 경우는 직접 맡아 가르치는 것이 내 역할이었다. 이 일이 즐거웠던 이유 중 하나는 교실에 들락날락할 수 있다는 것이었다. 덕분에 몇 달 동안 학생 한 명 한 명을 알게 되었고 아이들이 교실에서 어떻게 행동하는지 볼 수 있었다. 나는 아이들이 소통하는 모습을 살피며 어떤 상황에서 가장 바람직한 면을 드러내고 어떤 상황에서 기가 꺾이는지를 관찰했다.

어느 금요일에는 5학년 조시와 작문 숙제를 했는데 조시가 시작 부분에서 애를 먹고 있기에 우선 떠오르는 생각들을 화이트보드에 써보라고 했다. 부담을 주고 싶지 않은 마음에 그냥 놀이 정도로 생각해도 된다고 했다. 사실 조시는 몇 년째 불안에 시달리는 중이었고 최근에는 선생님들이 질문할 때마다 뭐라고 말해야 할지 모르겠다며 입을 꾹 다물어버리곤 했다. 작문 숙제를 하느라 놀 시간이 없다고 말하던 조시는 한숨을 쉬었다. "시간 낭비라니까요. 뭐라고 써야 할지 그냥 말해주시면 안 돼요?" 나는 그럴 수는 없고 대신 다른 방법을 시도해볼 수는 있다고 대답하며 아이가 제대로 숙제를 마칠 때까지 곁에서 도와주었다.

그래도 방학이 끝나면 조시가 좀 더 의욕 넘치는 모습으로 돌아오리라 확신했다. 여유로운 시간을 보내면서 긴장이 풀어지면 편안한 시간을 가질 수 있을 거라 생각했기 때문이다. 하지만 몇 달이 흘러도 상황이 똑같자 나는 "시간 낭비"라는 조시의 발언이 그냥 해본 소리가 아니었음을 깨달았다. 생각해보면 조시는 다른 면으로도 비슷한 태도를 취하곤 했다. 주로 학습에 접근하는 방식과 관련이 있었는데 예전에 한 3학년 학생이 내게 단어 목록을 보여주며 털어놓은 고민과 비슷했다. "구구단을 외우려고 노래를 만들었는데 엄마는 그냥 표를 보래요. 빨리 외워야 하거든요. 문장으로 만들어서 외우는 건 의미 없는 장난인가 봐요."

학생과 교사도 놀이와 학습을 반대로 생각하는 경우가 많았다. 이런 대립은 아이가 어릴수록 한층 더 선명했다. 나는 학습 장애가 있는 것으로 추정되는 아이가 수업 시간에 어떻게 행동하는지 살펴볼 목적으로 여러 학년의 교실에 자주 들어가곤 했는데 그러다 보면 자연스레 다른 아이들도 눈에 들어왔다. 이따금씩 정신이 번쩍 드는 장면도 보였다. 아직 한참 어린아이들이 공부하는 교실임에도 놀이는 뒷전이라는 게 느껴질 때가 그러했다. 아이들이 일제히 의자에 가만히 앉아 정면을 바라보다가 지루함에 지쳐 몸을 흔들거나 썩 흥미롭지 않은 질문에 심드렁하게 대답하는 모습은 안타깝기까지 했다.

이처럼 아이들에게 놀이란 쉬는 시간까지 기다려야 찾을 수 있는 등불 같은 것이었다. 심지어 시간도 20분밖에 되지 않았다. 옷을 입고 밖으로 나가면 금방 종이 울렸고 넘치는 에너지를 다 발산하지 못한 아이들은 침울한 얼굴로 돌아왔다. 잠자리처럼 새로운 무엇인가를 발견할 시간은 고사하고 친구들과 이야기를 나누기에도 부족한 시간이었다. 문제는 이런 곳이 한두 군데가 아니라는 것이었다. 심지어 낮잠 시간을 줄여가며 교육 시간을 늘린 극단적인 곳도 있었다. 전국적으로 학교의 평균 놀이 시간이 줄어든 상황이었다. 2013년에 미국 소아과 학회가 휴식 시간이 아이의 학습을 도우며 아동 발달에 반드시 필요한 요소라고 주장하는 성명서를 발표한 상황에서 이런 현실은 슬픈 아이러니일 수밖에 없다.

사실 여가 시간은 물론이고 낮잠을 자거나 쉬는 시간도 아이에게 도움이 된다. 조사에 따르면 수면 시간의 증가는 높은 행복도, 높은 지능과 연관된다. 10~12세 사이 중국 아동 3000명가량을 대상으로 실시한 한 연구는 일주일에 세 차례 낮잠을 잔 어린이가 그렇지 않은 어린이보다 평균 행복도, 자제심, 근성이 강하고 행동 문제를 보이는 비율도 더 적으며 성적도 더 좋다는 결과를 발표했다.

놀이 시간을 억지로 줄였을 때 얌전히 앉아서 집중할 수 있는 아이는 거의 없다. 아이들은 그야말로 에너지가 넘치니 말이다. 학생이 책상에 앉은 채 교사가 하는 말을 듣기만 하는 전통적 학습법을 택한 학교라면 더욱 문제다. 부모를 비롯한 많은 어른은 노는 일이 학습 그 자체이자 세상에 속하는 법을 배우는 기본 방법이라는 것을 잊고 그저 공부량만 많으면 좋다는 착각에 빠지곤 한다. 어린이들이 제대로 놀지 못하는 모습을 보면 "이제 유아원이 유치원이고 유치원은 초등학교 1학년"이라는 요즘 격언이 떠오른다. 에리카 크리스타키스가 『어린이의 중요성 The Importance of Being Little』에서 주장한 것처럼 가장 중대한 학습은 발견, 놀이와 관련된 시행착오에서 비롯된다는 사실을 여러 연구가 증명했지만 요즘같이 학업을 중시하는 시대에 놀이는 별다른 역할을 하지 못하고 있다.

이런 유치원생들을 본 후로 아이들이 어떻게 노는지 궁금해진 나는 더 자세히 관찰하기 시작했다. 놀이는 성별에 따라 나뉘는 경우가 많았고 이런 경향은 나이가 어릴수록 더 강했다. 여자아이는 바비 인형, 말랑말랑한 장난감, 향기 나는 스티커, 자물쇠 달린 일기장을, 남자아이는 소방관 모자, 공룡 의상, 장난감 검, 트랜스포머를 가지고 노는 경우가 대부분이었다. 네 살 정도의 남자아이에게 분홍색 장난감을 건넸더니 "분홍색은 여자 애들 거예요"라는 대답이 돌아오는 걸 보고 나는 전통적 성 고정관념이 얼마나 일찍부터 굳어지는지를 실감했다.

장난감 가게에 들렀을 때는 이런 고정관념이 상품 진열에도 철저히 반영된 것을 보고 다시금 놀랐다. 남자아이 장난감 코너에는 로봇과 전함 모형이 빽빽이 늘어서 있었고 여자아이 장난감 코너에는 공주와 귀여운 인형들이 쭉 놓여 있었다. 사회학자 엘리자베스 스위트가 지적했듯 1980년대 장난감 회사들은 철저하게 성별을 분리해 마케팅을 시작했고 2000년 이후로는 아이들이 무엇을 원할지 앞서서 가정하며 성별 구분을 강화해나갔다.

놀이 자체에 집중하기

'놀이'라는 단어를 들으면 무엇이 떠오를까? 대부분은 스포츠, 보드게임, 컴퓨터 게임, 술래잡기처럼 게임과 관련된 답을 떠올리곤 한다. 이런 게임에는 규칙이 있긴 하지만 선택에 따라 충분히 다르게 즐길 수 있다. 실제로 모노폴리라는 보드게임은 시중에 몇몇 규칙을 수정한 사기꾼 버전이 나와 있다. 미국 놀이연구소 창설자인 스튜어트 브라운은 놀이란 그 자체를 목적으로 하면서도 더 큰 숙달로 이어지는 행위라고 말한다. 해석해보면 도전 의식을 북돋되 좌절을 느낄 정도는 아니어야 한다는 뜻이다. 브라운이 생각하는 이상적 놀이는 즐거워야 하고 내재적 동기에 따라 움직이므로 보상이 필요하지 않아야 하며 결과에 얽매이지 않아야 한다. 놀이에서 중요한 것은 이기고 지는 것이 아니라 과정 그 자체다.

부모가 새로운 단어와 개념을 알려주는 놀이도 중요하다. 예를 들어 아이가 구슬이 들어 있는 상자를 흔들면서 "큰 소리가 나!"라고 말하면 맞장구를 친 뒤 좀 더 세게 흔들 때 소리가 어떻게 바뀌는지 들어보자고 권하는 것이다. 큰 소리와 작은 소리를 번갈아 내면서 일종의 패턴을 만들어볼 수도 있고 구슬이 어떤 모양일지 예측한 뒤 상자를 열어 정답을 직접 확인할 수도 있다. 이런 놀이 방법은 다양한 방면의 능력치를 키우는 데 도움을 준다.

하지만 놀이를 목적성 있는 활동으로만 생각한다면 잠재력의 일부만 보는 것과 마찬가지다. 놀이를 활동이 아닌 태도라고 생각해보자. 진정한 놀이란 정답을 찾아야 한다는 생각에 불안해하지 않으면서 열린 마음으로 맞춰보고 바꿔보고 모색하고 다시 시도하는 것이다. 이런 장난스러운 태도는 창의력의 근간에 자리해 아이의 최선을 이끌어낸다. 중요한 건 무엇을 하는지보다도 어떻게 접근하는지다. 사실 즐기려고 할 때는 딱히 별게 없어도 재미있게 놀 수 있다. 쓰레기통이 트럭이 될 수 있고 종이 상자가 오락실이 될 수 있는 것처럼 말이다.

가정에서 놀이를 대하는 장난스러운 태도는 긴장을 풀고 갈등을 비교적 쉽게 해결하도록 도와주어 구성원 간의 유대감을 높여준다. 이는 힘든 난관도 긍정적으로 접근해보려는 아이의 특성에도 영향을 미친다. 학생들을 대하다 보면 "그냥 못하겠어요"라는 말을 자주 듣곤 하는데 큰 부담 없이 장난스럽게 받아들일 줄 아는 아이는 투덜거리는 대신 새로운 방법을 시도한다. 장난스러운 사고방식과 학습 태도는 아이의 흥미와 질문에서 비롯되며 삶과도 의미 있게 연결된다. 즐기는 활동에서 의미를 찾은 아이는 전보다 몰두해서 참여할 동력을 얻고 그간 부족했던 점을 성찰한다. 이때 새로운 접근이 필요하다 느끼면 거기에 맞춰 전략이나 계획을 바꾸기도 한다. 버티는 과정에서 반복되는 실패를 극복하다 보면 자연스레 회복탄력성도 발달하기 마련이다.

잠재력을 일깨우는 창의적 놀이

놀이는 두뇌 발달에 꼭 필요하며 자기 자신과 세상에 대해 배우는 가장 효과적인 방법 중 하나다. 직접 만들거나 수정한 규칙을 적용해 자유롭게 놀다 보면 계획과 충동 조절을 담당하는 전전두엽 피질에 새로운 회로가 생겨난다. 또 놀이 과정에서 감정을 털어놓고 이야기하다 보면 상대가 왜 그런 기분을 느끼는지 상상하게 되고 생각과 감정을 연결 짓는 데 도움이 된다. 이런 과정은 아이가 감정을 인식해 이름 붙이고 건전한 방식으로 조절하는 법을 배우는 첫 단계다.

놀이는 사회적 유대감을 형성하는 데도 중요하다. 아이는 놀면서 친구를 사귀고 우정을 다진다. 친구가 우주 비행사 놀이보다 소꿉놀이를 하고 싶다 말했거나 다 함께 몇 시간 동안 공들여 만든 모래성을 실수로 무너뜨렸을 때 건강한 놀이 방식에 익숙한 아이라면 어떻게 반응할까? 단순히 의견이 다른 경우라면 친구에게 맞춰주거나 더 나을 것 같은 쪽으로 설득을 하겠고, 자신의 잘못으로 상황을 망친 경우라면 용기 있게 사과를 건넨 뒤 다시 시도해보자는 리더십을 발휘할 것이다. 이처럼 친구와의 놀이 경험에서 벌어지는 다양한 사건은 내면의 새로운 면모를 발견하고 길러준다.

마지막으로 놀이는 깊고 확장된 사고를 촉진한다. 아이들은 조금씩 고치고 시험하며 창의적 사고의 토대를 쌓아가기 때문이다. 가지에 붙은 나뭇잎을 떨어뜨리려면 몇 번을 흔들어야 할까? 민들레 홀씨를 불면 어느 방향으로 흩어질까? 그리고 그 이유는 무엇일까? 이처럼 놀이를 통해 질문을 탐색하는 과정은 호기심과 과학적 사고를 불러일으킨다. 노벨상을 받은 수많은 과학자가 개울에서 물방울을 바라보거나 창문 앞에서 깜빡이는 불빛을 보거나 오랫동안 숲속을 거닐다 깨달음을 얻는 데는 이유가 있는 법이다. 간단한 비디오 게임을 하면서 떠오르는 생각들에도 가치가 있다. 캐릭터를 오른쪽으로 밀면 떨어질까? 이 용은 불만 뿜는 걸까? 잡으면 금화를 뱉어내지는 않을까? 이런 질문들에도 탐색의 재미가 가득하다.

아이가 좀 더 심오한 의문을 떠올릴 줄 알게 되고 자신에게 가장 흥미로운 게 무엇인지 알아차리기 시작하고 보다 효율적으로 관심사를 추구하게 된다. 소피는 일곱 살 때 눈을 반짝이며 이런 말을 했다. "나는 과학이 정말 좋아. 몸이 어떻게 작동하는지, 별이 어떻게 만들어지는지가 재밌어. 미스터리잖아!" 아이들은 저마다의 방식으로 질문과 관심사를 발전시키며 열정을 찾아나선다. 별에 대한 관심이 천문학 공부로 이어지고 손뜨개에 대한 열정이 패션을 사랑하는 마음으로 꽃피는 것처럼 말이다. 관심사를 바탕으로 미래 진로를 생각하라는 의미가 아니다. 실은 그 반대다. 여기서 핵심은 그 순간에 빠져드는 몰입이다. 오로지 한 가지에 빠져든 상태는 자주 산만해지는 세상 속에서 그 자체로 가치 있는 목표라 할수 있다.

몰입은 상상 속 시나리오에서 캐릭터를 만들어내는 놀이를 할 때 가장 폭발적으로 드러난다. 한번은 아침부터 폴이 레고 아이스크림 가게 모형을 한 손에 들고 오더니 진지한 목소리로 물었다. "어떤 맛을 원하세요? 초콜릿 칩 아니면 바닐라? 핫도그랑 피클 맛도 있습니다." 나는 커피 맛이 있는지 물었고 폴은 웃으며 선인장 맛을 권했다. 이렇게 주고받는 놀이야말로 언어와 사회적 기술을 쌓는 비결이라 할 수 있다. 새로운 역할에 몰입해 즉석에서 아이디어를 지어내므로 유연한 태도에도 도움이 된다. 역할 놀이는 장기적인 창의력과도 연관이 있는데 실제로 노벨상 수상자를 비롯해 창의성을 대표하는 인물들이 어릴 때 공상 게임을 많이 했다는 연구 결과도 있다.

창의력이 부족한 세대

이런 중요성에도 불구하고 아이들의 창의력, 특히 어린아이들의 창의력은 감소하는 경향을 나타낸다. 2010년 윌리엄메리대학교 교수 김경희는 지난 30년 동안 실시한 창의력 테스트 결과 중 30만 건 이상을 분석했고 1990년 이후부터는 독특한 아이디어를 내는 아이의 능력이 평균적으로 떨어졌다는 사실을 발견했다. 재미도, 자기 생각을 자세히 설명하는 능력도 모두 감소한 것이다. 왜 이런 경향이 나타난 걸까? '요즘 애들'은 '옛날 애들'에 비해 창의적이지 않다고 쉽게 말해버릴 수도 있지만 그런 설명은 선뜻 납득이 가지 않는다. 오리건대학교 심리학과 교수 로널드 베게토의 주장에 따르면 아이가 선천적으로 가지고 태어나는 창조 욕구는 길러줄 수도 있고 억누를 수도 있다.

나 또한 학생들을 가르친 지 10년이 넘어가자 아이들이 창의력이 필요한 과제에 직면했을 때 얼어붙는 경향이 점점 증가한다는 걸 실감했다. 청소년뿐만 아니라 어린이도 마찬가지였다. 한번은 5학년 학생에게 여행하고 싶은 곳을 떠올리는 데 도움이 되는 시 한 편을 소개했는데 "그건 가짜잖아요. 혹시 실화예요?"라는 대답이 돌아왔다. 상상력을 발휘해 이해해야 한다고 설명했지만 아이는 거북한 웃음과 함께 가보지 않은 곳은 상상하고 싶지 않다는 말을 덧붙였다. "너무 어색해요. 실제로 어떤지를 모르잖아요. 게다가 백지에서 시작하는 건 별로예요."

어찌 보면 그 학생의 발언이 내가 맡았던 많은 아이의 경험을 반영한 걸지도 모른다. 객관식 시험이나 빈칸 채우기는 잘하지만 아이디어를 모색하거나 완전히 처음부터 시작하는 건 어려워하는 아이들 말이다. 다들 과제를 빨리 해치우려 안달이었다. 이런 조급함은 창의적 놀이에 자연스레 딸려 오는 자유롭고 생산적인 대화 시간을 마련하지 않을 때 더 심해진다.

무엇이든 장난감이 될 수 있는 법

정신, 사회성, 신체 발달에 놀이가 얼마나 중요한지 그 어느 때보다도 많이 알고 있는 지금, 왜 놀이를 장려하는 대화가 원활히 진행되지 않는 걸까? 심지어 아이가 아직 어릴 때도 잘 놀기 위해 필요한 여유로운 시간을 마련하지는 않는다. 학교도 학업에 초점을 맞추느라 학생이 몰입할 거리를 찾거나 추구할 수 있는 환경을 조성하는 데 소홀하다. 어느 순간부터 놀이와 학습이 서로 대립하는 개념으로 자리 잡으면서 이 둘을 엮을 수 있는 여지가 많이 사라졌다. 게다가 집에서 하는 놀이는 돈을 들여야 하는 경우가 많다. 온갖 광고가 최신 장난감이 있어야 더 재밌게 놀 수 있다고 아이를 유혹하기 때문이다.

아이에게 장난감은 상상력을 발휘할 발판이어야 한다. 다른 무언가를 상상하게끔 만드는 개방형 장난감은 새로운 가능성을 꿈꾸도록 이끈다. 이런 장난감들은 보통 단순해서 별 기능이 없고 말소리나 전자음을 내지 않는 편이지만 오히려 그럴수록 아이는 더 많이 말하고 생각하게 된다. 얼마 전에 네 살짜리 여자아이가 "강아지는 의사가 준 커다란 보라색 풍선을 먹고 나았어"라고 말하는 것을 우연히 듣고는 무슨 소리인지 궁금해져 그쪽으로 다가갔다. 아이는 장난감 수의사 세트를 가지고 노는 중이었다. 허무맹랑한 말처럼 들리긴 해도 이런 놀이를 할 때 실제로 아이의 사고와 언어가 확장된다. 꿈을 꿀 때 뇌가 정보를 처리하는 방식과 비슷하다고 보면 된다. 성격이 다른 여러 인물을 만들어내고 줄거리를 구상하고 조망 수용 능력을 키우는 이 모든 과정에서 확산적 사고가 힘을 얻는 것이다.

하지만 현실에서는 조그만 플라스틱 장난감을 보여주면서 함께 제공되는 앱을 다운로드받을 수 있는지 물어보는 아이가 훨씬 더 많다. 그런 장난감을 가지고 놀 때 아이는 어떤 이야기를 할까? 대부분은 캐릭터의 이름, 스토리 전개 등 온라인에서 이미 정해진 것들을 이야기한다. 모든 서사는 장난감 제조사가 의도한 대로 흘러가기에 아이가 자유롭게 탐색할 가능성은 굉장히 적다. 자극적이거나 짧은 대사를 일삼는 인형 장난감은 아이에게 무엇을 하고 있는지, 어디에 사는지 같은 것을 물어본다. 심지어 말하는 인형 '내 친구 카일라'를 만든 영국의 장난감 회사가 대답을 녹음해 외부 컴퓨터 서버로 보낸 사건도 있었다. 인형에게 속마음을 털어놓는 순간만큼은 내 말을 들어준다고 느낄 수도 있지만 기껏해야 공허한 대답만 돌아오는 경우도 허다할 것이다.

말하는 장난감과 복잡한 기계들에 둘러싸이다 보면 익숙한 것도 새로울 수 있다는 사실을 잊어버린다. 하지만 아주 간단한 재료를 가지고 놀 때야말로 가장 재밌는 법이다. 소피와 폴도 그랬다. 두 아이는 저녁을 먹은 뒤 공구 상자에서 찾아낸 손전등을 든 채 어두운 방으로 들어갔다. 한동안 그림자를 만들며 실컷 놀던 두 아이가 어느새 조용히 앉아 있길래 나는 장난감이나 책을 더 가져올까 고민하다가 어떻게 하면 그림자를 작게 만들 수 있을지 물어보며 하던 놀이의 가닥을 이었다. 그러자 소피가 뒤로 물러서더니 "이렇게? 아니네, 더 커지네? 다시 해볼게"라고 말했다. "아니면 그림자가 창문에 닿게 할 수 있어? 사라지게 하는 건?" 내 질문을 들은 소피는 "그림자들끼리 서로 부딪칠 수도 있을까?"라 말하더니 폴과 몸을 부딪치고 깔깔 웃으며 바닥에 굴렀다.

한참 웃은 뒤 나는 "무엇이 그림자의 크기를 바꾸는 걸까?"라 물었고 소피는 "음, 벽에서 멀어지면 달라져"라 대답했다. 폴은 방의 불을 켠 뒤에도 손전등을 이리저리 비춰보며 왜 그림자가 생기지 않는지 물었다. 그러자 소피는 "어둡지 않아서 그래"라고 말하며 다시 어두운 방으로 폴을 데려갔다. 내가 중간에 다른 장난감을 꺼내왔더라면 한 걸음 더 나아간 이런 놀이는 새로이 탄생하지 못했을 것이다. 이처럼 아이들은 익숙한 것으로 새롭게 놀 방법을 찾고 처음에 떠올린 생각을 확장하며 진정한 몰입을 경험한다.

놀이에 정해진 답은 없다

아이가 아직 어릴 때라면 놀이 친구로서 부모가 곁에 대기해야 한다고 생각하지만 늘 그런 건 아니다. 모래밭이나 레고 상자 옆에 앉아 있는 부모를 보면 "저게 강아지야?" "그건 파란색인가?"처럼 정답을 정해놓고 해설하듯 이야기하니 말이다. 이런 식으로 말을 걸면 어휘력을 길러줄 수 있긴 해도 계획을 말로 표현하거나 간단한 질문을 심오한 질문으로 심화하는 데 필요한 자기 대화를 방해하게 된다. 게다가 서로가 고단해지는 탓에 부모에게도 아이와의 놀이가 또 다른 의무처럼 느껴진다. 아예 질문을 하지 말아야 한다는 뜻이 아니라 그런 질문이 탐색의 기회를 밀어낼 때 놀이의 핵심이 사라진다는 점을 알아두어야 한다는 것이다.

어린아이는 원래 같은 일을 계속 반복하고 싶어 한다. 반복이 학습을 강화하고 만족감을 불러일으키기 때문이다. 하지만 계속 지켜봐야 하는 부모 입장에서는 한없이 지루하기만 할 뿐이다. 놀이는 즐거워야 한다. 부모도 아이도 부담스럽다고 느끼는 순간부터 진실하지 않은 행동을 하게 되는데, 지루하지만 흥미로운 것처럼 보이려 애쓰는 것이 전형적 사례다. 하지만 아이는 어른이 꾸며낸 감정을 금세 알아차린다. 아이가 원하는 건 부모가 진심을 다해 자신에게 주목하면서 의견을 보태주는 것이다. "이거 봐라!"라면서 부모의 관심을 끄는 것도 다 이 때문이다.

게임 종류 중 하나인 비디오게임은 시간 낭비이고 정신 건강을 해친다고 여겨지지만 사실 연구 결과로 명확히 밝혀진 바는 없다. 게임이 공격성을 높인다는 문제점이 있다고도 하지만 이 또한 확실한 것은 아니다. 폭력적인 비디오게임이 장기적으로 미치는 영향을 다룬 연구에서도 공감 능력 저하나 유사한 변화를 나타내는 뇌 반응은 발견되지 않았다.

게임은 멀티태스킹과 인지 능력 발달에 도움을 주는 역할을 한다. 자신이 특정 인물이 되었다고 상상하며 가상 세계를 구축하는 과정을 거치기 때문이다. 〈포트나이트〉 같은 게임은 규칙이 미리 정해져 있지만, 진행에 필요한 역할 연기와 전략 수립이 실제로 도움을 주는 것은 분명하다. 일부 연구는 협력과 공동 문제 해결을 염두에 두고 설계한 친사회적 비디오게임들이 조망 수용 능력을 키울 수 있다고 시사하기도 한다.

조기 선택이 최후의 승자로 이어지는 것은 아니다

게임을 하는 것 자체보다 더 걱정스러운 건 게임에 관한 대화 자체를 두려워하는 경우가 많다는 사실이다. 2017년 퓨리서치센터에서 전국 단위로 실시한 연구는 미국 성인 중 65퍼센트가 비디오게임이 총기 폭력에 영향을 미친다고 믿는 결과를 발표했다. 이런 두려움이 모여 아이에게 게임을 하면 안 된다고 말하게 되는 것이다.

운동도 마찬가지다. 운동은 신체를 움직이고 에너지를 발산할 수 있는 활동인 동시에 팀워크를 배우는 기회이기도 하며 즐겁기까지 하다. 그러나 최근 들어 어린 나이부터 한 가지 운동을 전문으로 해야 한다는 압박이 가해지고 있다. 아직 아이가 열 살 정도밖에 되지 않았는데 운동 종목을 선택하지 못해 걱정하는 부모도 많다. 아무래도 가장 잘하는 한 가지 운동에 집중하면 성공할 확률이 높다고 생각하는 듯했다.

하지만 정작 아이들은 종목을 일찍 선택해야 하는 현실에 지쳐가고 있다. 2018년 아동 1만 2000여 명을 대상으로 실시한 연구가 보여주듯 종목을 조기 선택한 학생은 부상 위험이 증가했다. 지나치게 높은 기대감에 부담을 느껴 중도 포기하거나 지치는 경우도 많았다. 한 연구에 따르면 일찍 종목을 선택한 아이가 오히려 먼저 운동을 그만두는 편이며 성인이 되었을 때도 신체적으로 덜 활동적이라고 한다. 아무리 관련 학과를 진학하고자 하는 학생이라도 조기 선택이 필수는 아니다. 대학에 재학 중인 운동선수들을 조사했을 때 평균적으로 15세가 될 때까지 종목을 선택하지 않았다는 연구 결과도 있다.

아이가 전문 종목을 일찍 선택하면 그에 따라 대화 내용도 변화하기 마련이다. 부모는 아이가 타고났다 느껴지거나 이미 잘하는 부분에 집중해 두 배로 시키려 하고, 아이는 코치와 부모를 기쁘게 하는 데 더 집중하게 된다. 이런 경우 한 번이라도 실패를 경험하면 자기 대화가 부정적으로 변하기 십상이며 직전 경기의 승패에 자존감이 큰 영향을 받는다. 이럴 때는 아이의 놀이 개념을 다시 구성해야 한다. 가장 좋은 시작법은 장난스러운 태도에 초점을 맞추는 것이다.

장난스러운 태도에서 나오는 아이디어

아침 7시 30분, 평생 아침형 인간이란 꿈도 꿀 수 없었던 내가 미시간주 소재 그랜드밸리주립대학교 캠퍼스의 한 교실에서 정신을 바짝 차리고 있던 날이 있었다. 바로 고등학생 시절 과학 올림피아드 전국 대회에 참가하는 날이었다. 나는 여러 가지 중 '쓰고 하기'라는 행사에 참석했다.

쓰고 하기의 진행 상황은 다음과 같았다. 한 학생이 복잡한 구조물이 있는 방에 들어가고 다른 학생은 그 구조물을 분해한 조각들이 담긴 상자가 있는 방에 들어간다. '쓰기'를 맡은 학생은 '하기'를 맡은 학생이 지정된 시간 내에 구조물을 제대로 조립할 수 있도록 정확한 지시문을 제공해야 한다. 심판들은 각각의 요소에 점수를 부여하고 실수는 감점하며 최종 점수를 매긴다. 그중 가장 높은 점수를 받은 팀이 우승자가 되는 것이다.

행사가 있던 날 아침, 나는 또래 학생들과 함께 나란히 일렬로 앉아 있었다. 학생들은 공책, 연필, 레고, 스티로폼으로 만들어진 기묘한 장치를 받았다. 나는 높이 15센티미터, 너비 30센티미터에 태양처럼 둥글고 불규칙한 광선을 내뿜는 그 장치를 뚫어지게 쳐다보았다. 나무 막대 수십 개가 스티커, 별 모양 구슬, 감자 칩과 함께 무작위로 꽂혀 있었다. 엉망진창이라는 생각이 머릿속을 가득 메웠다. 주변 아이들은 모두 바쁘게 지시문을 갈겨쓰고 있었다. 한 시간이 남은 시점에서 아무런 시작도 하지 못한 나는 등골이 오싹했다. 하기 역할을 맡은 내 파트너가 백지를 받아들면 분노할 것이 분명했다.

긴장한 탓에 머리가 멈춘 듯한 나는 심호흡을 한 뒤 눈을 감았다. 잠시 파트너나 우승에 관한 걱정을 멈추고 제대로 된 생각을 하기 시작했다. 어떻게 해야 가장 정확한 그림을 빨리 그릴 수 있을까? 내가 내린 결론은 '패턴을 찾아야겠다'는 생각이었다. 나는 고개를 숙여 그 장치를 다시금 살폈다. 표면상으로는 딱히 두드러지는 점이 없었지만 가만히 보고 있자니 뭔가가 눈에 띄었다. 늘어선 나무 막대들은 웃는 얼굴을, 감자 칩 두 개는 눈을 나타내고 있었다! 웃는 얼굴이 핵심인 것을 파악한 나는 그래도 몇 주일 동안 나름 연습한 패턴 찾기의 성과가 있다는 사실에 기쁨이 몰려왔다. 그리고 서둘러 책상으로 돌아와 지시문을 쓰기 시작했다.

사실 과학 올림피아드란 본디 승자와 패자로 결과가 나뉠 수밖에 없는 대회다. 줄지어 퇴장하는 길에 아이들이 하는 말을 들으면서 나는 각자가 무척 다른 경험을 했다는 것을 알게 되었다. 한 아이는 투덜거리며 "난 실패했어. 첫 부분에 시간을 너무 많이 썼어"라 말했다. 그러자 다른 아이가 퉁명스러운 얼굴로 대답했다. "알 게 뭐야? 진짜 실없는 짓이야. 엄마 때문에 억지로 온 거라니까." 두 아이 뒤에서는 좀 더 어린 학생 두 명이 팔짝팔짝 뛰며 하이파이브를 했다. "우리가 일등이 확실해! 피자 파티를 열 수 있게 됐어!"

환호하는 두 아이의 대화를 통해 아무리 일등이라도 놀이 자체에서 즐거움과 재미를 느끼지 않을 수도 있다는 사실을 깨달았다. 아이들이 기뻐한 건 내재적 동기가 아닌 피자 파티라는 외부 보상에 초점을 맞췄기 때문이었다. 과정이 아니라 일등이라는 결과를 강조한 것이다. 브라운의 정의에 따르면 과학 올림피아드에서 벌어진 놀이는 제대로 된 놀이라 할 수 없다. 반면 나 역시 같은 입장에서 수없이 많은 대회에 참여했었지만 그날만큼은 달랐다. 쓰고 하기 행사에 참가하며 놀이에 장난스럽게 접근하는 경험을 해볼 수 있었기 때문이다. 이렇게 해볼지 저렇게 해볼지 고민하며 가능성을 탐색해보는 동안 승패라는 문제 자체를 잊은 채 그저 탐색에만 몰두하는 즐거운 시간을 보냈다.

상상력을 발휘하는 개방형 대화

장난스러운 태도를 기르는 일은 생각보다 어렵지 않다. 그 시작은 우리 주변을 둘러싼 자연, 세상에 대한 아주 간단한 대화에서 비롯된다. 구름을 보면서 배나 공룡을 떠올리고 벽돌 더미를 보면서 로켓을 만들면 좋겠다는 생각이 드는 것도 다 대화에서 비롯된 상상력이다. 그런데 간혹 주의가 산만한 아이의 놀이 방식을 보고 문제적이라 오해하는 경우가 더러 있다.

몇 년 전 나는 다섯 살 유치원생 브렛에 관해 담임교사와 이야기를 나누었다. 교사와 부모는 브렛이 친구들의 학습 속도를 따라가지 못해 걱정 중이었다. 게다가 브렛은 친구가 이름을 불러도 무시할 때가 많았으며 수업 시간에 계속해서 딴짓을 했다. 가끔은 돌아다니기도 했고 종종 벽에 부딪히기까지 했다. 교사는 브렛의 부모가 이미 시력과 청력 검사까지 시켰지만 별 이상이 없었으며 심지어 ADHD도 아니라는 판정을 받았다고 했다.

브렛을 일대일로 만난 날, 나는 지금 무슨 일이 일어나고 있는 것 같은지를 물었다. 그러자 브렛은 자리에서 벌떡 일어나 검을 휘두르는 척하더니 "고비사막에 있다고 상상하고 있어요. 눈을 감고 휘몰아치는 바람을 느끼면서 낙타를 타고 있는 거죠"라고 말했다. 예상치 못한 대답을 들은 나는 다시 되물었다. "그렇구나. 고비사막 이야기는 어디서 들었어?" 브렛은 활짝 웃으며 대답했다. "다큐멘터리에서요. 여섯 번이나 봤어요. 이제는 줄줄 외울 정도예요."

짧은 대화만으로도 브렛의 주의력에는 아무 문제가 없다는 사실을 알 수 있었다. 굳이 문제를 찾자면 그저 상상 속 세계에 조금 과하게 몰두해 있다는 것 정도뿐이었다. 브렛에게 진짜 필요한 것은 상상하는 놀이를 인정하되 다른 부분에도 집중력을 나눠준다면 훨씬 균형 잡힌 사람이 될 거라는 격려의 대화였다.

나는 먼저 브렛에게 모든 감각이 담긴 시나리오를 **확장**해보라고 권했다. 고비 사막은 어떤 느낌이고 어떤 소리가 나는지, 냄새는 어떤지, 다른 사람들과 함께 있는지, 실제로 사막에 가본 적이 있는지, 사막을 떠올리면 어떤 기분이 드는지를 구체적으로 생각해보는 것이다. 이어서 탄탄한 상상력을 인정하며 아이가 **탐색**할 수 있도록 도왔다. 시나리오를 확인한 뒤에는 살을 좀 더 붙여 풍부하게 만들어보면 좋겠다는 말을 전했다. 또 우리는 세 가지 갈등에 대해서도 이야기했다. 바로 타인과의 갈등, 자연과의 갈등, 스스로와의 갈등이었다. 아이는 상상 속에서 어떤 종류의 갈등을 직면하게 될까? 신이 난 브렛은 같이 여행하는 동료들이 물을 나누어 먹는 문제로 다투었고 강도들을 만나 싸움에 휘말렸지만, 두려움을 이겨내고 굳건히 버텨낸 끝에 결국 무사히 목적지에 도달할 수 있었다는 설정을 들려주었다.

마지막으로 우리는 상상력이 유리하게 작동할 때와 불리하게 작동할 때를 **평가**했다. 언제 상상력 때문에 주의가 산만해지는지, 친구들과 어울리는 데 방해가 될 때는 없는지, 심지어 다치기도 하는지에 관해 이야기를 나누었고 상상을 멈춰야 하는 신호가 있는지도 생각해보았다. 만약 선생님이 부르거나 친구들이 놀자고 할 때는 어떻게 해야 할까? 우리는 '줄여'와 '높여'라는 주문을 만들어 사용하기로 했다. '줄여'는 잠시 상상을 멈추라는 뜻이었고 '높여'는 상상 속 세계에 자유롭게 빠져들어도 된다는 뜻이었다. 이런 대화를 나누다 보면 아이는 자기 인식이 높아지고 부모는 아이가 상상하는 세계를 들여다볼 기회를 얻는다.

　개방형 놀이에는 많은 것이 필요하지 않다. 시간과 공간적 여유, 많은 생각이 옳을 수 있다는 감각만 있으면 된다. 아이와 놀다 잠시 시간이 나면 자리에 앉아서 다음번에 일어날 일에 대한 궁금증을 소리 내어 표현해보자. "그다음엔 뭐야?" "좋아, 또 뭐가 있지?" 같은 개방형 질문을 던지면 아이가 알아서 주도하기 마련이다. 쏟아지는 아이의 아이디어를 모은 다음에는 이를 평가해보자. 뭐가 제일 재미있었는지, 어떤 놀이를 다시 하고 싶은지 말이다. 장난스러운 태도를 갖춘 아이는 정답을 찾고자 경쟁하는 대신 호기심을 발휘하고, 실패를 수치가 아닌 시작이라 받아들이는 건강한 마인드로 경험을 대하게 된다.

놀이의 발판 만들어주기

소피가 다섯 살이었던 어느 삭막한 2월 오후, 나는 소피를 보스턴 과학박물관에 데려가기로 했다. 그런데 공룡 전시관까지 구불구불한 줄이 길게 이어져 있었다. 일단 우리는 사람이 줄어들 때까지 밖에서 기다려보기로 했다. 자리를 잡고 우두커니 서 있는데 각각 네 살과 여섯 살 정도로 보이는 두 아이가 아빠의 팔을 잡아당기며 뭔가를 졸라대는 모습이 보였다. 작은아이는 "게임기 주면 안 돼? 아니면 아빠 핸드폰이라도?"라며 아빠를 졸랐고 큰아이는 "땅따먹기 하자. 웅덩이 땅따먹기"라고 하더니 웅덩이에 뛰어들었다. 아버지는 얼굴을 찌푸리며 "핸드폰은 안 돼. 땅따먹기도 안 돼. 이거 봐. 흠뻑 젖었잖아"라고 말했다. 그러자 작은아이는 팔을 더 세게 당기며 투덜거렸다. "너무 지루해. 집에 가자." 큰아이가 또다시 물을 튀기려 하자 아버지는 움찔하면서 "조용히 해, 알았어?"라고 급하게 상황을 무마하려 했다.

두 번째로 눈에 들어온 가족은 장화를 신은 어린 아들 세 명과 아버지였다. 아이들이 뛰면서 물을 첨벙거리는 동안 아버지는 은은한 미소를 지으며 그 모습을 바라보았다. 그러다 "저 웅덩이에 물을 부으면 뭐가 될지 궁금하네. 바다가 되려나?"라는 질문을 던졌다. 큰아들은 웃으면서 "말도 안 돼. 그래도 호수 정도는 될 수 있을 것 같아"라고 대답했다. 둘째는 주변을 뛰어다니며 "개구리도 있을까?"라고 물었고 아버지는 슬며시 웃으며 되받아쳤다. "어쩌면? 아니면 바다 괴물이 있을지도 몰라!" 그 말을 들은 아이들은 짧게 탄성을 질렀다.

아버지는 바닥에 가득한 진흙을 보더니 "좋아. 우리가 진흙 괴물을 만들 수 있을까?"라고 물었다. 큰아들은 "티라노사우루스를 만들래", 둘째 아들은 "나는 돌고래를 만들래"라고 주장했다. 그러자 아버지는 진흙 웅덩이를 크게 넓혀 바르며 새로운 질문을 던졌다. "티라노사우루스와 돌고래가 둘 다 살 수 있을 만큼 넓은 여기는 어디일까?" 아이들은 "사막!" "수족관!"이라며 각기 다른 자신의 의견을 말했다. 아버지는 웃으면서 "좋아. 두 개를 합쳐 사막 수족관! 한 층은 모래, 한 층은 물로 만들어보자"라며 제안했다. 이 모습을 본 소피는 웅덩이에서 발을 구르며 "나도 돌고래 만들고 싶어!"라고 했다. 나는 신난 소피의 모습을 보며 장난스러운 태도가 전염된다는 걸 떠올렸다. 한 아이의 독특한 창의력이 자연스레 주변 아이들에게 영감을 주는 것도 이 때문이다.

차례가 되고 박물관에 입장해 돌아다니는 동안 나는 아까 본 두 가족을 생각했다. 한 가족은 짜증을 내기만 했고 다른 가족은 진흙 웅덩이를 사막 수족관으로 바꾸는 마법을 보여주었다. 두 번째 가족의 대화를 듣는 동안 연구자 리케 토프트 뇌고르Rikke Toft Nørgård가 제시한 질문인 "무엇이 될 수 있을까?"와 "어떻게 하면 우리가?"가 떠올랐다. 아이가 호기심을 발휘해 열린 마음으로 생각하도록 이끄는 이 두 질문이 아이들에게 고스란히 반영되었기 때문이다.

두 번째 가족의 아버지는 아이들이 관심을 보이는 대상에 주의를 기울였다. 그리고 아이들의 생각을 종합해 사막과 수족관을 합친 창의적 단어를 만들어냈다. 또 개방적 태도로 다양한 놀이 방법을 장려했고 한 가지 정답만을 강요하지 않았다. 현실을 넘어서는 질문을 던져 다양한 상상력을 이끌었으며 아이들 각각의 생각을 잘 취합해 정리하는 어른으로서의 성숙한 태도를 보여주었다. 덕분에 아이들은 상상의 나래를 펼치며 창의력을 기르면서도 줄을 기다리는 시간을 즐거이 보낼 수 있었다.

부모의 이중 잣대

마음 같아서는 늘 두 번째 가족 같은 대화를 나누고 싶지만 그러기 버거운 매일이 닥쳐오는 게 현실이다. 단순하게는 피곤하거나 스트레스 때문이기도 하고 머릿속에 고민이 가득해서일 수도 있다. 아이가 놀자고 할 때 부모의 반응이 매번 긍정적일 수 없는 것도 이 때문이다. 부모의 반응은 컨디션에 따라 많은 영향을 받는다. 나도 소피와 폴이 빨대를 불어대며 물에 거품을 만들던 저녁 식사 자리에서 그런 적이 있다. 그러던 중 소피가 "우유 거품은 물거품이랑 모양이 달라?"라고 물었고 나는 좋은 질문이라며 직접 시험해볼 것을 권했다.

그로부터 며칠 뒤, 회사 일로 늦게 퇴근하고 집에 돌아온 나는 서둘러 저녁을 준비하느라 정신이 없었다. 한참을 분주하게 움직이다 겨우 자리에 앉았을 때는 아이들이 거품 불기 시합을 막 시작한 참이었다. 순간 짜증이 난 나는 "밥 먹을 때는 거품 금지야. 알았어?"라고 쏘아붙였다. 그러자 소피는 "저번에 엄마가 시험해보라고 했잖아"라며 마저 거품을 불어댔다. 물론 소피 말이 맞긴 했지만 부모도 사람이기에 태도가 오락가락할 수 있는 법이다. 스스로도 혼란스럽겠지만 이럴 때 내 기분이 어떤지, 왜 그런지를 살펴보면 서로의 입장을 이해하는 데 도움이 된다. 대답할 만한 기분이 아니라면 감정을 드러내지 않는 목소리로 현재 마음을 설명해주자. 에너지나 인내심이 바닥났을 때는 정신적 여유를 확보하는 것이 우선이다.

갈등을 해결하는 유머

장난스러운 대화는 오래 끌어온 갈등이나 논쟁에도 도움이 된다. 이와 관련해 『엄마는 아이의 불안을 모른다』의 저자 로런스 코헨이 한 말 중 내가 좋아하는 표현이 있다. 바로 "아이가 당길 때 밀기보다는 놓아보자"라는 것이다. 이 말은 아이가 토라졌을 때 맞불을 놓거나 무작정 달래주는 대신 너그럽게 대하는 쪽을 선택하자는 뜻이다. 예를 들어 직접 버터를 바르도록 허락하지 않았다는 이유로(요즘 우리 집에서 벌어지는 싸움이다) 아이가 토스트를 먹지 않겠다 버티는 상황을 가정해보자. 그냥 먹으라 말하고 싶은 마음이 굴뚝 같겠지만 아이의 욕구 이면에 숨은 생각을 인정하고 이를 창의적으로 확장해보자. "오늘은 뒷면에

버터를 발라 먹어보는 건 어때?"라고 새로운 방식을 제안하거나 "네가 해적이라 생각하고 토스트를 찔러봐!"처럼 상상력을 자극하는 것이다.

협력적 태도로 다가가면 "안 돼"나 "나중에"를 넘어서는 선택지가 생기며 아이에게 주도권을 줄 수 있다. 그러면 아이는 체면을 챙기면서도 논쟁에서 졌다고 느끼지 않게 된다. 마음이 상한 아이를 달랠 때도 마찬가지다. 저녁을 먹고 있는데 아이가 울면서 망가진 장난감을 가지고 왔다 해보자. 이때 부모가 망가진 곳에 파스타 소스를 바르는 척하며 익살스럽게 "음, 이렇게 하면 고쳐지려나?"라고 농담을 건넨다면 어떨까? 아이는 유머러스한 상황으로 슬픔에서 벗어날 기회를 얻는 동시에 새로운 아이디어를 떠올릴지도 모른다.

또 장난스러움을 더하면 양쪽 모두가 좀 더 쉽게 사과의 말을 건넬 수 있다. 만약 아이에게 옥박을 지른 상황이라면 사과를 해도 마음은 여전히 풀리지 않았을 확률이 높다. 이럴 때는 어떻게 해야 할까? 그럴 때는 이렇게 말을 걸어보자. "심술이 났을 때는 어떤 동물이 된 것 같은 기분이야?" 새로운 화제를 제시하는 참신한 대화는 다시 관계를 회복하는 기회로 작용하기 때문이다.

잘 노는 아이 만들기

아이의 속마음 들여다보기

아이의 마음을 들여다보기 위해서는 감정에 초점을 맞추어야 한다. 어쩌면 아이는 제일 못하는 일을 제일 좋아할 수도 있고 조금이라도 못하는 것 같으면 일단 싫어하고 볼 수도 있다. 이는 해야 한다는 식의 표현과 원한다는 식의 표현을 얼마나 사용하는지로 알 수 있다.

만약 아이가 새로운 놀이를 해보고 싶어 한다면 구체적인 부분들을 함께 짚어주자. 예를 들어 새로 도전하려는 놀이가 오랜 시간을 필요로 한다면 앞으로 진행될 일정을 미리 고려해보는 것이다. 또 어떤 부분에 끌린 건지, 어떤 부분을 계발하고 싶은 건지 질문하며 스스로 답을 찾을 수 있도록 유도하자. 준비 과정을 마치고 시작하기로 결심했다면 진행 과정을 정기적으로 평가하자. 도전 의식과 의욕을 느끼는지, 서툰 부분을 도와주는 친구가 있는지, 혹여 불만이 생겼다면 무엇인지를 확인하는 것이다. 다음 예를 참고하자.

	아이가 **"나는 축구를 못해. 그만둘 거야"**라고 말했다.
흔한 대답	"시작한 지 얼마 안 됐잖아. 좀 더 노력해보자, 알겠지?"
신선한 대답	• "언제부터 그렇게 느끼기 시작했어?" • "더 하고 싶은 활동이 있어? 이유는?" • "지금 그만두면 어떤 기분이 들 것 같아? 놓치는 게 있다면 어떤 걸까?"

초반에 성공하지 못해서 좌절했다면 누구든 뭔가를 배울 때는 굴곡이 있다는 사실을 알려주자. 아이들에게는 어려운 부분들이 어느 정도 몸에 익을 때까지 계속할 수 있도록 곁에서 도와주는 격려가 필요하다.

잘 맞는지 확인하기

아이가 놀이를 제대로 즐기고 있는지 확인해보자. 너무 힘들어하면 휴식을 취하거나 빈도를 조절해서 컨디션을 조절해야 한다. 특히 새로운 팀에 합류했거나 참여할 일이 부쩍 많아진 시기라면 한 번쯤 점검해보는 것이 좋다. 애초에 아이가 직접 선택한 놀이가 아니라면 더욱 다시 생각해보아야 한다.

또 아이의 놀이에 대해 부모인 나는 어떻게 생각하는지, 만약 놀이의 비중을 늘리거나 줄이면 어떨 것 같은지 상상해보자. 어쩌면 학창시절에 같은 놀이를 한 추억이 있을 수도 있다. 그렇다면 아이의 모습 자체에 집중해 응원하는 건지 아니면 과거의 내 모습에 빗대어 아이도 빛나기를 기대하는 건지 곰곰이 돌아볼 필요가 있다.

경쟁과 협력을 동시에 이끄는 리더십 갖추기

부모는 보통 아이들의 놀이가 협력이나 경쟁 중 하나라고 생각한다. 하지만 놀이 방식이 꼭 양자택일일 필요는 없다. 소속된 집단의 일원으로서 다른 팀에 맞설 때 더 큰 의욕을 느끼기도 하니 말이다. 이때 경쟁과 협력을 잘 활용하려면 기본적으로 팀원들을 격려할 줄 알아야 한다. 시합 전에 새로운 규칙을 만들어 미리 연습해보도록 이끄는 것도 좋은 방법이다. 누가 어떤 규칙을 마음에 들어 하고 불편해했는지 살피며 각 구성원의 강점과 맹점을 파악하는 것도 큰 그림을 그릴 줄 아는 리더의 자격 중 하나다.

열 살 아이가 네 살 동생을 가리키며 말한다.
"쟤랑 모노폴리 하기 싫어요. 규칙을 전혀 이해 못하잖아요!"

흔한 대답	"둘 다 그만 싸워. 동생도 끼워줘."

신선한 대답	• "돈을 이용하지 않고 하면 좀 더 쉽지 않을까?" • "서로에게 유의미한 선물을 걸고 내기를 하면 어떨까?" • "각자만의 규칙을 만들어서 적용해보는 건 어때?"

게임으로 아이 성향 파악하기

비디오 게임은 반영적 대화를 하기 힘든 놀이 유형 중 하나다. 보통 게임 중에는 이런저런 대화가 오가기 마련인데 비디오 게임은 화면에 집중하느라 그 빈도가 미미하기 때문이다. 하지만 여기에 초점을 맞추면 정말로 중요한 것, 즉 아이가 게임을 하며 어떤 모습을 드러내는지 알 수 없다. 예를 들어 사납게 생긴 곰 캐릭터는 무서워해도 전투기는 개의치 않아 한다거나 피와 폭력에 지나치게 집중한다거나 높은 점수를 최우선으로 생각하는 성향이라는 걸 놓치게 되는 것이다. 게임이 아이에게 어떤 영향을 미치는지, 어떻게 즐겨야 가장 도움이 될지를 파악하기 위해서는 이런 지점을 살피는 게 중요하다.

비디오 게임 연구자이자 『슈퍼베터SuperBetter』의 저자 제인 맥고니걸은 아이가 게임을 할 때 느끼는 감각에 주목해야 한다고 말한다. 게임명이 조금 자극적이라고 해서 무조건 금지해버리는 게 아니라 어떤 부분이 흥미로운지를 우선 물어보자. 그래픽이 멋져서일 수도 있고 미선이 짜릿해서일 수도 있으며 게임을 한다는 자체가 친구들과 어울리는 하나의 방식이라 그런 걸 수도 있다. 여기서부터 차차 게임에 관한 대화를 풀어가면 된다. 이 게임은 폭력성이 어느 정도인 것 같은지, 현실 세계와 게임 세계는 어떤 점이 가장 다른지, 실제로 좀비가 나타나면 어떻게 대처할 것인지 등 다양한 소재로 대화를 이어갈 수 있을 것이다.

무섭거나 폭력성이 강한 비디오 게임이라면 게임을 하기 전후로 기분이 어떻게 다른지 물어보자. 대답에서 스트레스나 불안 증세를 확인할 수도 있다. 물론 일부 청소년들이 게임을 과도하게 하는 정도를 넘어 중독 증세를 나타내는 것이 사실이기에 일정한 제한과 규칙이 필요한 것도 맞는 말이다. 하지만 여기에도 대화가 기반이 되어야 한다. 우선 차분하게 이야기를 이어나가보자. 오늘 하루 게임을 하느라 빼먹은 것이 있는지, 만약 그렇다면 무엇을 빼먹었는지 직접 물어본 뒤 아이가 받아들일 수 있는 선에서 어떻게 게임 시간을 정하면 좋을지 논의해보자. 만약 방법을 모르겠다거나 생각보다 문제가 심각하다면 아동 심리학자나 치료사에게 상담을 받는 것도 현명한 선택이다.

놀이를 풍부하게 만드는 대화 습관

언어를 활용한 놀이

놀고 있는 아이의 모습을 자세히 보면 이미 언어를 활용하고 있는 모습을 발견할 수 있을 텐데, 이제 막 걸음마를 뗄 정도의 아이도 침대에서 노래를 흥얼거리거나 혼잣말로 이야기를 하곤 한다. 조금씩 자라면서 새로운 것을 하나씩 배우기 시작할 때는 편안하고 가벼운 마음으로 시작하도록 부모가 상황을 조성해주는 것이 좋다. 예를 들어 "리리리 자로 끝나는 말은, 개나리 보따리 댑싸리 소쿠리 유리 항아리" 같은 노래로 즐겁게 운율의 개념을 배울 수 있는 것처럼 말이다. 좀 더 크면 유행어를 사용해 말장난을 해보는 것도 좋다. 또 평소 대화를 나눌 때도 서로의 논리에 도전하는 권한을 가져야 한다. 어른만 아이의 허점을 지적할 수 있다는 고정관념에서 벗어나는 것이다. 부모가 먼저 시범을 보인 뒤 아이에게도 권해보자.

다양한 표현으로 경험 말하기

밖으로 나가서 새로운 음악을 듣거나 신메뉴를 먹어본 뒤 구체적이고 감각적인 언어를 사용해 후기를 이야기해보자. 예를 들어 '오도독'과 '딸깍딸깍' 소리는 어떻게 다른지, 애절한 음악과 활기찬 음악의 차이는 무엇인지 특정 감각에 집중해 설명해보는 것이다. 이렇게 언어로 자신의 감각을 말해 버릇하면 표현을 더 정확하게 구사할 수 있게 되고 마음이 차분해지는 효과도 생긴다. 오감에 관한 질문들을 던지며 아이가 끌리는 질감, 광경, 소리가 무엇인지 살펴보는 것도 좋다. 어떤 부분에서 신경이 곤두서거나 기분이 절로 좋아지는지 취향을 공유하면 서로에 대한 이해를 넓혀갈 수 있다.

한 가지를 여러 관점으로 바라보기

무엇인가가 한 가지 면만 가지고 있지 않다는 걸 알려주자. 물체의 경우라면 형태가 어떻게 바뀌는지 살펴볼 수 있다. 아이가 고무줄을 가지고 놀고 있다면 "손가락에 끼워 쏘았을 때 어디까지 날아갈까?"라고 물어보자. 아니면 고무줄을 이용해 별 모양 같은 도형을 만들어보라 권할 수도 있다. 나뭇가지를 얼마나 다양하게 활용할 수 있는지, 달에서 축구를 할 수 있을 새로운 방법은 무엇일지, 과거와 현재에 쓰임이 다른 물건에는 어떤 것들이 있는지, 태양열발전 지붕 디자인을 설계하는 가짓수는 얼마나 될지 등 질문을 건넨 다음 아이가 창의적으로 생각해보게끔 대답을 유도하자.

놀이로 과학적 사고 키우기

과학적 사고는 창의적 태도로 접근할 때 가장 건강하게 이루어지므로 아이에게 새롭게 받아들인 내용이 이미 알고 있는 것과 얼마나 같거나 다른지 물어보자. 갑자기 어려운 질문을 하더라도 장난스러운 태도로 받아치면 된다. 스탠퍼드대학교 연구자들은 "어떤 생각을 믿어보고, 거기서 무엇을 알아낼 수 있는지 살펴보고, 그다음 다른 생각을 믿어보자" 제안한다. 두 생각 중 어떤 것이 이길지, 각각의 생각들이 만들어낼 문제는 무엇일지 덧붙여 물어보면 더 다양한 과학적 대화를 나눌 수 있다.

대화 습관 1. 새로운 놀이법 적용하기
최대한으로 느끼기
피아노 건반을 차례로 눌러보고, 새로운 재료로 오두막을 지어보고, 겨울이면 크로스컨트리 스키를 해보거나 언 운동장에서 신발과 흙이 부딪히는 소리에 귀를 기울여보자. 부모와 아이는 같은 소리를 듣고도 다르게 묘사하곤 하는데, 예를 들어 아이스크림 트럭에서 트는 노래를 함께 듣고도 부모는 '요란하다' 느끼는 반면 아이는 '먹음직스럽다' 생각할 수도 있다. 무언가를 경험한 이후의 반응이 바뀌는 데도 주목할 필요가 있다. 악보 읽는 법을 배운 뒤로 노래가 어떻게 다르게 들리는지, 눈이 올 때 어떤 소리가 나는지, 봄날에 자동차 전면 유리창이 벚꽃 잎으로 뒤덮이면 어떻게 보이는지 말이다.

해결책과 이유 제시하기

문제 상황이 발생했을 때 다음 단계로 나아가기 위해서는 반드시 해결책이 필요하다. 예를 들어 겨울에 캠핑을 하는데 가스난로가 켜지지 않는다면 아이는 어떻게 대처할까? 그리고 그렇게 생각하는 이유는 무엇일까? 보통 버너가 망가진 것은 아닐지 의심하는 경우가 많지만 일단 아이의 해결책을 들어본 뒤 이를 먼저 시도해보자. 가정이 맞아 문제가 해결될 수도 있고 꼭 그렇지 않더라도 아이의 욕구를 실행으로 옮기는 과정 자체에 의미가 있으므로 괜찮다. 나중에 아이의 해법이 왜 제대로 작동하지 않았는지를 함께 곰곰이 생각해보면 더 좋다.

일상에서 호기심 연습하기

같은 크기라도 왜 어떤 돌은 가볍고 어떤 돌은 무거울까? 전자레인지에서 음식을 꺼내지 않으면 반복해서 삐 소리가 나는 이유는 무엇일까? 궁금하지만 꽤나 복잡하게 관찰해야 알 수 있는 질문들의 답을 찾기 위해서는 기초 훈련이 필요하다. 우선 일상 속 질문에서 시작하는 것이 쉽고 간단하다. 집 근처에 위치한 정원의 돌들이 현무암인지 화강암인지 구분해보고, 전자레인지가 내부에 실려 있는 무게를 인지해서 소리 센서가 작동하는 건지 체크해보는 것이다.

대화 습관 2. `놀이를 주도하는 아이 만들기`

지켜보고 기다리고 들어주기

아이가 놀이를 주도하도록 이끌고 그 방식에 맞춰 참여하자. 피곤하거나 해주고픈 말을 다 한 날이라면 옆에 앉아 열린 태도로 지켜보고 들어주자. 늘 따라다니며 곁에 있지 않아도 괜찮다. 혼자 놀다가 도움이 필요한 상황이 생겼을 때 알려달라고 얘기해두는 정도면 충분하다. 시시때때로 도와주는 것보다 곁에서 기다리며 언제든지 도와줄 준비가 되어 있다는 느낌을 주는 것이 더 중요하다.

아이가 좋아하는 놀이에 관심 갖기

아이는 부모가 관심을 가지고 지원해주는 놀이에 더 많은 시간을 투자한다. 한 연구에서는 놀이를 대하는 부모의 태도로 아이의 상상력 수준을 예측할 수 있다는 결과가 나오기도 했다. 아이가 좋아하는 공간이나 물건을 이용하면 한결 쉽게 접근할 수 있다. 예를 들어 소방관 놀이를 자주 하는 아이라면 직접 종이 상자를 색칠한 뒤 접어서 소방서를 세워보자고 하는 것이다.

3E를 활용해 놀이 두 배로 즐기기

놀이 과정에도 3E를 적용해 아이의 사고를 확장시킬 수 있다. 아이가 색색의 블록을 쌓고 있다고 해보자. 우선 "만들면서 무슨 생각을 하고 있어?" "왜 그 색깔을 골랐어?" 같은 **확장** 질문을 던지자. 다음에는 **탐색** 질문으로 극대화된 놀이를 상상해보자. "세상에 있는 수많은 색깔 중에서 어떤 걸 고르고 싶어?" "블록이 우리가 있는 방만큼 거대해진다면 어떨까?"처럼 말이다. 놀이가 끝난 뒤에는 아이가 결과물에 대한 호불호를 **평가**할 수 있도록 하자. "완성된 건물에서 어떤 부분이 제일 마음에 들어?" 같은 질문으로 대답을 유도해주면 좋다.

상황에 따른 대안 찾기
매일 듣는 둥 마는 둥 하는 상태로 놀아주기보다는 가끔씩이라도 온전하게 참여하는 편이 더 낫다. 노는 시간 전체를 함께할 컨디션이 아니라면 완성한 결과물에 대해 이야기하자고 하거나 아이가 형제자매 혹은 친구에게 게임을 설명해준 뒤 같이 놀자고 먼저 다가가는 용기를 발휘할 수 있도록 격려해주자. 뭔가를 만들어야 하는 경우라면 중간부터는 스스로 완성해볼 것을 권해보자.

사실 대화에 정해진 비결 같은 것은 없다. 굳이 찾자면 부모와 아이의 개성에 맞는 대화를 나누는 것이 정답이라 할 수 있겠다. 놀이를 새로운 관점으로 생각해본다는 게 어찌 보면 사소한 일 같기도 하지만, 실은 문화 속 한 켠에 자리 잡고 있는 팽배한 사고에 이의를 제기하는 일이자 아이가 열린 마음으로 창의적 욕구를 발산할 수 있게끔 돕는 중요한 일이다. 마리아 몬테소리가 남긴 "놀이는 어린이의 일"이라는 유명한 말은 놀이와 일이 얽혀 아이의 성장 가능성을 꽃피우는 계기가 된다는 뜻이다. 잘 논다는 것은 단순히 놀기만 한다는 게 아니라 깊이 있게 배우고 자신의 성향을 파악해나가는 또 하나의 중요한 방식이다. 즉 진정으로 재밌고 창의적인 놀이는 영감을 발휘하고 잠재한 아이디어를 실현하도록 이끄는 촉매제의 역할까지 해내는 셈이다.

유아~유치원생

아이가 하는 놀이에서 질문을 뽑아내면 좋다. 예를 들어 비눗방울을 불며 놀고 있는 상황이라고 해보자.

Q "어떻게 불어야 터지지 않고 가장 오래 날아다닐까?"

Q "한 번에 세게 불면 어떻게 될까? 그만큼 방울이 많이 만들어질까?"

Q "지금 비눗방울이 날아가는 쪽은 어느 방향이야?"

자연의 재료를 활용하자.

Q "나뭇가지는 어떤 식으로 활용할 수 있을까?"

Q "모래사장에서 도구 없이 손만으로 배 모양을 만들 수 있을까?"

Q "흙과 자갈을 이용해서 네가 만들 수 있는 가장 멋진 건 뭐야?"

초등학생

아이가 학교에서 배우는 중이거나 평소 궁금해하던 것을 주제로 삼자.

Q "어떻게 하면 양동이가 로켓이 될 수 있을까?"

Q "중력이 다른 행성에서 공을 튀기면 어떻게 될까?"

Q "바느질을 더 촘촘히 할 수 있는 방법은 뭘까?"

일상 속에서 실용성을 발전시킬 아이디어를 이야기해보자.

Q "힘을 덜 들여도 쉽게 밀리는 여행 캐리어를 만드는 방법에는 어떤

기술이 필요할까?"

Q "지금 냉장고에 있는 재료로 맛있으면서도 쉽게 상하지 않는 반찬을
만들려면 어떻게 해야 할까?"

중학생 ~ 고등학생

특정 상황을 상상하며 생각을 확장하자.

Q "전기 없이 집을 지을 수도 있을까?"

Q "어떻게 하면 음성인식으로 작동하는 자동차를 설계할 수 있을까?"

미래에 벌어질 수도 있는 일들을 얘기해보자.

Q "가상현실에서 농구를 한다면 어떨까?"

Q "소행성이 지구에 충돌한다면 어떤 일이 벌어질까?"

Q "언젠가 듣거나 볼 수 없는 사람들을 위한 박물관도 설계될까?"

오늘 바로 적용하기

Q1. "평소에 좋아하는 게임이나 장난감 중에 가장 재미있는 걸
소개해줄 수 있어? 이유는?"

Q2. "새로운 게임을 발명할 수 있다면 어떤 걸 만들고 싶어?"

Q3. "온종일 아무것도 하지 않고 놀 수 있는 날이 생긴다면
그날을 어떻게 보낼 거야?"

7장

다름을 받아들이는 열린 대화

자기 마음을 바꿀 수 없는 사람은 아무것도 바꿀 수 없다.

조지 버나드 쇼

중학교에서 언어병리학자로 근무한 첫해에 만난 윌리엄은 자기 생각을 말과 글로 표현하기 어려워하는 아이였는데, 그중에서도 특히 문장 구조를 어려워했다. 어휘력은 뛰어났지만 문장 구성을 힘들어해서 간단한 문장만 사용하는 경우가 많았다. 초등학생 때는 쉬운 문장을 위주로 쓰기 때문에 딱히 두드러질 일이 없었지만 중학생이 되고부터는 훨씬 더 복잡한 작문을 해야 했기에 문제가 생기고 말았다. 윌리엄은 읽는 이가 납득할 만한 설득문을 써야 할 때면 스트레스를 받아 좌절하곤 했다. 나는 윌리엄을 돕기 위해 흥미로운 라디오 방송, 팟캐스트, 동영상을 이용해 글감을 브레인스토밍할 수 있게끔 했다. 접속사로 문장을 연결해서 주장을 갈고닦는 구체적인 방법도 함께 연구했다. 다행히도 윌리엄은 이 시간을 즐기는 듯했고 나 역시 아이가 관심을 보일 법한 화제를 이용해 방안을 모색하는 작업이 즐거웠다.

윌리엄이 그 말을 한 건 멕시코시티 출신인 한 소년에 관한 영상을 보고 나서였다. 영상 속 소년은 멕시코시티가 예전보다 얼마나 분주해졌는지에 대해 이야기했다. 도시화가 주제인 작문 때문에 보기 시작한 영상이었지만 정작 윌리엄의 관심사는 과제가 아닌 듯했다. 윌리엄은 소년의 말투를 흉내 내면서 말했다. "쟤 억양이 별로예요. 특히 '생활'이라고 할 때가 제일 이상해요." 그 말을 들은 나는 차분히 반박했다.

"그렇게 말하지 않았는걸? 그리고 억양이 있는 건 당연해. 영어가 저 아이의 모국어는 아니니까." 하지만 윌리엄은 다른 사람이 살아가는 방식에는 관심 없다며 계속해서 비아냥거렸다.

그렇게 소년에 관해 한참 이야기를 주고받던 중 윌리엄은 나를 빤히 바라보며 말했다. "그래서요? 어쨌든 쟤는 연습해야 해요. 완전 패배자 잖아요." "패배자?" 나는 잠시 말을 멈추고 패배자라는 단어에 담긴 의미를 이해하려고 애썼다. "선생님이 듣기에는 잘하는 것 같은데." "자기가 영상에 나올 걸 생각하면 발음을 제대로 했어야죠. 안 그런가요?"

나는 최대한 침착한 태도를 유지하며 나와 다르다고 해서 부정적 시선으로 바라보는 것이 왜 잘못되었는지를 설명했다. 윌리엄은 발을 이리저리 움직이며 중얼거리듯 사과하는 것으로 상황을 넘기려 했다. 이런 태도는 아이들에게서 흔히 볼 수 있었는데 보통은 처한 환경이나 고정관념에 의문을 제기하지 않았던 그간의 소통 탓이 컸다. 심리학자 마르그리트 라이트가 주장하듯 편협함은 학습되기 때문이다.

그 일이 있고 얼마 지나지 않아 학부모 면담 시즌이 되었고 윌리엄의 차례가 된 날, 담임교사는 윌리엄이 두 살 때 가족과 폴란드에서 이민 왔다는 정보를 미리 알려주었다. 윌리엄은 억양 없는 영어를 유창하게 배웠지만 부모는 영어를 힘들게 배운 케이스였다. 최근 들어 친구들을 집에 초대하지 않게 된 이유도 부모의 말투가 놀림감이 되었기 때문이라고 했다.

이 이야기를 들으니 윌리엄이 동영상을 보고 왜 그렇게 반응했는지 금방 이해가 되었다. 억양 때문에 놀림받은 경험을 똑같이 되풀이한 것이었다. 아이들은 불안하고 상처받았을 때 자기보다 더 취약한 사람을 몰아세우기도 하고 내적으로 극심한 불안과 우울을 느끼기도 한다.

물론 그렇다고 윌리엄의 발언이 정당해지는 것은 아니다. 잘못된 말임은 분명하지만 그간의 상황을 알고 나니 윌리엄이 왜 그런 식으로밖에 말할 수 없었는지 이해할 수 있었다.

그때 내 반응은 어땠을까? 나는 기존의 생각에 의문을 가져볼 것을 권한 게 아니라 오로지 설교를 늘어놓는 데만 집중했다. 그렇게 해서는 아이의 사고방식을 바꿀 수 없는데 말이다. 만약 윌리엄의 사정을 알았다면 무엇을 다르게 시도해보았을까? 나는 어떻게 해야 아이들이 뿌리 깊은 억측에서 벗어나 개방적이고 호기심 어린 태도를 가지도록 도울 수 있을지 궁금해졌다. 단순히 나와 다른 사람을 인정하라고 가르치는 수준을 넘어 자발적으로 타인을 이해해보고 싶은 마음이 들게 하려면 어떻게 해야 할까?

서로 복잡하게 연결된 현대사회에서 열린 마음으로 차이 자체에 관심을 갖는 것은 성공으로 이어지는 가장 효과적인 방법 중 하나다. 그래야 비로소 국경과 문화적 경계를 넘나들며 우정을 쌓고 거대한 변화 속에서 적응할 수 있기 때문이다. 개방성은 무엇인가를 배우고, 공감과 창의성을 키우고, 다양성을 긍정적으로 받아들이도록 돕는다는 점에서도 중요하다. 개방성을 기르기 위해서는 우선 그 기반이 되는 차이의 개념부터 확실히 짚고 넘어가야 한다.

우리는 모두 다른 존재

차이란 외모, 행동, 언어 외에도 훨씬 넓은 의미가 포함된다. 경제적 형편, 나이, 성별, 가족 유형 역시 차이로 볼 수 있는 요인이다. 엄마가 둘일 수도 있고 아빠만 있을 수도 있다. 조부모, 부모, 친척 등 여러 세대가 함께 모여 사는 가정도 있다. 능력치도 개인마다 차이가 있다. 가령 스포츠 분야에서는 빛나지만 읽기를 힘겨워하거나 언어적으로 뛰어나지만 정신적으로 취약할 수 있는 것처럼 말이다.

모든 차이가 눈에 보이는 것은 아니며 개중에는 지나치기 쉬운 차이도 있다. 연구자들이 '심층 다양성'이라 부르는 생각 차이, 학습 차이, 강한 성격 차이도 여기에 해당된다. 사람마다 뇌 작동 방식이 다르다는 걸 뜻하는 '신경 다양성' 역시 아이의 이해를 돕는 데 중요한 역할을 한다. 자폐증을 앓거나 유난히 소리에 예민한 친구가 있다면 이런 특성을 이해할 때 더 좋은 관계를 맺을 수 있다. 나와 다른 친구가 어떤 사람인지 알아가다 보면 스스로에 대해서도 많이 배우게 된다. 아이는 자신과 다른 유형의 사람에게 어떤 반응을 보일까? 어떤 차이를 마주쳤을 때 감정이 고조되거나 불편함을 느낄까? 그런 태도는 시간이 지나면서 어떻게 변할까? 이처럼 평소 여러 반응을 곰곰이 생각해보는 것이야말로 태도를 바꾸는 첫 번째 단계다.

사실 각 방면의 차이가 모두 같은 의미를 갖는 것은 아니다. 어떤 차이는 유리하게 작용하고 어떤 차이는 불리하게 작용하기 때문이다. 후자를 잘 보여주는 사례는 백인 학생이 대부분인 학교에 다니는 유색인 학생이다. 유색인 학생들은 오랜 시간 인종차별과 암묵적 선입견에 노출되어왔다. 2017년에 고등학교 2학년 학생과 교사 만여 명을 대상으로 실시한 연구를 통해 교사들이 백인 학생보다 유색인 학생에게 갖는 기대치가 더 낮다는 결과를 밝혔는데, 이 기대치는 학생 스스로가 자신의 성공을 믿는 정도와 관련이 있었다. 즉 선입견이 자신에 대한 믿음에 영향을 미친다는 것이다.

편견을 해소하기 위해서는 무엇보다 그 내용을 구체적으로 다루는 것이 중요하며 바로 이때 대화가 무척 요긴하게 작용한다. 차이를 포용하는 아이로 키우기 위해서는 세상을 통찰하는 지식, 옳은 것을 판단할 줄 아는 도덕성, 다양한 배경을 지닌 사람들과 어울리는 사회적 기술, 배운 내용을 실천하는 경험을 내포한 대화를 주고받아야 한다.

　아이가 타고나기를 관대한 편이라고 해서 충분하다고 볼 수는 없다. 여기서 그치는 건 최소한의 행동에 불과하며 심지어 관용이라는 단어에는 부정적 느낌이 담겨 있기까지 하다. 버스에서 모르는 사람이 너무 가까이 붙어 앉은 상황을 상상해보자. 이 상황에서 '좋지는 않지만 나는 관대하니까'라고 생각한다면 어떨까? 이건 관대한 게 아니라 불편한 소리를 하고 싶지 않아 합리화하는 쪽에 가깝다. 다문화주의 분야를 선도하는 학자 소니아 니에토는 관용이 "차이에 대한 낮은 수준의 지지"라 말하기도 했다.

　편협함이나 증오보다 관용이 나은 것은 사실이지만 지금껏 그저 관용 정도의 이해를 받고 싶어 하는 아이는 단 한 명도 없었다. 한번은 5학년 교실에서 한 아이가 친구에게 "자폐증이면 어떤 기분이야?"라고 묻는 걸 들은 적이 있다. 그 말을 들은 아이는 최근에 자폐증 진단을 받은 아이였는데 오히려 활짝 웃으면서 터널 시야 증상이 나타날 때면 어떤 느낌이 드는지 이야기해주었다. "한곳에 너무 집중해서 나머지 다른 것들이 눈에 들어오지 않는다고 해야 할까? 나도 다른 사람에게 관심을 가져. 다만 잠깐 다른 데 관심이 쏠릴 때가 있을 뿐이야." 그러자 질문한 아이는 고개를 끄덕이며 대답했다. "무슨 말인지 알겠어. 실은 나도 가끔 그래."

　자폐증을 앓는 아이는 친구의 질문이 자신의 고유함을 이해하려는 시도라고 받아들인 듯했다. 그리고 실제로 질문한 아이의 의도도 그러했다. 이처럼 아이들은 살아가며 성별, 인종, 민족, 언어, 사고방식 등 여러 방면에서 나와 다른 상대를 존중할 기회를 마주친다. 이를 건강하게 학습하면 화합과 유대의 개념을 구성하는 내면의 중요한 뿌리가 되는 것이다.

니에토는 관용 대신 인정, 연대, 비평이 필요하다고 주장하며 이 사고방식이 차이를 긍정적으로 받아들이게 만든다고 여겼다. 우선 아이들이 각자의 차이를 서슴없이 드러내기 위해 필요한 것이 바로 인정이다. 여기서 한 발 나아가 공감 능력을 발휘해 서로가 같은 세상을 살아가고 있다는 것까지 깨달으면 타인과의 연대를 형성하게 되고, 그러면서 사회의 불공평한 상황을 함께 비평하며 있는 그대로를 받아들이지 않게 되는 것이다.

물론 이렇게 되기 위해서는 직관적 반응을 넘어 왜 그렇게 생각하는지 서로에게 적극적으로 질문하는 조금은 힘겨운 대화를 나누어야 한다. 부모가 먼저 자신이 가지고 있던 고정관념을 솔직하게 털어놓고 생각을 변화시키는 모습을 보여주면 아이는 각자만의 다양성을 존중받을 수 있다는 사실을 자연스레 깨닫는다. 다른 어떤 분야보다도 차이를 대하는 부모의 태도는 몸짓언어, 어조, 눈빛 같은 소통 방식을 통해 아이에게 곧잘 전해진다.

선입견을 뒤집으려면 다른 사람에 대해 아는 것과 모르는 것을 명확하게 구분하는 것부터 시작해야 한다. 그러다 보면 어떤 점이 나와 같고 다른지를 알게 되며 기존에 가지고 있던 억측이 무엇인지 알게 된다. 두렵다는 이유로 이해를 회피할 때 아이들은 더 왕성한 호기심과 탐구욕을 느끼므로 그 공포를 깨주는 작업이 필요하다. 하지만 "쟤는 주근깨가 있구나" "너는 유색인종이네?"처럼 누군가를 특징이나 집단으로 묶어 규정해버리는 표현은 주의해야 한다. 이런 말들은 사회적 맥락에 영향을 받으므로 사전에 적힌 단순한 의미를 넘어서기 때문이다.

고정관념이 어느 정도 해소되면 아이들은 다른 이의 마음이 나의 마음과 다르게 움직인다는 사실을 깨닫고 약자의 편에 서고 싶은 감정을 느끼게 된다. 낯선 언어를 듣고 "어, 이상한 말이네"라고 하던 아이가 "우와, 새로운 말이네. 무슨 뜻이지?"라고 말하는 변화를 맞이하는 것이다. 사촌이 색맹이라는 걸 알게 된 열 살 아이는 내게 이런 말을 했다. "걔가 뭘 볼 수 있고 볼 수 없는지 알고 싶어요." 그렇다고 원래 해오던 소통 방식을 지나치게 의식할 필요는 없다. 그보다는 아이가 차이를 이해하고 인정하는 가치관을 형성해갈 수 있도록 자연스럽게 돕는 것이 좋다.

아이도 다름을 안다

"하지만 애들은 차이가 뭔지 잘 모르잖아요." 곧잘 들려오곤 하는 이 말은 명백히 잘못된 억측이다. 아이들은 언어, 인종, 성별, 사회 계층은 물론이고 학습, 사고, 사회적 기술의 차이까지 본능적으로 잘 알아차린다. 성별을 예로 들어보자. 한 연구 결과가 말해주듯 아이들은 생후 18~24개월 사이에 '남자애'와 '여자애'라는 말을 사용하기 시작하고 유아원에 다닐 무렵이면 성별이 같은 친구와 놀고 싶어 한다. 세 살 정도가 되면 여성은 조용하고 남성은 장난기가 많다는 등 기본적 성 고정관념들이 생겨나며 이는 네 살을 지날 때까지 점점 더 정교해진다.

인종도 마찬가지다. 한 연구 결과에 따르면 아이는 생후 6개월만 되어도 인종과 성별을 어느 정도 구분할 수 있다고 한다. 실제로 아직 말을 하지 못하는 시기에도 낯선 인종보다 익숙한 인종의 얼굴을 더 오랫동안 바라보는 경향이 나타난다. 연구자들은 어쩌면 더 일찍부터 인종 차이를 알아차릴 수도 있다고 추정하고 있다. 세 살에서 다섯 살 정도가 되면 자신이 속한 인종 집단에 대한 편견까지 인지한다.

이런 인식들은 아이가 성장하며 점점 더 미묘한 차이를 나타낸다. 예를 들어 두세 살 정도만 되어도 남자애들은 장난감 자동차를 가지고 논다는 맥락이 문화 속에 깃들어 있다는 사실을 알아차린다. 서너 살 무렵부터는 "왜 백인은 하얀색이 아니에요?"처럼 사람의 피부색을 칭하는 단어가 왜 실제 피부 색깔과 일치하지 않는지 묻기도 한다. 자신의 신체와 부모의 신체를 비교하며 어떤 부분이 다른지 궁금해하는 경우도 더러 있다. "엄마도 계속 자라?" "나도 크면 피부색이 바뀌어?"처럼 말이다. 다섯 살이 넘어가면 유치원, 학교, 가정을 비롯한 공동체 생활을 하며 훨씬 작은 차이까지 감지한다. 이때부터는 인종차별, 외국인 혐오, 낯선 사람에 대한 두려움이 훨씬 더 강력하고 복잡하게 생겨난다.

아이가 이해하지 못할 것 같다거나 관심이 없다는 이유로 많은 부모가 차이에 대해 이야기하지 말아야 한다는 생각에 동의하곤 한다. 차이를 드러내놓고 이야기하는 것이 불편할 수는 있지만 이렇게 억지로 숨기기만 하는 것은 보호라는 명목하에 아이를 가두는 셈이고 그럴수록 아이의 오해만 견고해져 갈 뿐이다.

어린아이도 기본적으로 친숙함을 선호한다. 생후 5개월밖에 되지 않은 아기도 외국어처럼 들리는 말보다 모국어를 사용하는 사람을 선호한다. 이런 선호는 아마 과거 인류의 진화 기능을 담당했을 것이다. 어머니와 비슷한 소리를 내는 보호자는 같은 집안 출신일 가능성이 높고 위해를 가할 타인일 가능성이 낮기 때문이다. 반면 조금 더 큰 아이들이 나타내는 편견은 훨씬 큰 범위를 아우른다. 그런 편견은 특정 언어 사용자, 아시아인, 휠체어를 타는 사람처럼 한 집단에 속한 구성원 전체에 적용된다.

선입견과 차별은 내가 속한 집단을 제외한 모든 사람에게 부정적 태도를 보이는 경향이다. 선입견은 신념, 생각과 관련이 있다면 차별은 이를 바탕으로 행하는 행위 자체를 가리킨다. 어떤 집단이라도 선입견의 대상이 될 수 있다. 하지만 그중에서도 일부 선입견은 역사에 깊이 뿌리내리고 있고 특히 인종에 대한 선입견은 수백 년 묵은 부당함의 역사를 가지고 있다.

1950년대에 실시한 유명한 연구에서 심리학자 고든 올포트는 뇌가 범주를 만들고 그 범주에 기대면서 선입견이 천천히 발달하는 것이라 주장했다. 범주화 자체가 나쁜 것은 아니다. 다리가 네 개이고 꼬리가 털로 덮인 동물은 개, 껍질과 나뭇잎이 달린 물체는 나무임을 배우는 과정 자체가 범주화이기 때문이다. 문제는 여기에 그치지 않고 사람을 집단으로 나눈 뒤 전체를 한 번에 아울러 판단하고 고정관념을 형성한다는 것이다.

누군가를 보고 나와 어떤 점이 다르다고 느끼는지가 제각각이듯 고정관념도 아이마다 전부 다르게 형성된다. 예를 들어 반에서 혼자만 다른 특징을 가진 학생이 있다고 해보자. 유일하게 사투리를 쓴다든지, 다문화 가정이라든지, 부모가 다른 언어를 사용한다든지 말이다. 이때 아이가 얼마나 다른 존재로 받아들여질지는 여러 요인에 달려 있다. 여기에는 나머지 반 친구들이 얼마나 다양한 배경을 가졌는지, 원래 친구들 중에도 다른 나라 사람이 많은지, 교사와 학부모들의 태도가 어떠한지가 영향을 미친다. 설령 색안경을 끼고 바라본다 해도 이런 편견들은 시간이 지나면서 변화하기 마련이다. 자연스레 대화를 나누다 보면 서로의 차이 자체에 큰 의미가 없다는 걸 깨닫는 일이 생기기 때문이다.

이처럼 같은 차이라 해도 어떤 집단에 속해 있는지에 따라 다른 대우를 받는다. 안경을 쓴다는 건 중립에 들어가지만 학년이나 반에서 유일하게 안경을 썼다면 얘기가 달라지는 것처럼 말이다. 휠체어를 타거나 보청기를 끼는 아이라면 훨씬 심한 차별과 편견에 시달리기 일쑤다. 이럴 때 아이의 생각을 그대로 따라가면 잘못된 생각을 방치하는 것과 다름없기에 부모는 비판적인 시선으로 아이의 오해와 차별적 행동을 바로잡아주어야 한다.

편견과 호기심 구분하기

하지만 차이를 느끼는 것 자체로 아이에게 무조건 편견이 있다고 할 수는 없다. 세상에 대해 배우는 중일 수도 있기 때문이다. 예전에 친구, 친구의 네 살배기 아들과 함께 동네를 산책한 적이 있었는데 한참 걷던 도중 아이가 휠체어를 탄 남자를 발견하더니 손으로 가리키며 "저 사람은 서커스에서 왔어?"라고 물었다. 당사자에게까지 들릴 만큼 큰 소리였다. 친구는 당황하며 "대체 내가 어떤 아이를 키우고 있는 건지"라고 혼잣말을 읊조렸다.

이런 행동을 보면 부모는 아이의 도덕성에 문제가 있다고 생각하곤 한다. 물론 당황스럽고 예의에 어긋나는 말이긴 하지만 그 말을 한 주체가 아이이기에 좀 더 이해해줄 필요가 있다. 어린이는 작은 어른이 아니기 때문이다. 모든 아이는 자신이 그간 봐온 내용을 바탕으로 세상을 이해하려 애쓴다. 생각해보면 아이의 호기심을 무례하다거나 못됐다고 지적하는 사람 또한 어른이다.

친구 아들의 질문은 사회적으로 곤란하게 여겨지는 종류의 것이라 그렇지 실은 그저 단순한 호기심일 뿐이었다. 이런 궁금증은 억누르려 할수록 더 강하게 드러나므로 오히려 건강한 방식으로 해소하고 넘어가는 것이 좋다. 그때 친구가 침착한 태도로 "다리가 불편한 사람들은 휠체어를 타거든"이라고 솔직하게 대답해주었다면 현명하게 상황을 넘길 수 있었을 것이다. 어떤 질문들은 조용히 물어보는 게 예의임을 덧붙여 가르쳐줄 수도 있고 말이다. 경우에 따라 상대가 괜찮다는 신호를 주면 아이에게 직접 대화를 나누어보라고 권할 수도 있다. 저마다 다르겠지만 대개의 사람은 순수한 호기심에서 비롯된 아이의 관심을 반기기 마련이다.

고정관념을 수면 위로 올리기

초등학교 때까지는 차이에 대해 크게 생각해볼 일이 없었다. 내가 무엇을 알고 무엇을 모르는지도 몰랐으니 말이다. 우리 수영 팀과 걸스카우트 단원들 사진을 보면서도 대부분이 영어를 모국어로 쓰는 백인 중산층이라는 사실을 크게 인지한 적이 없었다. 다양한 인종, 민족, 문화, 소득수준의 아이들을 처음 접한 건 중학교에 진학해서였다.

당시 내가 다니던 공립학교는 할당 정책을 실시했던 터라 카운티 전역의 아이들이 모여들었다. 돌이켜 생각해보면 학생 중 백인이 30퍼센트, 아시아인이 30퍼센트, 흑인이 30퍼센트 정도였고 나머지가 10퍼센트를 차지했다. 할당 정책 덕에 나는 카운티 곳곳에 사는 다양한 인종과 민족 친구들을 사귈 수 있었다. 하지만 선생님은 우리에게 색맹이되라 가르쳤고 특히 인종에 관해서는 아무런 차이도 느끼지 못하는 사람처럼 행동하라고 했다.

색맹처럼 행동하라는 의도 자체는 선한 데서 시작되었을 것이다. 아무런 차이도 없다고 여기면 인종차별을 하지 않을 것이라는 논리에서비롯되었을 테니 말이다. 하지만 차이를 보지 않으면 이에 대해 어떤 이야기도 할 수 없고 다양성이 주는 풍요로움의 기회도 잃게 된다. 사실 인종의차이를 전혀 느끼지 못하는 사람은 아무도 없기에 색맹처럼 지내라는말은 의미가 없다. 이런 허구를 사실이라 믿는 사람들이야말로 매일같이 일어나는 불평등, 차별, 편견을 언급하지 못하도록 막는 위험 요소일 수 있다.

부끄럽게도 내가 이를 깨달은 건 대학생이 되어서였다. 우연히 고등학교 친구들과 다시 연락이 닿아 이야기를 나누며 비로소 내가 친구들의 생활에서 무엇을 놓쳤는지 알게 되었기 때문이다. 한 친구는 힌두교 빛의 축제인 디왈리를 기념했고 고향인 자메이카와 베트남에서 음력 새해 연휴를 보낸다는 친구들도 있었다. 어떤 친구들은 멕시코 출신 이민자에게 투표권을 교육하거나 빈곤 가정 출신 아이가 대학에 진학할 수 있도록 도우며 자신의 출신 배경과 관련된 사회운동에 몸담았다. 대화는 이런 각각의 역사를 거울 삼아 자기 방식을 살펴보는 데 도움을 준다. 편견을 바탕으로 모두를 한데 뭉뚱그려 판단하는 상황에서벗어나는 것이다. 물론 다름을 아는 것만으로는 상대를 이해했다고 할수 없지만 말이다.

억양 있는 말투에 편견을 가지고 있던 윌리엄을 가르친 직후 나는 5학년 아드리아노를 만났다. 가족이 브라질 출신인 아드리아노는 영어와 포르투갈어를 모두 구사할 줄 알았다. 내가 아는 아드리아노는 잘 놀 줄 알았으며 형과는 물론이고 해외에 있는 친척들과도 무척 친하게 지내는 아이였다. 가족이 함께 보내는 명절에 대해 자주 이야기했고 브라질 전통 연유 케이크를 가져와 내게 나누어주기도 했다. 아이는 글쓰기와 어휘를 배우는 몇 주 동안 영어, 스페인어, 포르투갈어가 어떻게 다른지 관심을 보이며 열심히 세 언어를 배웠다.

그러던 어느 날 아드리아노는 얼굴을 찌푸린 채 사무실로 들어오더니 씩씩거리며 책들을 책상에 휙 던졌다. 이유를 말하기 꺼려하는 것 같길래 우선은 가만히 두었지만 아무래도 공부에 집중을 못하는 것 같았다. 결국 나는 다시금 무슨 일인지 부드럽게 물었다. 그러자 아드리아노는 속마음을 털어놓기 시작했다. "어제 저녁에 형 친구들이 집으로 놀러 왔는데 다들 영어를 쓰더라고요. 그랬더니 형도 영어만 쓰는 거예요. 알고 보니 친구들한테 우리 가족도 영어만 쓴다고 말했더라고요. 너무 이상하잖아요. 할 말이 많았는데 그냥 참았어요." 친구들이 돌아간 뒤 아드리아노는 형에게 왜 그랬는지 물었고, 형은 영어를 모국어로 쓰는 친구들과 어울리고 싶었다고 대답했다. 아무래도 두 가지 언어를 혼용하는 것에 수치심을 느끼는 듯했다. 어떤 언어가 다른 언어보다 우월하다는 기묘한 말은 세상 어디서든 흔히 들을 수 있으니 말이다.

특권 집단에 들어가고 싶다는 생각이 드는 건 자연스러운 현상이지만 그러기 위해 자기 정체성의 일부를 숨기기 시작한다면 거기서부터는 문제가 된다. 이때 대화만으로 가치관 자체를 완전히 바꿀 수는 없지만 적어도 그런 고정관념에 비판적으로 의문을 제기하고 자신의 배경에 대한 자부심을 되찾도록 도와줄 수는 있다. 고정관념이란 건물이나 공장처럼 인간이 만들어낸 것이기에 오히려 터놓고 이야기할 때 헛점을 밝힐 수 있다.

만약 아이가 고정관념에 시달리고 있다면 3E 방법을 적용해보자. 우선 "어쩌다 그런 생각을 하게 됐어? 구체적인 근거가 있어?"라는 질문을 던져 생각을 **확장**하자. 부정적 고정관념이 어디서 생겼는지, 거기 깃든 역사는 어떠한지, 나 외에도 모두가 그렇게 느끼는지 이야기해보는 것이다. 그리고 어떤 사람이 왜 그렇게 행동하거나 말했는지 되짚어보며 있는 그대로를 **탐색**해보자. "그 사람은 왜 이렇게 행동하거나 말하지 않을까?"처럼 역으로 반례를 찾아 질문할 수도 있다. 충분히 탐색의 시간을 가졌다면 실제로 아이가 고정관념에 사로잡혀 있는 사람과 대화를 나누며 **평가**하도록 해보자. 그리고 "그 사람과 이야기하고 나서 뭘 깨달았어? 놀라운 점은 뭐였니?"라고 물어본 뒤 생각이 어떻게 변화했는지 살펴보자. 다음과 같은 문답을 나누며 문제를 바로 잡는 출발점을 제공해줄 수도 있다.

	아이가 **"걔는 흑인이니 똑똑하지 않을 거예요"**라고 말한다.
흔한 대답	"그런 말 하면 못써. 게다가 사실도 아니야."
신선한 대답	• "언제 그런 말을 들었어? 누가 그렇게 말했니?" • "이런 고정관념은 어디서 비롯된다고 생각해?" • "누가 너에 대해 그렇게 말한다면 기분이 어떨까? 뭐라고 대답할 것 같아?"

편견을 깨는 대화의 힘

그간 각자만의 배경을 가진 다양한 학부모를 만나면서 아이와 차이를 주제로 한 대화를 나누기 꺼려 하는 이유를 들을 수 있었다. 어떤 부모는 민족과 인종 같은 민감한 차이에 관해서는 입을 다물게 하면서 예의 바른 행동은 중요하게 가르치기도 했다. 실제로 나와 대면한 한 어머니는 이렇게 말했다. "차이에 대해 이야기하면 오히려 아이가 더 의식하지 않나요? 고정관념을 대하는 가장 좋은 방법은 먼저 나서기보다 사회적으로 최선의 결과가 나오기를 조용히 바라는 거 아닐까 싶어요."

부부이자 비영리단체 엠브레이스레이스의 공동 설립자인 앤드루 그랜트 토머스와 멜리사 지로도 선입견 때문에 이 단체를 만들게 되었다고 했다. 두 사람은 흑인 아빠와 다문화 가정에서 태어난 엄마로서 아이와 인종의 복잡성을 이야기할 때마다 늘 외로움을 느끼곤 했다. 그들은 다양한 배경을 지닌 부모들이 힘겹더라도 인종에 관한 이야기를 터놓고 논의할 수 있었으면 하는 마음에 공동체를 만들고 자금을 모으기 시작했다는 이야기를 전했다.

다양한 사람을 만나보는 경험이 부족하면 편견이 장기적으로 굳어지기도 한다. 미국 사람을 한 번도 만나본 적 없는 아이가 만화에 등장한 미국에 관한 지식이 전부라고 생각하는 것처럼 말이다. 평소 반복적으로 듣는 말에서 생겨나는 선입견도 있다. 실제로 아드리아노와 이야기를 나누면서 형이 모국어가 영어인 미국인에게 환상을 갖고 있다는 것과 그 생각이 둘의 관계에 큰 영향을 미쳤다는 사실을 알게 되었다. 그러다 보니 아드리아노는 "언어를 여러 개 사용하는 건 별로 안 좋대요. 그러면 멍청해진다던데요?"처럼 선입견이 녹아든 말을 자기도 모르는 새 습관적으로 내뱉곤 했다.

하버드교육대학원에서 함께 일한 전 동료이자 현재 맥길대학교 부교수인 지지 럭GiGi Luk은 이중 언어를 사용하는 것이 평생에 걸쳐 우리 뇌를 형성한다고 주장한다. 원래 두 개 이상의 언어를 사용하면 세 살짜리 아이도 더 뛰어난 공감 능력을 나타낸다. 상대의 언어를 생각하기 위해서는 상대방의 관점을 받아들여야 하기 때문이다. 이처럼 여러 언어를 구사하는 아이는 실생활에서 보다 넓은 범위의 사람들과 교제하며 다양한 인맥을 쌓아나갈 수 있고 그러다 보면 선입견의 경계도 자연스레 희미해진다.

아드리아노와 형이 생각하는 미국인이란 모든 미국인을 한 범주에 넣고 뭉뚱그린 결과다. 게다가 이 편견 때문에 두 사람은 스스로의 시야를 더 좁게 만들었다. 만약 이 생각을 그대로 유지한다면 훗날 다른 이중 언어 사용자를 만났을 때 "아, 이 사람은 멍청하겠네"라고 판단해 버릴지도 모른다. 어쩌면 편견을 증명할 증거까지 찾으려 할 수도 있다. 그냥 내버려두면 점점 더 부풀어 오를 수 있는 게 편견의 무서운 점이다.

만약 아이가 차별의 문제성을 의식하지 않은 채 성인이 된다면 어떻게 될까? 아마 어느 때보다도 높은 대가를 치러야 할 것이다. 이런 생각이 커지면 커질수록 학교 폭력이나 가족의 단절을 초래하는 원인이 되기도 한다. 예전에 열두 살 아이가 자기 가족의 모국어인 아랍어를 사용하는 게 멍청해 보인다고 말한 적이 있다. 그런 생각을 하다 보니 해외에 있는 사촌들과 대화를 할 수 없어졌고 소통을 하지 않다 보니 두 언어를 사용하는 가족들 간에 불화가 생겨나기까지 했다.

차이에 관한 대화를 무시하거나 미루면 조용히 사라지는 게 아니라 편견과 오해가 곪아 어느 날 갑자기 터지게 된다. 부모와 아이 모두 매일을 바쁘게 살아가느라 감정이 상하거나 불편을 초래할 수 있는 대화는 최대한 옆으로 밀어놓곤 하지만, 차이를 긍정적으로 받아들이는 연습은 부지런히 해야 한다. 거대하고 추상적인 생각은 아이의 생활과 쉽사리 이어지기 힘들므로 주변에 보이는 구체적인 것에서부터 시작하는 게 좋다.

열린 사고를 유도하는 대화

소피가 초등학교에 입학하고부터는 실제로 차이에 관한 대화가 어떻게 이루어지는지 직접 볼 수 있었다. 아이들은 자기 피부색과 똑같은 색깔로 자화상을 그리고 그 색깔이 무엇을 떠올리게 하는지에 대한 글쓰기 과제를 받았다. 아이들은 양초, 벌꿀, 커피, 숯 등 밝은 황갈색부터 검은색에 이르기까지 다양한 색깔로 그림을 그렸다. 색깔에 관해 솔직하고 자랑스럽게, 또 아무렇지 않게 서로 비교하는 아이들의 모습은 무척이나 놀랍고 기뻤다. 한 아이는 "쟤 피부는 올리브에 가깝고 제 피부는 캐러멜 같아요"라고 설명하기도 했다.

차이란 저 바깥 어디쯤에 있지 않다. 하버드대학교 교수 토드 로즈가 『평균의 종말』에 쓴 내용처럼 누구나 어떤 면에서는 평균이 아니다. 누구든지 다른 사람과 비교하면 어떤 부분에서는 소수에 속하기 마련이다. 주변인과 다른 종교를 믿을 수도 있으며 신체나 학습 능력 면에서 차이가 날 수도 있다. 모두에게 동일한 차이점이 있는 것은 아니지만 다르다는 사실 자체는 모두에게 공통이다.

　다만 차이를 이야기할 때 지켜야 할 몇 가지 핵심 원칙이 있다면 우선 낙천적인 자세가 기본이 되어야 한다. 아이가 평소 쓰는 말에서 '모두' '그런 사람들' '항상' '아무도' '절대'처럼 고정관념이 담긴 단어를 찾아보자. "모든 인도인은 수학을 잘해요" 같은 말이 여기에 해당된다. 청소년들은 "물론 걔는 여자애라 그런지 축구를 잘 못하지만요"처럼 좀 더 미묘한 뉘앙스를 사용하기도 한다. 아이가 이런 발언을 했다면 부모는 생각을 고칠 수 있도록 도와주어야 한다. 왜 그렇게 생각하는지 구체적으로 말해보도록 한 뒤 긍정적인 면에 더 집중하도록 가르치는 것이다. "내 친구 맷은 수학을 잘하고 중국인이야"처럼 끊어 말하는 법을 익히는 것도 하나의 방법이다. 만약 아이가 "가난한 사람은 모두 패스트푸드를 먹는 것 같아"라고 말했다면 뭐라고 대답하는 것이 좋을까? 이럴 때는 무작정 나무라기보다 잠시 멈추었다가 감정을 드러내지 않는 말투로 대화를 시도하도록 노력해보자.

　아이를 구체적으로 관찰하는 것도 중요하다. 패스트푸드 예시를 이어서 생각해보자면 그 이야기를 왜 꺼냈는지, 어떤 가정은 왜 다른 음식을 살 여유가 없는지 이야기해보는 것이다. 그리고 이렇게 물어보자. "가난하다는 건 무슨 뜻일까? 실제로 주변에 가난한 사람이 있어? 그럼 우리 가족은 가난한 편이야? 그렇게 생각한다면 이유는 뭐야?" 미디어에 등장하는 이미지 또한 비판적으로 바라볼 필요가 있다. 부정적 고정관념을 조장하거나 강화하는 경우가 많기 때문이다. 이럴 때는 아이와 함께 광고를 본 뒤 거기에 어떤 고정관념이 깃들어 있는지를 콕 짚어 말해주는 것이 좋다. 그러면 아이는 더 이상 아무 생각 없이 받아들이기를 멈추고 비판적 시선을 기를 수 있다.

다양한 정체성으로 나를 표현하기

차이를 부정적으로 구분 짓는 건 보통 어른들의 편견에서 시작되는 경우가 많다. 아이가 차이를 받아들일 수 있도록 도우려면 먼저 어른인 부모가 스스로를 돌아보아야 한다. 아이가 누군가를 가리키며 "나랑 다르네"라고 했을 때 그간 우리는 어떻게 반응했을까? 침착해 보였을까 아니면 당황한 듯 보였을까?

1997년에 출간된 고전 『왜 흑인 아이들은 카페테리아에서 다 함께 앉는가?Why Are All the Black Kids Sitting Together in the Cafeteria?』를 쓴 베벌리 대니얼 테이텀 교수는 "많은 사람이 어떻게 반응해야 할지 몰라 마치 고장 난 듯 어쩔 줄 몰라 하는 모습을 본 아이들은 차이란 뭔가 잘못된 것이라 느끼게 된다"고 주장했다. 테이텀은 그 예로 한 백인 아이가 엄마에게 "저 사람은 피부색이 왜 저렇게 어두워?"라고 묻자 "쉿"이라는 대답을 들은 사례를 꺼냈다. 그러나 아이 입장에서 부모의 회피는 이해를 넓히는 데 전혀 도움이 되지 않는다. 테이텀은 의식적으로 상황을 피하는 대신 머리카락과 눈 색깔처럼 피부색도 다양하다는 사실을 자연스럽게 설명하면 된다고 말한다. 객관적 대답을 들은 아이는 생각의 폭을 넓힘과 동시에 부모가 질문을 묵살하거나 무안 주지 않는다는 것을 알게 된다.

대개의 편견은 어린 시절에서 비롯된 경우가 많다. 나와 상담을 진행한 열 살 브랜던의 경우도 그러했다. 브랜던의 아버지와 상담이 잡혀 있던 날, 우리는 아이가 읽기를 비롯해 학업적으로 얼마나 진전이 있었는지에 대해 이야기를 나눌 계획이었다. 그런데 예정 시간보다 일찍 도착한 그의 얼굴에는 근심이 가득했다. 나는 본격적인 대화를 시작하기 전에 하고 싶은 말이 있는지를 먼저 물었고 그는 눈물을 글썽이며 말했다. "브랜던 마음이 많이 상했어요." 최근에 난독증 진단을 받은 뒤로 친구들과 어울리지도 않고 집에서 나가려 하지도 않는다는 것이었다. "브랜던은 자기 뇌가 망가졌대요." 아버지는 눈가를 훔쳤다. "아이와 난독증에 관해 이야기는 해보셨어요?" "낫게 될 거라고 말했지만 제 말을 안 믿는 눈치예요."

브랜던 아버지의 말은 미국 전체의 인식과 일맥상통하는 부분이 있었다. 2017년 미국에서 실시한 전국 규모 설문 조사에서 교사의 33퍼센트가 학습과 주의력 문제의 원인으로 '게으름'을 꼽았고, 학부모의 43퍼센트가 아이의 학습 장애를 다른 사람들이 몰랐으면 한다고 답했다. 나 역시 "아이가 난독증일지도 모르겠어요"라고 속삭이며 부끄러워하거나 두려워하는 부모를 많이 보았다. 하지만 아이가 이런 마음을 알기라도 하면 부모보다 훨씬 큰 상처를 받는다는 걸 알아야 한다.

일단 브랜던과 아버지는 난독증이 무엇인지 좀 더 정확하게 알아야 했다. 난독증은 질병이 아니라 신경학적 차이로 분류되기에 치료라는 개념 자체가 없다. 난독증에 해당하는 증상은 여러 가지지만 가장 폭넓게 규정하자면 소리 내어 읽는 것과 철자 배우기를 어려워하는 상태라고 할 수 있다. 난독증인 아이는 아무리 호전되어도 유창한 낭독은 힘들어하는 편이다. 난독증은 전체 인구 중 5~10퍼센트 정도로 꽤 흔하지만 지능과는 관련이 없다. 리처드 브랜슨, 월트 디즈니처럼 대단한 창의력을 가진 사람과 레오나르도 다빈치 같은 역사 속 위대한 인물도 난독증이었다.

브랜던에게는 스스로를 완전한 개인으로 보는 관점이 필요했다. 글을 못 읽는 사람이라고만 생각하는 게 아니라 좋은 친구이자 실력 있는 축구 선수이자 호기심 많은 사람이라고도 생각하는 것이다. 나를 구성하고 있는 여러 정체성을 탐색하다 보면 어떤 한 가지 능력만으로 스스로를 정의할 수 없다는 사실을 깨닫는다. 무엇을 성취했는지, 얼마나 성공했는지, 얼마나 학업을 잘 따라가는지만으로는 결코 한 사람을 규정할 수 없다.

차이에 깃든 맥락 파악하기

브랜던의 아버지와 이야기를 나눈 후 나는 아이를 직접 만나 난독증에 관한 이야기를 꺼냈다. 대화가 쉽게 흘러가지 않을 거라는 예상과 달리 브랜던은 안심이 된다는 놀라운 대답을 건넸다. "저는 제가 잘하는 게 아무것도 없다고 생각하는 쪽에 가까웠어요. 그런데 알고 보니 그냥 읽기가 어려운 것뿐이었더라고요." 난독증이라는 명확한 진단이 오히려 아이가 오랫동안 겪어온 어려움의 실체를 알려준 것이다.

나는 브랜던에게 실험을 하나 제안했다. 바로 스스로가 120년 전 사람이라고 상상해보는 것이었다. 120년 전에는 글을 읽지 않고도 노동으로 안정적인 수입을 벌 수 있던 시대였다. 그다음에는 인쇄술이 발달하기 이전 시대에 살던 사람이라고 상상해보라 했다. 농부나 장인처럼 기술로 먹고사는 사람이었다면 어땠을까?

다음 상상은 미국인이 아닌 다른 나라 사람일 경우였다. 영어에는 불규칙한 단어가 너무 많아서 패턴을 익히기가 어렵지만 비교적 덜 복잡한 스페인어는 난독증인 아이도 대개 큰 어려움 없이 배울 수 있는 언어다. 아이들 자체만 놓고 보자면 스페인이나 미국이나 다를 게 없지만 글을 읽고 해석하는 면에서 본다면 난독증 유무의 차이는 스페인보다 미국에서 훨씬 뚜렷하게 나타난다.

보통 학습 장애는 타고난다고 생각하지만 사실 세상과 상호작용하며 영향을 받는 비중이 훨씬 크다. 세상이 요구하는 만큼과 아이가 할 수 있는 만큼의 간극이 관건이다. 어쩌면 여기서 깨달음을 얻을 수도 있다. 문해력이 중요한 사회에 살고 있는 탓에 난독증이 더 큰 문제처럼 느껴졌다는 걸 깨달은 브랜던처럼 말이다. 게다가 브랜던의 경우는 같은 반 친구들이 글을 아주 잘 읽는 편이기까지 해서 상대적으로 더 뒤처지는 느낌을 받은 것도 있었다. 이처럼 차이를 만드는 요건은 시간과 장소뿐만 아니라 각자가 속해 있는 사회의 세부적인 부분까지 포함해 고려해야 한다.

만약 아이가 학습이 부진해 차이를 느끼는 상황이라면 구체적으로 어떻게 도와주는 것이 좋을까? 이럴 때 3E를 활용하면 차이의 개념을 건강하게 받아들이는 데 도움이 된다. 우선 생각을 **확장**하는 단계가 필요하다. 그간 들어본 부정적 꼬리표에 대해 어떤 생각을 가지고 있는지, 친구마다 공부법이 모두 다르다는 사실을 어떻게 받아들이는지, 어떤 말과 행동으로 차이를 인지하는지 물어보며 아이의 생각을 파악하자. 잘못된 부분이 있다면 사실을 근거로 반박해도 괜찮다. 이 부분은 부모가 먼저 공부를 해두는 것도 좋은 방법이다.

다음으로 공부에 도움이 될 현실적인 방법들을 **탐색**해보자. "배울 때 뭐가 가장 도움이 돼?" "어떨 때 힘들다고 느껴?" 같은 질문을 던져 아이의 생각을 듣는 것이 첫 번째다. 힘든 이유가 정확히 무엇인지는 아이만 알고 있기 때문이다. 숙제가 너무 많아서일 수도 있고 선생님의 기대가 부담으로 다가와서일 수도 있다. 문제가 무엇인지 파악했다면 이에 걸맞은 방법을 찾아 실행에 옮겨보자.

마지막은 결과를 **평가**하는 것이다. 실제로 학습 장애를 솔직하게 털어놓은 뒤 노력 끝에 발전한 아이도 많다. 일단은 현재 상태를 인지하고 고백하는 것부터 시작하자. 예를 들어 가까운 친구에게 지금 내가 어떤 상황인지, 기분은 어떤지를 말하는 것이다. 그리고 털어놓는 동안 기분이 어땠는지, 친구의 반응은 어땠는지를 물어보며 평가하자. 처음에는 부끄러울 수 있지만 자신의 상태를 똑바로 인지하고 그에 맞는 노력을 실천하는 것이야말로 나아지는 지름길이라는 걸 알려주자.

성별 고정관념 타파하기

하지만 아이에게 아무리 사회적 맥락을 고려한 차이를 알려준다 해도 이런 논의가 쉬워지는 것은 아니다. 부모는 아이를 자극하지 않기 위해 불편한 감정을 감추는 경우가 많기 때문이다. 나 역시 자주 그러했다. 특히 성별 문제는 어떻게 다루어야 좋을지 많이들 고민하곤 한다. 소피가 네 살이었을 때 한 친구가 열었던 '공주 파티'가 기억난다. 파티에는 도자기 찻잔과 분홍색 양초가 가득했고 참석한 아이들은 전부 반짝이는 드레스를 입고 있었다.

하지만 반짝이를 좋아하지 않는 소피는 매대에 진열된 해적 의상을 가리키며 말했다. "저런 거 입고 싶어." "해적이 되고 싶어?" 소피는 고개를 끄덕였다. 그런데 해적 옷을 입혀보려 하자 가게 점원이 다가오더니 "그 옷은 남아용이에요"라고 말했다. "따님은 튀고 싶어 하지 않을 거예요." 나는 굴하지 않고 다른 종류의 해적 의상이 더 있는지 물었지만 점원은 없다는 대답만 내놓았다. 물론 소피에게 공주 의상을 입으라고 했다면 간단히 해결될 문제이긴 했지만 그때는 소피와 내가 한참 여자아이란 무엇인가에 관한 대화를 나누던 시기라 그렇게 쉽게 결정하고 싶지 않았다.

소피는 해적 옷 구매를 말리는 점원의 이야기를 듣더니 자기가 친구들처럼 인형을 좋아하는 게 아니라 지저분해지는 일을 즐기는 것 같아 걱정이라고 했다. 결국 우리는 점원과 조금 떨어져서 그래도 되는 여러 가지 이유에 대해 오래 이야기했고 얘기가 길어질수록 소피는 자기 취향에 확신을 가져가는 듯했다. 소피가 계속 고집을 부리자 마침내 점원이 물러섰고 덕분에 소피는 그 옷을 입고 몇 시간 동안 해적 놀이를 즐겼다. 그날의 사건으로 나는 문화에 영향을 받아 형성된 성 고정관념이 아이가 노는 방식뿐만 아니라 스스로와 타인을 바라보는 시선에서도 드러난다는 것을 깨달았다.

마케팅 흐름이 차이를 강조하는 쪽으로 바뀐 1980년대 초반부터 대중의 고정관념은 부쩍 심해졌다. 1970년대에 제2의 페미니즘 물결이 일고 성 고정관념에 도전하는 광고들이 쏟아졌지만 이도 오래가지는 못했다. 1984년 사회학자 엘리자베스 스위트는 잡지 《디 애틀랜틱》에 다음과 같은 글을 썼다. "어린이 텔레비전 프로그램 규제가 완화되면서 장난감 회사들은 긴 제품 광고를 만들 수 있게 되었고, 아동용 프로그램 광고에 등장하는 장난감에서 성별은 더 중요한 차별화 요소로 등극했다." 1995년에는 시어스(미국의 대형 유통 업체—옮긴이) 카탈로그에 실린 상품 중 성별을 구분한 장난감이 약 절반을 차지하고 있으며 오래전부터 같은 비율을 유지해왔다는 점을 지적하기도 했다. 1975년에는 이 비율이 2퍼센트도 채 되지 않았는데 말이다.

그렇다면 아이가 성별을 비롯한 편견에 치우치지 않고 장난감과 놀이 방식을 선택하도록 도우려면 어떻게 해야 할까? 일단 대화를 나누며 아이가 열린 마음으로 탐색할 준비가 되어 있는지, 아니면 남을 무시하거나 수치심을 느끼는 쪽에 기울어져 있는지를 살펴보자. 후자에 해당한다면 특정 종류의 장난감이나 놀이를 왜 부정적으로 생각하는지 생각해볼 필요가 있다.

또 모든 사람은 각자만의 특성을 갖고 있으며 이 특성은 하나가 아님을 알려주자. 한 사람을 구성하는 정체성은 무수히 많다. 예를 들어 남성이라면 육아하는 아버지인 동시에 승부욕이 강한 카레이서일 수 있고, 여성이라면 똑똑한 과학자인 동시에 연극 무대에 오르기를 즐기는 배우일 수 있는 것이다. 아이에게 무조건 한 가지 방식으로 해야 한다는 틀에서 벗어나 여러 가지 역할을 전환하며 겸할 수 있다는 개념을 심어주자.

한편 문화에 녹아 있는 맥락은 성 고정관념을 영구적으로 고착시키는 경향이 있는데, 남성은 무조건 에너제틱하며 여성은 입을 가리고 수줍게 웃는다는 식의 생각이 여기 해당한다. 고정관념이 생긴 아이는 매사에 정해진 행동이 있다고 믿기 시작하면서 경직되고 규범적인 사고를 하게 된다. 게다가 고정관념은 나이가 들어가며 수직적 연관성에서 수평적 연관성으로 더 확장되기까지 한다. "남자애들은 자동차를 좋아해"가 "남자애들은 자동차를 좋아하니까 비행기나 배도 좋아하겠지"로 이어지는 것이다. 경직된 사고는 보통 5~6세 무렵 절정에 이른다. 대부분 매니큐어를 바르는 남성이나 축구를 하는 여성이 이상하다고 믿는 일반적 고정관념 단계를 거치긴 하지만 이렇게 아무런 의심 없이 문화를 수용하는 태도는 대개 초등학교에 들어갈 무렵이면 사라진다.

하루 중 가장 오랜 시간 함께하는 친구들과 좋은 관계를 유지하려면 쉽게 지나칠 수 있을 법한 호칭 문제에도 주의를 기울여야 한다는 것을 짚어주자. 이름이나 본인이 허용한 별명 외에 놀림감이 될 법한 말은 어떤 것도 함부로 사용해서는 안 된다. 특히나 민감한 주제인 성 정체성에 대해서는 각자 어떤 관점을 가지고 있든 존중해야 하는 영역임을 강조하자. 많은 10대가 예전에는 전혀 언급되지 않던 성별 언어를 알고 있고 더 어린아이들도 자기가 들은 말의 뜻을 찾아볼 수 있는 시대인 만큼 부모의 언어 사용 교육법은 더욱이 중요한 이슈로 떠오르고 있다.

3E를 활용해 성별에 관한 대화를 나눠볼 수도 있다. 우선 아이에게 '말괄량이'와 '여성스럽다'라는 두 표현이 각각 어떤 행동을 의미하는지 물어보며 성별에 대한 이해를 **확장**시키자. 충분히 이야기를 나누며 아이의 생각을 파악했다면 반례 질문을 던져 **탐색** 과정을 거쳐보자. 아이는 "여성스러우면서도 여성스럽지 않은 사람"이라는 말을 들었을 때 떠오르는 주변 인물이 있을까? 책이나 영화 같은 미디어 속 인물을 찾아보는 것도 괜찮다. 마지막으로 아이가 판단을 **평가**하도록 돕자. 제약을 두지 않고 대화를 나눈다면 아이는 자신의 생각을 더 자유롭게 꺼내 보일 수 있을 것이다. 이때 어떤 판단이든 시간을 가지고 천천히 생각해도 된다는 것을 알려주자.

실제 만남으로 이해의 폭 넓히기

아이가 차이에 대해 더 깊이 있게 이해하려면 대화뿐만 아니라 타인과 직접 소통하는 경험이 필요하다. 오랜 시간에 걸쳐 다양한 배경을 지닌 사람들과 실생활에서 꾸준히 소통하다 보면 다양한 방면의 차이를 몸소 알아갈 수 있다. 파티나 견학처럼 서로가 사이좋게 어울릴 만한 활동이 있다면 참여해보자. 또 함께 있을 때 차이에 관한 질문을 듣게 된다면 최대한 객관적이면서도 긍정적인 태도로 모범을 보여주자.

아이의 대답과 행동을 살피고 반응하는 것도 중요하지만 질문을 가로막거나 중립적 질문을 괜히 비판적으로 받아들이지는 않는지 스스로를 되돌아볼 필요도 있다. 예를 들어 아이가 "쟤는 왜 머리카락이 저런 색이야?"라고 물어온다면 "저 친구가 어떤 언어를 쓰는지 먼저 들어볼까?" 유의 질문으로 되물어 아이가 얼마나 이해하고 있는지를 먼저 확인하자. 오해를 풀어 아이의 사고를 확장하는 것이다.

아이의 태도를 받아들일 준비가 되었다면 첫 번째 단계인 적극적 경청부터 시작하자. 아이가 차이를 경험한 내용을 말할 때 세심하게 들어주는 것이다. 이따금씩 들려오는 어리숙한 발언에 엄격한 태도를 취하고 싶은 마음이 굴뚝같겠지만 그러면 아이의 방어적 태도만 심해질 뿐이다. 이럴 때는 상황이나 상대에 따라 사용하는 언어나 대화 방식을 다르게 적용하는 부호 전환의 개념을 가르쳐주는 것이 좋다. 이중 언어를 사용하는 경우 집과 밖에서 쓰는 언어가 다른 것처럼, 친척이 여러 곳에 흩어져 산다면 지역에 따라 다른 말투를 사용해 대화하는 것처럼 말이다.

하지만 부호 전환이 꼭 어떤 순간에 맞춰 이루어지는 건 아니다. 대화 도중 한 문장에서도 충분히 바뀔 수 있는데 이를 부호 혼용이라고 한다. 이중 언어를 사용하는 아이가 어떤 문장을 말하다가 두 언어를 섞어 쓰거나 일부를 사투리로 말한다면 부호 혼용 사례에 해당한다. 부모와 교사는 아이가 말을 제대로 못하는 게 아닐까 걱정하지만, 많은 연구 결과가 이런 일은 굉장히 흔하며 실은 각 언어를 능숙하게 구사할 줄 아는 것이라 주장한다. 진짜 헷갈려 혼란스러운 게 아니라 각 능력이 들쭉날쭉 성장 중이라고 보면 된다.

부호 전환은 언어를 창의적으로 활용하는 방식이자 사회성을 발휘해 상황에 맞게 행동하는 능력과 관련되어 있다. 연구에 따르면 사람들은 생각을 거치지 않고 부호 전환을 할 때가 많다고 한다. 상황에 적응하거나 무언가를 비밀스럽게 말해야 하거나 생각을 더 정확하게 전달할 때도 부호 전환을 사용한다. 그렇기에 아이가 부호 전환이나 부호 혼용을 사용한다면 이렇게 말해 자신감을 심어주도록 하자. "그건 두 가지 언어를 모두 구사할 수 있는 능력이야!"

만약 아이가 자신의 차이를 지적당했다면 어떻게 해야 할까? 먼저 상대가 정확히 뭐라고 말했는지 물어보고 이에 관한 아이의 생각을 **확장**시키자. 그리고 이어지는 감정들을 **탐색**하며 사실과 오해를 구분하자. 사투리를 쓴다거나 여러 억양이 섞여 말투가 특이하다 해도 그게 잘못된 것과는 전혀 상관이 없다는 걸 알려주어야 한다. 같은 특징을 가진 긍정적 인물을 찾아보는 것도 도움이 된다. 친한 친척이나 좋아하는 연예인이 비슷한 말투를 쓴다면 아이는 자신의 특징을 좀 더 긍정하게 될 것이다. 마지막으로 역할극을 통해 생각을 표현한 뒤 느끼는 바를 **평가**하게끔 하자. 아이가 속상한 감정을 들고 왔을 때 "걔가 한 말이 다 맞는 건 아니야"라고만 대꾸한 뒤 화제를 바꿔버리는 건 별 도움이 되지 않는다. 친구와의 상황을 다시 한번 재현하며 자신의 속마음을 들여다보고 평가하는 것이 훨씬 나은 방법이다. 혹은 자리를 뜨는 방법을 알려줄 수도 있다. 불쾌함을 표현하며 자리에서 벗어나려는 노력은 나약한 것이 아니니 말이다. 부정적 영향을 끼치는 사람과 계속 친구로 남을지를 아이가 직접 생각하고 판단해볼 기회를 주자.

특혜의 이면

태어난 장소는 사회적 맥락에 근거해 그 자체로 이점이 되기도 한다. 특혜의 영역에서 자라온 아이라도 어느 순간 자신에게 주어지는 이득이 "하늘은 파랗다" 같은 자연법칙이 아니라는 걸 깨닫게 된다. 이처럼 사람은 어떤 집단에 속한다는 이유로 특별 대우를 받기도 하며 그 결과는 생각보다 거대하다.

한번은 '모범적 소수자'라는 고정관념을 내면화한 아시아계 미국인 학생이 자신의 낙제점을 보여주며 이런 말을 한 적이 있다. "저는 수학을 잘해야 해요. 아시아 애들은 전부 수학을 잘하거든요." 실제로 이런 신념 때문에 아시아계 미국인 학생들이 자기 회의나 수치심에 시달리는 경우가 많다. 하지만 스트레스가 심해지면 학업 성적에 도리어 안 좋은 영향을 미칠 뿐만 아니라 정신 건강에 악영향을 미치기도 한다. 이때 주목, 반박, 개인화 단계를 적용한 대화를 나누면 아이가 생각을 전환하는 데 큰 도움이 된다.

주목	• 고정관념이란 무엇일까? • 고정관념은 어디서 비롯될까? • 고정관념을 이용해 이득을 보는 사람은 누구일까? 어떤 관점을 가지고 있는 것 같아?
반박	• 고정관념에 얽매이지 않고 행동하는 사람으로는 누가 있을까?
개인화	• 만약 누군가 너에 대해 고정관념을 가지고 이야기한다면 기분이 어떨 것 같아? • 그런 고정관념에 어떻게 대응하면 좋을까? 효과가 있다면 왜일까?

각 공동체마다 이점으로 작용하는 특징이 다른 것처럼 특혜의 종류도 아이가 속한 집단의 특성에 따라 달라진다. 이런 대화는 단기간에 속성으로 끝내려 할수록 좋은 효과를 보지 못한다. 아이가 사회적 맥락에 차이가 있음을 인지하고 자기만의 판단을 내릴 줄 알게 되는 데까지 일정 시간이 필요하기 때문이다. 오랜 시간이 걸리더라도 다음 습관을 활용해 조금씩 여러 차례 대화를 나누는 것이 훨씬 효과적인 방법이다.

대화 습관 1. 다양성 인지하기

주변에서 시작하기

가까운 데서 시작해 조금씩 더 넓은 곳으로 나아가자. 이웃은 나와 어떻게 다르게 살고 있을까? 옆 도시에 사는 사람과 이웃 국가에 사는 사람은 어떨까? 나와 그들의 삶은 어떤 부분이 같고 다를까?

가족의 역사 훑어보기

가족의 역사를 알게 되면 생각보다 그 안에 굉장한 다양성이 있다는 사실을 알게 되며 나를 구성하는 정체성이 얼마나 다양한지도 깨닫게 된다. 실제로 가족의 역사를 잘 아는 10대 청소년은 그렇지 않은 아이에 비해 행복 수준이 높고 자기 정체성도 더 강한 편이다.

축적된 지혜 공유하기

주말, 명절같이 모든 가족이 모일 때를 기회로 삼아 그간 어떤 마을 혹은 나라를 옮겨 다녔는지 이야기해보자. 여러 곳을 거쳐 다니며 발생했던 문제들을 어떻게 헤쳐나갔는지 듣다 보면 회복탄력성이 길러질

뿐만 아니라 앞으로 나 또한 비슷한 방식으로 맞설 수 있겠다는 용기를 얻게 된다.

각 나라의 고유성 살펴보기

아이는 할머니나 할아버지가 고수하는 옛 문화가 있는지, 그 이유는 무엇인지 알고 있을까? 각 나라의 언어와 전통이 어떻게 진화하는지에 관해 대화를 나누어보자. '끝내준다'는 어디서 비롯된 말인지, 한국의 대중음악인 '케이팝'은 어떤지를 물어보며 아이의 생각을 들어보자. 각자만의 언어, 문화, 사회를 고유하게 만드는 요소가 무엇인지 아는 아이는 다른 차이점도 긍정적으로 받아들일 수 있다.

구체적이고 다양한 언어 사용하기

"이걸 뭐라고 부르면 좋을까?"라는 질문에서 한 발 더 나아가 "저 사람들은 이걸 뭐라고 부를까?"라고도 물어보자. 예를 들어 어떤 빵은 '엠파나다'라고도 불리고 '고기 페이스트리'라고도 불리는 것처럼 말이다. 어떤 문화권에서 어떤 음식을 먹는지, 그 음식 이면에 숨은 역사는 무엇일지도 생각해보자. 피자는 누가 제일 처음, 왜 만들었을지, 현지에서 가장 인기 있는 종류는 무엇일지 등 다양하게 생각하는 것이야말로 다름을 받아들이는 첫 단계이다.

예외 찾아보기

고정관념을 벗어나는 예시를 찾아보자. 특정 국가나 지역을 중심으로 해도 좋고 현재 사는 곳을 기준으로 잡아도 좋다. 가령 보스턴의 노스엔드 지역은 작은 이탈리아라고도 불리지만 실제로는 중국에서 온 사람도 많이 살고 있다. 방글라데시 사람이 마카로니 치즈를 좋아하면 이상한 걸까? 물론 벵골 지역 요리를 좀 더 좋아하지 않을까 예상해볼 수는 있겠지만 어떤 걸 더 좋아하는지는 옳고 그름의 영역이 아니라는 걸 알려주자.

입장 바꿔 생각하기

만약 아이가 친구에 대해 "걔는 괴상한 걸 좋아해"라고 말한다면 무엇이 괴상한지 장난스럽게 물어보자. 반대로 아이가 괴상하다는 말을 들은 쪽이라면 그렇지 않다는 것을 구체적인 예시와 함께 잘 풀어 설명하며 기운을 북돋아주자. 사람들은 누구나 조금씩은 괴상하거나 독특한 면을 가지고 있다. 아이의 기분이 나아진 게 느껴진다면 마음이 상하지 않도록 차이를 이야기하는 방법도 덧붙여 알려주자.

차이를 구체적으로 알기

우리 가족의 전통은 다른 가족과 어떻게 다를까? 친구들이 다른 나라의 명절을 쇠고 익숙하지 않은 음식과 음악을 즐기는 모습을 본다면 아이는 어떻게 받아들여야 할까? 다양성을 이해하기 위해서는 그만큼 구체적으로 알려는 시도가 중요하다. 예를 들어 어떤 음식을 먹고 "아시아 음식 같네요"라고 말하는 건 뭉뚱그린 추측 정도의 대답이다. 싱가포르인지 아프가니스탄인지, 그중에서도 어느 지역의 것일지, 어떤 상황에 먹는 음식일지 자세히 유추해보는 연습이 필요하다.

변하지 않는다는 생각 떨쳐내기

흑인도 달리기를 못 할 수 있고 인도 사람이라도 양식을 가장 좋아할 수 있는 법이다. 문화, 전통, 개인의 취향은 언제든지 바뀔 수 있으며 이는 자연스러운 현상이다. 차이와 변화에 관해 이야기를 나누다 보면 아이는 모든 상황이 항상 예상대로 변함없이 흘러간다는 건 불가능하다는 사실을 깨닫게 된다.

대화 습관 2. [이유 궁금해하기]

언어적 공통점과 차이점 탐색하기

어머니를 뜻하는 'mama' 'maman' 'mère'는 왜 전부 'm'으로 시작할까? 어떤 소리는 안정감을 주고 어떤 소리는 반감이 드는 이유는 무엇일까? 서로 다른 언어라도 공통점과 차이점이 모두 있기 마련이다. 그게 무엇인지, 왜인지를 찾아가다 보면 문화적으로나 역사적으로 겹치는 부분까지 발견할 수 있다. 언어뿐만 아니라 문화적 접점과 차이까지 드넓게 이해하게 되는 것이다.

각 나라의 전통 물건 살펴보기

사리(남아시아 여성들이 입는 의상─옮긴이)와 드레스, 터번과 갓은 어떤 점이 비슷하고 어떤 점이 다를까? 이런 모자를 쓰는 것은 어떤 의미이며 누구에게 중요할까? 같은 맥락에서 사용되는 물건일지라도 문화권마다 생김새와 쓰임은 모두 다르다. 이럴 때는 가능하면 해당 문화를 일상적으로 행하는 사람에게 직접 물어보는 것이 훨씬 정확하면서도 자세한 대답을 들을 확률이 높다.

민족성이 담긴 문화생활 경험하기

음식, 음악, 기념행사, 공연 같은 감각 경험은 그 나라를 상징하는 추상적 개념을 이해하는 관문이 될 수 있다. 왜 사람들은 새해 첫날이 되면 동부콩을 먹을까(미국 남부 관습—옮긴이)? 플라멩코 음악은 어디에서 비롯된 걸까? 누군가에게 들은 것이든 책에서 읽은 것이든 아이가 다른 나라 문화에 궁금한 점이 생겼다면 함께 이야기를 나누어보자. 관련 행사를 경험할 수 있는 전시나 프로그램에 참여할 수 있는 기회가 생긴다면 자세하게 이해하는 데 훨씬 도움이 될 것이다. 그런 다음 마음에 드는 점, 아쉬운 점, 이해가 쉽게 되지 않는 점, 놀라운 점을 솔직하게 나누며 관점을 넓혀가도록 하자.

여행으로 시야 넓히기

여행을 가면 다른 것을 받아들이는 관점이 크게 확대된다. 꼭 멀리까지 갈 필요도 없다. 상황에 맞춰 다른 동네 정도까지만 다녀와도 다양한 것들을 알게 될 수 있는 법이다. 시간 여행 콘셉트도 좋다. 아이가 어렸을 때 지내던 곳이 지금은 어떻게, 왜 변했는지 살펴보는 것이다. 여행을 하다 보면 의외의 사실을 발견하기도 한다. 예를 들어 도착한 동네가 과거 동유럽 이민자들이 모여 살던 곳이었다면 근처 식당이나 거리 표지판에 그런 역사의 흔적이 남아 있는지 살펴보는 재미를 느낄 수 있을 것이다. 주어진 여행 기간이 길다면 같은 장소를 여러 차례 방문해서 매번 어떤 점이 달라지는지 찾아보는 것도 방법이다. 지극히 익숙하게 느껴지는 장소일지라도 변화의 역사는 어디든 자리 잡고 있기 때문이다.

차이를 이야기하는 일이란 언제나 쉽지 않으며 차이의 개념을 이해하고 기존의 고정관념을 해소하는 데는 오랜 시간과 노력이 필요하다.

하지만 타인을 진정으로 이해하고 관용을 베풀 줄 아는 어른으로 성장하기 위해서는 차이를 건강하게 받아들이는 연습 과정을 반드시 거쳐야 한다. 다름을 인정하는 자질은 남과 좋은 관계를 유지하는 데 필요하기도 하지만 궁극적으로 자기 세계의 경계를 넓힌다는 점에서 큰 의미가 있다.

나이별 맞춤용 질문 리스트

유아~유치원생

아이가 어떤 관점으로 세상을 바라보는지 확인해보자.

Q "친구들은 너랑 외모나 말투가 비슷해? 다르다면 어떻게 달라?"

Q "그렇게 생각하는구나. 혹시 주변에 같은 생각을 하는 사람이 또 있니?"

가까운 사람들의 역사와 문화적 배경에 대해 이야기하자.

Q "그 친구의 가족은 어디서 왔어? 그곳에서 온 다른 친구도 있어?"

Q "그 친구가 살다 온 나라의 명절은 우리가 매년 챙기는 명절과 어떤 점이 다를까? 왜 그런 차이가 있을까?"

초등학생

역사와 문화의 뒷이야기도 함께 살펴보자.

Q "이 음식은 어느 문화에서 시작되었을까? 그 문화권에서 인기 있는 음식 중에는 또 뭐가 있지?"

Q "나라마다 생일을 축하하는 방식이 다를 텐데 혹시 친구 중에 그런 경험을 한 사람이 있니?"

Q "우리 가족이 명절을 지내는 방식은 어떤 문화에서 비롯된 걸까?"

도전적이고 호기심 가득한 태도로 변화를 맞이하자.

Q "새로운 언어를 배울 수 있다면 어떤 걸 선택하고 싶니?"

Q "한 달 동안 외국에 살 수 있다면 어디에 가고 싶어? 이유는?"

중학생 ~ 고등학생

쉽게 드러나지 않는 차이일수록 구체적으로 생각해보자.

Q "너와 친구의 공부 방식은 어떻게 달라? 그 방식에 대한 생각에도 차이가 있니?"

Q "친구들과 어울리기 힘들다고 느껴질 때가 있다면 언제야? 만약 친구가 그런 상황을 겪고 있다면 어떻게 도울 수 있을까?"

차이를 인정하는 방법을 모색하자.

Q "네가 다르게 생각하는 부분을 친구가 이해할 수 있게끔 설명하려면 어떤 부분에 신경 써서 말해야 할까?"

Q "어떻게 하면 차이를 좀 더 편히 받아들일 수 있을까?"

Q "차이점은 어떤 면에서 서로의 관계를 풍부하게 만들까?"

Q1. "첫 만남에서 오해를 받은 적이 있니? 어떤 오해였어?"

Q2. "너도 누군가를 처음 보고 오해한 적이 있니? 그랬다면 어떤 점을 오해했어?"

Q3. "시간이 흐르면서 누군가에 대한 생각이 바뀐 적 있어? 어떻게? 왜 그렇게 변했다고 생각해?"

8장

나를 알고 이해하는
기질 대화

가장 깊은 일깨움은 내가 누구인지를 완전하게 상기시켜주는
친밀하고 애정 어린 관계에서 시작된다.

타라 브랙

놀이터에서 친구 재닌의 딸인 두 살 로지를 만났을 때 아이는 한창 짜증을 내는 중이었다. 그간 두 사람을 오래 알고 지냈지만 그런 모습은 또 처음이었다. 로지는 자기가 타기에 너무 큰 킥보드의 손잡이를 꽉 움켜쥔 채 얼굴을 찡그리고 있었다. 얼룩진 옷과 붉어진 얼굴을 보아하니 한동안 울고 있었던 게 확실했다. "탈 거야! 탈 수 있어." 로지는 그렇게 말하며 킥보드를 앞뒤로 밀어댔다. 재닌은 로지의 손을 부드럽게 떼어내려 애쓰며 말했다. "아직 너무 일러. 언니 킥보드는 네가 타기에 너무 크잖아. 도움을 받아서 탈 수는 있지만 혼자서는 안 돼." "싫어!" 로지는 놀이터에 있던 모든 사람이 들을 정도로 크게 통곡했고 재닌은 어찌 할 바를 몰라 하며 곁에서 괴로워했다. "처음부터 못 타게 하지 않았어. 타게 해줬는데 로지가 자꾸 넘어졌단 말이야. 당연히 넘어질 때마다 다쳤고. 이쯤 되면 포기해야 하는 거 아니야?" 로지는 다시 킥보드를 붙잡고 밀었지만 역시나 금방 넘어졌다. 흙투성이가 된 로지는 곧 흐느끼기 시작했고 재닌은 한숨을 쉬며 집에 가야겠다고 말했다.

그 뒤로 우리는 바쁜 나날을 보내느라 한동안 만나지 못했다. 그러다 로지는 세 번째 생일을 맞아 부모님, 언니인 대니얼과 함께 우리 집에 놀러왔다. 아무래도 지난번처럼 짜증을 내겠거니 예상했지만 놀랍게도 로지는 크레파스와 종이를 달라고 한 뒤 혼자 색칠 놀이를 시작했다. 만족스러운 표정으로 놀이를 이어나가는 모습에 감명을 받은 나는 자연스러운 발달의 결과이거나 새로운 다니게 된 유치원에서의 경험 때문일 것이라 생각했다.

하지만 뒤에 들려온 재닌의 말은 의외였다. "로지의 스타일에 맞추는 법을 배웠더니 아이가 많이 달라지더라고. 전에는 로지에게 대니얼이 좋아하던 활동을 시키면서 잘할 수 있도록 도와주었어. 나도 그랬고 대니얼도 도움 받는 걸 좋아했거든. 지금도 나는 누가 이끌어주는 게 편해. 그런데 로지는 도움을 받을 때마다 맨날 '싫어, 싫어, 싫어'를 연발하더라. 그래서 더는 밀어붙이지 않는 쪽을 택하기로 했어."

로지는 언니가 하던 일을 혼자서 해보려다 어려운 상황에 부딪혔고 그 모습을 본 재닌은 더 잘 맞는 다른 활동을 찾아보자 말하곤 했다. 그러던 어느 날 재닌은 이 상황에서 오직 자신만이 좌절하고 있다는 사실을 깨달았다. 어릴 때부터 못 오를 나무는 쳐다도 보지 않던 자신의 굳어진 관점으로 로지를 대했던 것이다. 재닌은 어릴 때의 자신과 너무 다른 로지에게 놀랐고 이 차이가 서로에게 도움이 되지 않는 방식으로 충돌을 일으키고 있다는 것을 알아차렸다. 로지는 거듭 실패하더라도 포기하지 않고 계속 시도하는 성격이었고 재닌은 로지가 좀 더 간단한 일로 쉽게 성공을 맛보기 바랐던 것이다.

생각을 바꾼 재닌은 로지의 끈기에 주목했고 로지가 힘든 일을 마다하지 않는다는 것을 알게 되었다. 이후로는 너무 힘들어 보이는 무언가를 하고 싶어 해도 재닌은 그러도록 허락했다. 대신 자기 자신과 다른 사람을 다치게 하지 않을 것, 도움이 필요하면 요청할 것, "할 수 있어"라고 말하면 먼저 도와주지 않을 것 등 몇 가지 기본 규칙을 정했다. 물론 그렇다고 로지의 짜증이 완전히 사라진 것은 아니었지만 엄청난 변화가 생긴 것은 분명했다. 로지가 더 어렸을 때는 독립적이고 끈질긴 기질이 문제로 여겨졌다. 게다가 재닌이 원하지 않는 방식을 강요하려 드니 그런 성격이 더 문제처럼 느껴진 것도 있었다. 하지만 서로의 좌절을 견디는 정도와 시도하고 싶어 하는 욕구에 차이가 있다는 걸 알게 된 후로 재닌은 로지를 혼내는 대신 계속 시도하려는 의지가 얼마나 긍정적인 특징인지를 반복해서 떠올렸다. '고집불통'이라는 표현 대신 '끈기 있다'는 말을 사용하는 식으로 로지의 태도를 이해한 재닌은 아이가 원하는 방식으로 도움을 줄 수 있었다.

아마 주변을 둘러보면 아이의 기질을 고려해 더 나은 관계로 발전한 사례를 금방 찾아볼 수 있을 것이다. 부모는 자기 방식이 옳거나 자연스럽다고 생각하기 쉽지만 사실 옳은 방법이란 없다. 늦게 일어난다고 무조건 게으른 건 아니듯 말이다. 중립적 시각으로 차이를 바라보아야 비로소 타협점을 찾아갈 수 있다. 아이가 아직 어리더라도 기질에 맞게 대응하면 잠재력을 꽃피워줄 수 있고 서로 간의 소통도 훨씬 원만하고 재미있게 이루어낼 수 있다.

개성을 존중하는 맞춤 대화

한 아이에게는 수많은 다양성이 존재한다. 얼마나 활발한지, 얼마나 학구적인지, 얼마나 불안도가 높은지는 모두 다르다. 이런 특성들은 아이마다 가지각색이며 시간이 지나면서 어느 정도 바뀌기도 한다. 학교에 입학해 새 친구를 사귀거나 새로운 활동을 시작하는 평범한 과정 속에서 기질이 여러 형태로 드러나는 것도 이 때문이다. 이럴 때 부모는 아이의 성장 과정을 지켜보며 필요한 부분을 채워주고 사회적으로 잘 적응할 수 있도록 도와주어야 한다. 이런 과정을 겪다 보면 아이는 점차 스스로를 알아가게 되고 별난 부분의 장점을 발견해 보듬고 조절하는 방법을 찾아간다.

"걔는 수줍음이 많아" "금세 흥분해" "되게 까다로워"라고 아이를 쉽게 단정 지으면 중요한 본질을 빠뜨리게 된다. 게다가 기질을 확인하고 꼬리표를 붙이는 주체가 바로 부모인 스스로라는 사실을 잊어버리기도 한다. 이런 꼬리표는 대화뿐만 아니라 아이가 장래에 어떤 사람이 되는지에도 영향을 미친다. 만약 재닌이 계속해서 뜻을 꺾어 로지의 짜증이 심해졌다면 두 사람의 관계는 완전히 어긋났을지도 모른다. 로지는 나쁜 아이로, 재닌은 잔소리하는 엄마로 관계가 굳어지는 것이다.

양질의 대화를 나누다 보면 부모는 지속적으로 아이에 대한 많은 것을 세세히 알게 되고 아이 또한 부모를 전보다 잘 알게 된다. 여기서 핵심은 긍정적 변화가 아이마다, 가족마다 다른 모습으로 나타난다는 것이다. 각자만의 변화를 이끌기 위해서는 부모가 아이의 고유한 특성을 이해하고 존중하는 태도를 갖추어야 한다. 그리고 이 모든 것은 기질의 본질을 이해하는 데서 시작한다.

기질에 따라 달라지는 행동

기질은 아이의 평소 감정 상태와 스스로를 조절하는 능력은 물론이고 반응 강도와도 관련이 있다. 반응 강도란 아이가 낯선 광경이나 소리에 얼마나 놀라는지, 화가 치밀었을 때 진정하기까지 얼마나 걸리는지, 전반적인 에너지 수준과 기분은 어떠한지를 뜻한다. 즉 기질이란 대화하고 행동하는 방식이라고 생각하면 된다. 능력이나 성취 수준, 동기, 행동의 이유와는 다른 개념이다. 대부분의 과학자는 기질이 생물학적 이론을 근거로 두고 있으며 유아기부터 나타나기 시작한다고 주장한다.

기질과 관련한 이야기는 아주 멀리까지 거슬러 올라간다. 2세기 철학자 갈레노스는 체액을 바탕으로 네 가지 기질을 제안했다. 흑담즙이 과도해 발생하는 우울 기질은 조용하지만 분석적이고, 혈액이 과도한 다혈 기질은 희망차고 근심 걱정이 없으며, 점액이 과도하면 기질이 차분하고, 황담즙이 과도하면 화가 많은 것이 특징으로 이상적 기질은 네 가지가 균형을 이룬 상태였다. 물론 이 개념이 틀렸다는 사실은 오래전에 밝혀졌지만 갈레노스의 철학은 우울하다는 뜻의 'melancholic'이라는 단어로 영어에 흔적을 남겼다.

기질에 대한 현대적 사고는 1950년대에 의사 알렉산더 토머스와 스텔라 체스가 100명이 넘는 유아를 연구하며 형태를 갖추어갔다. 두 사람은 연구에서 '수월한' 아이들, '까다로운' 아이들, '더딘' 아이들을 발견했고 1970년에는 아홉 가지 특성을 바탕으로 오늘날까지 여전히 널리 사용되는 기질 모형을 만들었다. 신체적으로 얼마나 활발한지, 기상과 취침 같은 생물학적 기능이 얼마나 규칙적인지, 얼마나 잘 적응하는지, 새로운 상황이 주어졌을 때 얼마나 다가가거나 피하는지, 얼마나 예민한지, 얼마나 격렬하게 반응하는지, 얼마나 주의가 산만한지, 평소 기분은 어떠한지, 얼마나 오랫동안 끈질기게 지속하고 주의를 기울이는지가 바로 그것이다. 후에는 심리학자 메리 로스바트가 이모형을 세 가지로 통합해서 얼마나 외향적인지, 전반적으로 기분이 얼마나 부정적인지, 행동과 감정을 얼마나 수월하게 조절할 수 있는지로 기질을 구분했다.

이런 반응은 일상 속에서 모습을 드러낸다. 예를 들어 아이가 타고 다니던 통학 버스 노선이 바뀌어 이른 아침부터 모르는 아이들과 함께 앉는 상황을 맞이해야 한다고 가정해보자. 이는 1년 전 이웃이던 열 살 소녀 두 명에게 실제로 일어났던 일이다. 마리는 일주일이 끔찍하다고 했다. 매일 늦게 일어나 서둘러 준비하는 바람에 늘 지친 상태로 버스에 탔고 혼자 앉아 제대로 굽지도 못한 빵을 먹었다고 했다. 그러나 레이철은 눈을 밝게 빛내며 오빠보다 먼저 집에서 나와 버스에서 친절한 친구들 옆에 앉은 이야기를 꺼냈다.

사례 속 두 아이의 관점이 다른 이유는 무엇이며 레이철의 낙관성은 어디서 비롯된 걸까? 이야기를 듣다 보니 레이철의 낙관성은 기질과 관련이 있다는 것을 알게 되었다. 레이철은 원래부터 항상 일찍 일어나는 편이었고 아주 어릴 때도 유아원에 다니며 여러 변화를 겪었기에 지나치게 힘든 난관이 아니라면 쉽게 적응했다. 반면 마리는 유아기 때부터 잠을 곧잘 설쳤고 수면 시간이 기분에 큰 영향을 미치는 편이었다. 또 예측 가능할 때 안정감을 느끼는 성향이라 새로운 상황에 처하면 상당히 괴로워했다.

하지만 마리는 불평하고 레이철은 신나 한다는 결과만 보고 각각 어떤 사람인지를 결론 내려버리는 일이 태반이다. 잘 모르는 사람이라면 대뜸 마리에게 "넌 상냥하지 않구나"라고 평가하거나 "왜 적극적으로 행동하지 않아?"라고 물어보기 쉽다. 특히 레이철처럼 새로운 친구를 쉽게 사귀는 성향의 사람이라면 더욱 그럴 것이다. 의도 자체는 아이가 잘 적응하도록 도와주고 싶다는 선한 마음일 수 있지만 정작 아이에게는 별 도움이 되지 않을뿐더러 실제 관계에 부작용을 불러일으킬 수도 있다.

평생에 걸쳐 변화하는 기질

아이의 기질을 알아가는 과정은 마치 미스터리가 펼쳐지는 모습을 보는 것과 같다. 어떻게 드러날지는 알 수 없지만 오랜 시간 지켜볼 수는 있기 때문이다. 기질은 일찍부터 정해지는 특성이 아니라 성인기까지 끊임없이 이어지는 진화 과정이다. 미국의 저명한 심리학자 제롬 케이건은 기질이 '긴 그림자'를 드리운다고 표현했는데, 이는 아이가 자라나는 동안 머무르기도 하고 진화하기도 하는 기질의 속성을 잘 나타낸 설명이다.

소피가 세 살이었을 때 매일 구름사다리 연습을 하겠다고 조르던 시기가 있었다. 처음에는 가로대를 잡는 것조차 쉽지 않아 수십 번 떨어졌지만 험난한 과정을 거친 끝에 마지막까지 건너는 데 겨우 성공한 소피는 가로대 하나를 건너뛸 수 있을 때까지 다시 연습을 반복했다. 한참을 고군분투하던 소피는 마침내 "해냈어요!"라고 말하며 주먹을 불끈 쥐었다. 옆에 있던 다른 부모가 "소피가 원래 체조를 했던가요?"라고 물었고 나는 고개를 좌우로 흔들며 "그냥 계속 시도하는 걸 좋아할 뿐이에요"라고 답했다.

시간이 흘러 소피가 여덟 살이 되었을 때 같은 책을 세 번째 읽는 모습을 본 나는 5년 전의 끈기가 다른 형태로 나타나고 있는 것인지 궁금했다. 상황과 환경이 변한 것 외에 소피 자체도 변했을 테니 말이다. 어떻게 '그랬던' 아기가 커서 '이런' 어린이가 되고 또 '이런' 10대가 되는 걸까? 이 변화는 키가 자라는 것과 마찬가지로 미묘해서 오히려 자주 보지 않는 아이의 변화가 더 쉽게 눈에 띈다. 나는 친구들의 아이가 해마다 기질이 변하는 모습을 보며 종종 웃곤 하는데, 예기치 않은 쪽으로 변하거나 한때 도움이 되었던 면모가 문제를 일으킬 때도 있어 놀라기도 한다.

예전에 만난 열다섯 살 리사는 아주 부지런해서 잔소리를 하지 않아도 알아서 숙제를 마치고 미리 다음을 계획하는 아이였다. 성적이 높은 건 물론이고 사회적 기술도 능숙하게 연마했기에 겉으로는 전혀 문제가 없어 보였다. 그러나 이런 아이는 완벽주의 성향을 나타내고 유연성과 즉흥성이 부족할 가능성이 높다. 실제로 리사는 자기가 무엇을 좋아하고 싫어하는지 몰라 고역이라 느껴지는 일도 억지로 하곤 했다. 그랬더니 선택권을 가지게 되었을 때도 무엇이 좋은지 모르겠다며 불평을 늘어놓았다.

정신과 전문의이자 『아동 기질Child Temperament』의 저자인 데이비드 레튜는 '-면서도' 현상을 이야기한 적이 있다. 아이가 상냥하면서도 지나치게 활동적이지 않으면서도 너무 소극적이지 않기를 기대하는 부모의 마음이 바로 그것이다. 레튜의 말대로 부모는 아이에게 양가적인 면을 동시에 원한다. 하지만 알다시피 이는 불가능에 가깝다. 만약 부모가 아이의 어떤 기질을 고치려 한다면 역으로 긍정적인 기질을 억누르는 게 될 수도 있다. 친구와 놀 때마다 아이에게 흥분을 가라앉히라고 충고한다면 사교성이 떨어질 수도 있는 것처럼 말이다.

기질이란 고정된 것이 아니다. 기질은 아이의 본질과 처한 환경이 영향을 주고받으며 진화하고 그중에서도 성인의 영향을 많이 받는다. 케이

건은 겁이 많고 조심스러운 유아가 커서도 수줍음을 타는 경우가 많다
는 사실을 발견했다. 부모가 아이를 과보호하며 키웠을 때는 특히 더
그러했다. 반면 부모가 유아기 때 다른 사람들과 어울리도록 키운 아
이는 덜 내성적인 10대로 자라는 확률이 높았다. 일찍부터 상황을 만
들어주면 아이가 보다 수월하게 친구를 사귈 수 있는 발판이 생기는
것이다.

저마다 다른 아이의 기질

"얜 대체 누굴까?" 아이의 어릴 적 얼굴을 들여다보면서 문득 이런 의
문을 품어본 적이 있을 것이다. 생후 9개월밖에 되지 않은 아기도 모두
제각기 다른 기질을 나타낸다. 초보 부모는 기분 좋게 재잘거리는 아
이를 보며 '역시 나는 할 수 있어'라고 긍정적으로 생각하곤 하지만 시
간이 지나며 아이의 기질이 부모와 정반대이거나 등골이 오싹할 정도
로 비슷한 순간을 마주하면 엄청난 당혹감에 휩싸이곤 한다. 실제로
세 아이를 둔 어떤 아버지가 "저는 원래 몇 시간씩 책을 읽는 게 취미인
사람인데 저희 애들은 아침부터 밤까지 뛰어다녀요"라고 말한 적도 있
고, 10대 아이들을 둔 어떤 어머니가 "애들이 징징거릴 때면 저희 엄마
와 제 목소리가 같이 들리는 것 같다니까요"라고 말한 적도 있다.
　아이가 어떤 기질인지 엿보고 싶다면 말하는 방식을 살펴보자. 얼마
나 부드럽거나 조용히 말하는지, 얼마나 빠르거나 느리게 말하는지,
활기찬 말투인지 우울한 말투인지에 기질이 깊은 영향을 미치기 때문
이다. 그뿐만 아니라 낯선 사람과 어떻게 소통하는지, 어떤 친구를 사

귀는지, 선생님과 어떻게 소통하는지, 심지어 스스로를 어떻게 인식하는지와도 관련이 있다. 나는 말을 술술 하지 않는다는 이유로 멍청하다거나 사교성이 부족하다고 낙인 찍히는 아이를 정말 많이 봐왔다. 부모부터도 "얘가 말을 안 하려고 해요"라고 하는 걸 보면 우리 사회가 침묵을 관심 부족이나 무관심으로 받아들인다는 걸 알 수 있다. 하지만 이런 오해는 부모와 아이의 관계뿐만 아니라 아이가 스스로를 어떻게 바라보는지에도 영향을 미친다.

아이의 본성과 양육 방식의 복잡한 상호작용도 기질이 발현되는 방식과 연관이 있다. 예를 들어 형제자매가 몇 명인지는 말을 얼마나 많이 하는지와 연관이 있다. 아이가 여섯 명인 가정에서는 자기 말을 들어달라고 떼쓰지 않으면 뒤처지기 쉬운 탓에 모두가 말할 시간을 확보하려고 경쟁하기 때문이다. 하지만 똑같이 형제자매가 여럿이어도 어떤 아이는 도전 정신을 불태우며 대화에 참여하는 반면 어떤 아이는 끼어들 틈을 찾지 못해 좌절한다. 즉 아이를 좋은 방향으로 이끄는 양육의 기본은 그 아이의 기질을 파악해 적절한 방식을 적용하는 것에서 시작한다고 볼 수 있다.

부모의 말이 아이에게 미치는 영향

기질은 새로운 상황에서 다른 면을 보여주기도 하고 드러나는 양상이 바뀌기도 한다. 사실 기질이란 반드시 하나로 정의되지는 않는다. 네 살 때는 아주 내성적이던 아이가 일곱 살 때는 조금 외향적으로 변할 수도 있는 것처럼 말이다. 겉으로 드러나는 아이의 모습은 서로 영향을 미치는 내면의 기질들이 합쳐진 결과라고 할 수 있다.

예를 들어 까다로운 탓에 자주 울고 기분이 나쁠 때가 많은 두 아이 매슈와 빅터가 있다고 해보자. 몇 년 후 매슈는 충동을 어떻게 조절하는지 배워 화가 났을 때 장난감을 던지는 버릇을 고쳤지만 빅터는 이 방법을 곧잘 체화하지 못해서 흥분하면 뭔가를 밀치고 보는 습관이 여전히 남아 있었다.

이런 각자의 태도는 유아원에 다니기 시작할 무렵부터 극명하게 다른 반응을 불러왔다. 매슈는 부모와 교사에게 주로 긍정적인 피드백을 받았고 빅터는 방해가 된다는 소리를 들으며 혼자 조용히 앉아 있는 벌을 받곤 했다. 그러다 보니 매슈만큼 친구들과 많이 어울리지 못했고 학습에도 많은 시간을 쏟지 않았다. 한때 호기심 가득하고 많은 것에 흥미를 느끼던 빅터는 그렇게 내성적인 성향이 되어갔다.

기질 용어로 표현하자면 매슈의 부정적 정서는 '숨어든' 것이며 빅터는 분명하게 '드러난' 것이다. 이 차이는 두 아이의 학습, 관계, 행복 면에서의 격차를 점점 벌어지게 만든다. 부모도 아이의 행동에 만족할수록 더 기분 좋게 이야기하고 긍정적 기질을 강조해 칭찬하게 되기 마련이지만 반대의 경우에도 각별히 신경을 써야 한다. 아이에게 반복적으로 좋은 이야기를 해주면 더 그렇게 행동하려 노력하지만 안 좋은 점만 꼽아 지적하면 자존감이 낮아져 자기도 모르게 혼자만의 방에 갇혀버리기 때문이다.

혼자만의 방에 남겨지면 반성을 하는 게 아니라 있었던 일을 안 좋은 쪽으로 되새기기만 할 뿐이다. 그러다 보면 오히려 기질의 부정적인 면이 튀어나올 수도 있다. 비교적 난관에 쉽게 빠지는 특질도 있다. 충동적이고 외향적인 성향이 강하면 자기 능력을 과대평가해서 높은 목표치를 설정해놓고도 '할 수 있어'라 생각하기에 남들보다 자주 다치기 쉽다. 반대로 내성적 성향이 강한 아이는 불안, 우울, 공포에 시달릴 가능성이 높기에 특별한 관심과 지원이 필요하다. 그렇다면 이쯤에서 생각해볼 필요가 있다. 나는 아이의 기질을 누르려는 부모일까 북돋아주는 부모일까?

기질을 받아들이는 연습

학교 모임에서 만난 학부모 가브리엘라는 고등학교 1학년 아들 짐의 내성적인 성격을 걱정하며 고민을 털어놓았다. 가브리엘라 역시 어린 시절에 짐과 비슷할 정도로 수줍음을 많이 타는 편이었다고 했다. 현재는 사업 컨설턴트로 성공적인 경력을 쌓으며 살고 있지만 협업 업무는 여전히 부담스럽다고 말했다. 성인이 되고도 남들 앞에서 말하는 것이 너무 힘들어서 이득이 될 수 있는 기회들을 놓친 적도 있다고 했다. 가브리엘라는 짐이 같은 문제에 시달리지 않았으면 좋겠다고 말하면서 자신과 아들 모두 난독증이 있다는 사실을 고백했다.

나는 몇 주일에 걸쳐 짐이 난독증을 받아들이고 스스로를 격려할 수 있도록 도왔다. 내가 바란 건 짐이 외향적인 사람이 되는 것이 아니었다. 그보다는 스스로의 기질을 존중하고 한계를 시험해보도록 돕고 싶었다. 나는 수전 케인이 집필한 『콰이어트』에서 설명한 침묵의 힘을 떠올렸다. 실제로 미국의 많은 학교가 내향성이 이끌어낼 수 있는 사려 깊음과 창의성을 무시하고 외향성만 우대하는 경향을 보인다. 사실 짐도 훌륭한 아이디어를 갖고 있었지만 주목받기를 원치 않았던 것뿐이다. 담임교사는 이 사실을 모른 채 짐이 의견을 말하지 않는 점만 보고 지적을 일삼았다.

나는 3E를 활용해 짐에게 왜 주목받고 싶지 않은지 물어보며 관점을 **확장**하는 것부터 시작했다. 짐은 "제가 할 말이 괜찮은지부터 확실히 하고 싶어요"라 대답했다. 나는 누구든지 불안정한 감정을 느끼며 오히려 그런 태도가 준비를 철저하게 한다는 점에서 도움이 되기도 한다고 말해주었다. 그리고 이 자질이 바람직하게 작용할 방법을 **탐색**했다. 짐은 일단 계획이 있어야 질문에 이상적으로 응할 수 있을 것 같다 했고 우리는 대답을 계획하는 연습을 해보기로 했다. 우선 책상에 포스트잇을 붙여놓은 뒤 생각들이 떠오르면 대강 써놓고 가장 마음에 드는 한 가지를 선택해 손을 들고 말하는 방법이었다. 몇 차례 해본 후에는 얼마나 효과적이었는지를 이야기했고 바꾸면 좋을 것 같은 일부는 수정하며 **평가**했다. 짐은 이 과정을 통해 자신의 성향을 인정할 수 있게 되었고 자기 인식을 높였다. 내성적 성향이 결코 나쁜 게 아님을 깨달은 것이다. 게다가 쓰기와 읽기까지 연습할 수 있었으니 난독증에도 도움이 된 셈이었다.

아이가 동생을 보며 말한다.
"재는 아침마다 너무 느려. 언제쯤이면 바뀔까?"

흔한 대답	"걔는 원래 그런 거야. 네가 이해해."
신선한 대답	• "그래서 성가시거나 불편한 점이 있어?" • "동생이 아침에 어떤 기분인지 물어본 적 있어?" • "우리는 왜 모두 다른 속도로 살아가는 걸까?"

아이 안의 여러 기질 이해하기

그간 근무해온 학교들은 여러 민족의 다양한 배경을 가진 아이들이 재학 중이라는 공통점이 있었지만 몇 가지 면에서는 중요한 차이가 있었다. 한 학교는 매 시간마다 책상이 흔들릴 만큼 종이 크게 울려댔고 확성기 너머로 온갖 안내 방송이 자주 흘러나왔다. 한번은 "호세 R.은 교장실로 오세요"라는 안내 방송이 잡음과 함께 전교에 울러퍼졌다. 호세는 책상 밑으로 들어가 숨는 척하며 "나 아니야, 그치?"라고 상황을 회피했다. 결국은 상기된 얼굴을 한 채 교장실로 향했지만 말이다.

오후가 되면 운동장으로 몰려나간 아이들의 목소리가 사방에서 메아리쳤다. 원래 소리에 민감한 편이라 그럴 때마다 굉장한 스트레스를 받았지만 교실에는 호세를 포함한 몇몇 학생도 있었기에 나는 놀란 마음을 진정시킨 뒤 아이들에게 괜찮은지 물었다. 그러자 호세는 힘겹게 미소를 지으며 "잠깐 가만히 있으면 괜찮아질 것 같아요"라고 했다.

당시는 다행이라 생각하고 넘어갔지만 곰곰이 생각해보니 호세의 말에는 깊은 뜻이 담겨 있었다. 학교와 집마저도 괜찮아지기 위한 잠깐의 시간을 내어주지 않는다는 뜻이니 말이다. 학교만 봐도 속사포처럼 수업을 진행하는 교사 때문에 속도가 느리거나 예민한 아이들이 제대로 이해하지 못한 채 넘어가는 경우가 허다하다. 각자의 기질에 맞는 학습 방식을 뒤로 하고 정답만을 강요하는 교육 문화는 문제 상황을 악화시키는 주요 원인이다.

반면 매사추세츠주 윈스럽에 있는 학교는 완전히 다른 분위기였다. 지하철을 타고 바닷가에 위치한 이곳으로 가다 보면 절로 기운이 솟았다. 소규모 학급이라 아이들은 널찍한 공간에서 무리를 지을 수도, 혼자 공부할 수도 있었고 점심시간도 모두가 같은 시간에 우르르 나가는 것이 아니라 시간 차를 두고 즐길 수 있어서 무리 지어 이야기를 나누기에 좋았다. 수업 종소리도 그다지 크지 않아서 거슬리지 않았다. 덕분에 나는 차분한 기분으로 예리한 질문을 던지며 아이들과 소통할 수 있었다. 무슨 말인지 알겠냐고 묻는 대신 농담을 이해하고 웃었는지, 감정을 담아 글을 낭독했는지 같은 세세한 부분을 살피며 아이들의 반응에 주목했다.

그러면서 대화 시 내 스스로의 느낌에도 주목했다. 언제 스트레스를 받고 언제 편안함을 느끼는지 자문했고 시간대, 계절, 날씨 같은 세부적인 맥락까지도 주의를 기울여 살폈다. 이런 맥락은 아이들의 기분, 학습, 관계에도 영향을 주었다. 가령 점심시간 전이라 배가 고프거나 눈보라가 몰아치기 전이면 아이들은 안절부절못하며 제대로 집중력을 발휘하지 못했다. 개중에 몇몇은 일상 속에서 마주치는 더 작은 변화들에도 민감하게 반응하곤 했다.

기질에 초점을 맞춘 후부터는 아이들의 현재 상태에 집중했고 특정 행동을 바꾸려는 대신 각자의 개성, 선호도, 필요한 게 무엇인지를 살폈다. 소통하는 과정에서 우리는 생각보다 스스로가 어떤 역할인지 제대로 살펴보지 않는 경우가 많다. 표현하는 감정, 사용하는 단어, 각 단어를 쓰는 상황, 말할 때의 어조 등 아이의 일상 언어에 영향을 미치고 반응 방식을 바꾸는 요소가 무수히 많은데 말이다. 직접 엄마가 되고부터는 더 정곡으로 와닿았다. 소피가 일곱 살이었을 때 필립이 옷을 입으라고 세 번이나 말하자 "나한테 소리 지르지 마!"라며 발끈했다. 나는 소피의 말 덕에 조용한 요청도 누군가에게는 고함처럼 들릴 수 있다는 사실을 알게 되었다.

그렇다고 소피의 기질이 정적이기만 한 것은 아니다. 선생님들은 소피가 조용하면서도 독립적인 성향이라고 했는데, 실제로도 친구와 노는 약속을 잡고 막상 나갈 때가 되면 주저하는 모습을 보이곤 했다. 그러나 폴은 달랐다. 폴은 두 살 때부터 낯선 사람에게 손을 흔들며 인사했고 창밖에 보이는 건설 현장의 노동자들을 가리키며 자신의 친구라고 표현하기도 했다. 무척이나 사교적인 아이 같았지만 신기하게도 나이가 들면서 폴보다 소피가 훨씬 사교적으로 변했고 말수도 더 많아졌다. 마지막 면담 때 선생님들은 "소피 덕분에 웃음이 끊이지를 않아요"라는 말을 전했고 집에서도 소피 덕에 즐거운 일이 많았다.

나는 지금까지의 평가들을 곰곰이 생각하며 소피가 어떻게 변했는지를 떠올렸다. 오랫동안 소피를 지켜보며 새롭게 알게 된 건 아이의 기질이 특질을 끌어내기도 한다는 것이었다. 특질은 강조할수록 그렇게 변할 가능성이 더 커지며 부정적인 특질도 마찬가지다. 계속된 칭얼거림에 짜증이 차오른 부모가 잔소리를 하자 더 심하게 투정을 부리는 아이의 모습을 쉽게 찾아볼 수 있는 것처럼 말이다.

아이가 왜 그런지를 알고 싶다면 전체 맥락을 파악하는 것이 우선이다. 아주 조용한 집안에서 자란 조용한 아이를 예로 들어보자. 아이는 학교만 가면 친구들이 너무 큰 소리로 말하는 것 같다고 느낄 것이다. 이런 집안에서 활발한 아이가 태어난다면 어떨까? 집에서는 튀는 존재로 여겨질지 몰라도 암벽등반 캠프 같은 곳에서는 누구보다 사교적인 아이로 자리매김할 수 있을 것이다. 이처럼 아이의 특질을 보는 관점은 부모가 어떤 기질인지에 따라 달라진다. 부모가 굉장히 사교적이라면 아이가 현재 친구 관계에 만족하고 있어도 더 많은 친구를 사귀어보라며 권유할 테지만 아이에게 너무 일찍 꼬리표를 붙여서는 안 된다. 부모는 아이를 도우려고 하는 말일지 모르지만 정작 아이에게는 꼬리표로 남아 좋지 않은 효과를 불러일으킬 때가 많기 때문이다.

아이의 기질은 복잡하고 다면적이기에 집에서는 이렇고 친구와는 저렇다가 학교에서는 또 다르게 행동할 수도 있는 법이다. 형제의 수줍음에 영향을 받기도 하고 자신은 정반대라는 걸 증명하느라 더 시끄러워지기도 하며 취약한 감정을 숨기려다 원래 기질이 숨어버리기도 한다. 기질은 이토록 복잡한 성질이라 여기에 맞는 단 하나의 틀을 찾기란 불가능하다.

기질에 따른 양육법

기질은 양방향 도로처럼 발달한다. 유전적 요인에 뿌리를 두고 있기는 해도 부모를 비롯한 다른 사람들을 보며 각자만의 방식으로도 변화하기 때문이다. 두 아이에게 똑같은 말투로 똑같은 말을 했을 때 한 아이는 킥킥거리며 웃고 다른 아이는 울음을 터뜨리는 것도 같은 이유에서다. 이는 부모에게도 적용되는데 부모 역시 아이가 어떤 사람인지, 어떤 사람이 되어간다고 느끼는지에 따라 서서히 바뀐다. 이런 변화는 대개 무의식적으로 일어난다. 실제로 내 친구 케이티 드 도미니시스도 "나랑 남편은 세 아이를 대할 때 각각 다른 세 사람이 돼"라고 말했다.

모든 아이는 각자에게 맞는 접근법이 필요하기에 도미니시스의 대처는 바람직하다고 볼 수 있다. 8~12세 어린이를 대상으로 한 연구에서 어머니의 양육 방식과 아이의 기질이 잘 맞을 경우, 그렇지 않을 때보다 아이의 우울과 불안이 절반으로 줄어든다는 사실 밝혀졌다. 또 자제력이 강한 아이에게는 너무 구체적이지 않은 체계가, 자제력이 낮은 아이에게는 꼼꼼한 체계가 더 유용하다는 결과를 발표한 연구도 있었다.

이미 자제력이 뛰어난 아이는 굳이 통제할 필요가 없다. 이런 아이는 오히려 지침이 적고 스스로 선택할 기회가 많은 느슨한 접근법과 더 잘 맞는다. 연구 저자 중 한 명인 워싱턴대학교 심리학과 교수 릴리아나 렌과는 "이미 자제력이 강한 아이에게 너무 많은 규칙을 적용하는 부모는 아이를 과잉 통제하거나 지나치게 엄격한 체계를 강요하고 있는 건지도 모른다"라고 주장했다. 자제력이 부족한 아이라면 일정 수준까지 끌어올릴 수 있는 지도가 필요하겠지만 천편일률적인 접근법은 제대로 된 효과를 발휘하지 못한다. 부모와 아이가 대화를 나누며 서로의 기질을 알아가야 함께 긍정적인 성장을 이루어나갈 수 있는 법이다.

호랑이 부모와 방목형 부모 중 더 올바른 양육 방식이란 없다. 좋은 양육 방식이란 부모와 아이 모두에게 효과가 있는 방법을 찾는 것이다. 과연 바람직한 조화란 어떤 모습일까? 어렵게 생각하지 않아도 된다. 색칠 공부를 하는 아이 곁에 앉아 신문을 즐겨 읽는 부모라던가, 부모와 아이 모두 모험을 좋아해서 새로운 장소로 스노보드를 타러가는 것도 여기에 해당한다. 부모와 잘 맞는다고 느끼는 아이는 대개 자존감이 높고 유연하게 사고할 줄 알며 강한 소속감을 느낀다.

반면 잘 맞지 않거나 부모가 이 사실을 의식조차 하지 않는다면 아이는 잠재력을 발휘할 기회 자체를 잃어버릴지도 모른다. 행동 문제를 일으킬 위험이 있거나 발달이 느린 아이라면 더 큰 문제가 될 수 있다. 부모가 의도하지 않았더라도 아이 스스로 자신에게 문제가 있는 게 아닐지 의심하다가 잘못된 방식으로 어떤 면을 억누르면 불안과 우울 성향이 짙어질 수도 있다.

예를 들어 무척 활동적이고 충동적인 아이와 조심성이 높은 부모가 함께 관광지 폭포를 보러 간 상황을 가정해보자. 아이가 가장자리로 가까이 다가가는 모습을 본 부모는 "조심해"라 외칠 것이고 아이는 "아무것도 안 했어"라고 대답할 것이다. 그래도 부모는 걱정되는 마음에 아이의 윗옷을 붙잡고 목소리를 높여가며 잔소리를 늘어놓을지 모른다. "응급실 신세 지고 싶어? 넌 어떻게 생각이라는 걸 안 하니?" 아이도 야단맞는 상황이 반복되면 결국에는 집에 가고 싶어 할 것이다. 물론 위험한 상황에 처하지 않기 위해 조심해야 하는 것은 맞지만 어쩌면 부모가 지나치게 간섭하는 걸지도 모른다. 이런 상황이라면 아이보다 부모의 반응에 주의를 기울이는 게 도움이 된다.

발달단계가 바뀌는 시기라면 더 그렇다. 일찍 일어나는 부모와 시동이 늦게 걸리는 아이가 있다고 해보자. 아침 패턴 문제로 늘 싸워오던 부모는 아이가 의욕이 없다고 판단해버리기 쉽다. 하지만 아이는 사실 한 번도 그런 적이 없을 수도 있다. 의욕이 없다는 건 부모가 붙인 꼬리표다. 아이가 아침잠이 많은 건 사실일지 몰라도 서로의 사이를 악화시키는 진짜 이유는 제대로 된 대화가 이루어지지 않았기 때문이다. 이럴 때는 화가 난다고 소리를 지른 뒤 뒤늦게 자책할 것이 아니라 서로의 필요를 충족시킬 방법을 고안해야 한다. 혹시 아이의 기질을 이해하기 힘든 이유가 부모인 나의 기질 때문은 아닌지 사실과 감정을 분리해 생각해보는 시간도 가져보자.

이런 사고 과정은 미래에 관한 질문을 할 때도 도움이 된다. 어떤 어른이 되면 좋겠다거나 특정 직업을 선택했으면 하는 마음에 부모는 종종 아이의 관심사와 타고난 기질을 무시하곤 한다. "넌 커서 아빠처럼 변호사가 될 거야" "너도 네 사촌처럼 엔지니어가 되고 싶지?"라고 말하는 부모를 그간 여럿 보았지만 이런 발언은 은근한 강요에 불과하다. 아이의 기질에 주목해 발달 과정을 살피면 원래 모습과 다른 사람으로 만들려는 욕심은 줄어들고 타고난 자질을 키워주면서도 부족한 부분을 채우는 데 더 신경을 쓰게 된다.

이는 심리학자 앨리슨 고프닉이 제시한 두 가지 양육 방식에서도 드러난다. 고프닉은 자기가 원하는 대로 아이를 만들 수 있다고 생각하는 목수형 부모와 아이의 잠재력을 꽃피울 공간을 만드는 게 부모의 역할이라 생각하는 정원사형 부모가 있다고 말한다. 그는 "좋은 의자와 달리 좋은 정원은 계속해서 변화하는 날씨와 계절이라는 환경에 적응하며 끊임없이 바뀐다"고 설명하며, 있는 그대로의 모습을 보여줄 여유가 있는 아이는 "세심한 보살핌을 받은 온실의 꽃보다 더 굳건하며 쉽게 적응할 수 있다"는 말을 덧붙였다.

기질을 고려한 부모의 판단

그런데 우리는 왜 기질에 주의를 기울이지 않는 걸까? 아무래도 우리를 둘러싼 환경과 문화가 그러지 못하도록 방해할 때가 많기 때문이다. 늘 바쁘다 보니 부모는 적극적으로 도와주지 못하고 아이는 자신의 기질을 유리하게 발휘할 기회를 놓치고 만다. 이는 많은 부모가 학습의 깊이보다 양을 우선시하는 학교의 학업 기조에 호응하기 때문이기도 하다.

지금까지 가르치는 업에 종사하며 미래에 도움이 된다는 일에만 집중하도록 떠밀린 많은 아이를 보았지만 정작 창의적인 과제에 접근하는 방법, 친구를 사귀는 방법, 편안한 기분을 느끼기 위한 방법처럼 타고난 기질로 미묘하게 파악해야 할 것들은 잘 모르는 경우가 많았다. 결국 아이는 도움을 받고 있다는 사실은 알아도 자신의 이야기에 귀 기울이는 사람은 없다고 느끼게 된다.

아이들 한 명 한 명을 깊이 알기 어렵게 하는 원인은 학교 구조뿐만이 아니다. 소비자에 초점을 맞추는 현대사회의 특징 역시 별반 도움이 되지 않는다. 요즘은 자신의 개성을 드러내며 퍼스널 브랜딩을 해야 한다는 주장들이 곳곳에 넘쳐나고 있지만 과연 나라는 사람을 단 하나의 단일한 정체성으로 설명하는 것이 가능한 일일까? 심지어 소피도 친구들과 함께 유튜브 동영상을 보며 놀다 집에 돌아와서는 "부자가 되려면 어떤 사람처럼 살아야 해?"라고 물은 적이 있다.

부모는 시간을 효율적으로 써야 한다는 생각 때문에 계속 앞으로 나아가라 강조할 때가 많으며 어떤 일을 할 때도 사소한 걱정 하나하나에 매달리지 않기를 바란다. 때로는 이런 대범한 판단이 필요할 때도 있다. 아이가 감당할 수 있는 범위라면 위험을 감수하고 두려움에 맞서는 경험을 해보는 것도 괜찮기 때문이다. 소피가 세 살 때 처음으로 인형극을 보러 간 일이 그러했다. 소피는 공연이 시작되기도 전부터 무서워하더니 급기야 울면서 집에 가고 싶다고 조르기 시작했다. 극장 안이 어두운 게 싫었던 것이다. 하지만 나는 "괜찮아. 이겨낼 수 있어"라고 달래주었다. 그렇게 계속되는 칭얼거림에도 나는 소피의 손을 잡고 극장 안으로 들어갔다.

내 대답이 다정하다고 할 수는 없었지만 돌이켜보았을 때 사실이긴 했다. 공연이 시작되자 소피는 곧 괜찮아졌기 때문이다. 그때 집으로 돌아갔더라면 우리는 공연을 보지 못했을 것이고 소피는 인형극이 무섭다는 생각을 극복하지 못했을 것이다. 아이들은 생각보다 많은 것을 이겨낼 수 있다. 그렇기에 미리부터 과장해 겁을 주거나 조금이라도 무서우면 포기하라고 가르칠 필요는 없다.

사소하거나 평범한 문제만 경험하면 세상을 어떻게 이해해야 하는지, 다른 사람을 어떻게 받아들여야 하는지, 다른 사람은 나를 어떻게 생각하는지 살필 기회를 놓치게 된다. 이런 능력들을 키워주기 위해서는 아이의 말을 다층적으로 해석하는 연습을 하는 것이 도움이 된다. 거기에는 생각보다 깊은 의미가 숨어 있기 때문이다. 예를 들어 두 아이에게 "내일은 비가 온대"라고 말한 뒤 "알았어"라는 같은 대답을 들어도, 한 명은 집 안에서 아늑한 하루를 보낼 생각에 들뜬 반면 다른 한 명은 축구를 하려던 계획이 어그러져 실망스러울 수도 있기 때문이다.

내 친구 메리는 시끌벅적한 파티가 끝나고 나면 잠시 쉴 시간이 필요한데 딸 로럴은 온갖 수다를 떨고 싶어 해서 힘들다는 고민을 털어놓았다. 로럴은 숨도 쉬지 않고 "아까 캐럴라인이 신고 있던 운동화 예쁘지 않았어?" "핫도그 맛있었지?" "다음 파티는 또 언제 열면 좋을까?" 같은 이야기들을 쏟아냈다. 한번은 메리가 피곤을 이기지 못하고 딱 잘라 "모르겠어"라고 말하자 로럴은 "왜 그렇게 딱딱하게 말해? 내가 뭘 어쨌다고?"라며 서럽게 화를 냈다. 메리가 그런 뜻이 아니라며 대답하려 고개를 들었을 때는 이미 눈물을 글썽이고 있는 상태였다. 메리는 그제야 로럴이 얼마나 속상했는지를 알 수 있었다.

아무리 어른이라도 아이의 모든 마음을 알아차리고 받아주기는 어려운 법이다. 게다가 아이가 감정이 고된 상태라면 더욱 그렇다. 만약 메리가 짜증을 억누르고 잠시 시간을 달라고 말했거나 친구와 전화로 수다를 떠는 건 어떻겠냐고 제안했다면 더 효과적으로 상황을 해결할 수 있었을 것이다. 이처럼 아이의 기질은 부모가 어떤 가치를 부여하냐에 따라 달라진다는 점을 기억하자.

환경이 기질에 미치는 영향

끈기는 미덕일까? 여기에 대한 대답은 각자가 자라온 환경에 따라 다를 것이다. 위험 감수 역시 마찬가지다. 개인주의적인 경쟁 사회에서는 긍정적 자질로 여겨질 때가 많겠지만 어디서나 그런 것은 아니다. 이런 차이는 주변을 둘러싼 큰 맥락이 영향을 미치기 때문이다. 서로 다른 환경에서 이런 차이가 어떻게 드러나는지 궁금해진 나는 보스턴 칼리지에서 박사 후 연구원으로 근무 중인 돌사 아미르에게 전화를 걸었다. 아미르는 에콰도르 토착 부족인 슈아르족을 전문으로 연구하면서도 세계 곳곳을 돌며 기질 연구를 겸하는 중이었다.

여행에서 돌아온 지 얼마 되지 않은 아미르는 보스턴의 모든 것이 밝다고 말하며 슈퍼마켓에서 열 종류도 넘는 우유를 파는 게 신기하다고 했다. 보통 미국인에게는 그저 평범한 슈퍼마켓이겠지만 말이다. 기질도 똑같다. 나에게 중요한 자질이 다른 사람에게도 똑같이 적용될 거라 생각하지만 실은 그렇지 않다. 아미르가 네 개 국가를 돌며 아이들의 끈기를 연구한 결과가 이를 증명한다. 시골 마을에 사는 슈아르족 아이들이 시장과 상점을 손쉽게 이용할 수 있는 산업국가 아이들보다 끈기가 더 부족한 편이었기 때문이다.

그런데 이 차이가 과연 문화에서 비롯된 것이 맞을까? 아미르는 정확한 원인을 찾기 위해 슈아르족 내에서도 두 집단으로 나누어 실험을 진행했다. 한 집단이 다른 집단보다 고립된 생활을 하도록 조건을 설정했는데, 나중에 보니 고립되어 있던 집단이 더 끈기가 부족했고 위험을 감수하려는 경향도 더 높게 나타났다. 아미르는 이렇게 말했다. "슈아르족 아이들에게 인내심은 도움이 되지 않아요." 식량을 구하기가 어려우니 일단은 기회가 오면 무조건 달려들고 보는 것이다. 식량을 구하기 힘든 상황에다 고립되기까지 했으니 인내심을 가지기보다는 지금 당장 위험을 감수하는 것이 당연했다. 아마 근처 가게에서 언제든지 음식을 살 수 있었다면 굳이 그럴 필요가 없었을 것이다.

이런 차이는 부모들의 기대에서도 나타났다. 슈아르족 아이들은 자기들끼리도 알아서 불을 사용하고 칼질을 해 음식을 조리했다. 슈아르족 부모들에게는 평범한 일상이지만 미국의 중산층 부모들에게는 퍽 독립적으로 느껴질 것이다. 하지만 미국의 아이들도 부모의 늦은 귀가나 특정 상황 때문에 저녁 식사를 준비해놓아야 했다면 슈아르족 아이들과 별반 다르지 않았을 것이다. 이처럼 차이란 개인의 기질에 따라 발생하기도 하며 어떤 요구를 받는지에 따라서도 충분히 달라질 수 있다. 즉 아이가 어떤 자질을 갖추면 좋을지 생각해보기 전에 무엇을 요구받고 있는지를 먼저 살펴볼 필요가 있다.

기질의 변화를 받아들이자

모든 사람은 저마다 고유한 기질을 가지고 있고 서로 간의 조화와 부조화는 시간이 흐르면서 변화한다. 부조화의 경우 제때 유연하게 대응하지 못하면 관계가 단절될 수도 있다. 예를 들어 느긋한 기질이라 자기만의 속도대로 움직이는 아이에게 부모가 뭐든지 빨리하라고 다그치는 일이 반복되면 오히려 더 처질 수밖에 없다. 부모는 부모대로 잔소리하는 일에 지쳐 기대치를 낮추게 되고 이는 말싸움으로도 이어질 수 있다.

하지만 서로의 기질을 파악하고 잘 맞추어간다면 충분히 긍정적인 변화를 만들어나갈 수 있고 변화를 강요하지 않으면서도 각자의 기질이 어떻게 서로를 보완하거나 깎아내리는지 확인할 수 있다. 이런 환경에서 자란 아이는 특질 자체가 좋거나 나쁜 것이 아니라는 가치관을 형성하며 성장해나간다. 그리고 이런 관점을 기르기 위해 필요한 것 역시 기질 대화다. 기질 대화가 조화를 강조하고 서로 간의 부조화를 누그러뜨리는 역할을 하기 때문이다. 이때 아이의 기질을 어느 정도 알고 있다면 신경 써야 할 부분을 맞춰 보다 수월하게 대화를 진행할 수 있다.

기질 대화는 아이가 꼬리표에 얽매이지 않게끔 이끄는 역할도 한다. 아무리 부모라 해도 세심한 부분에 주의를 기울이지 않으면 몇 번의 판단만으로 아이의 근본적 기질을 정의해버리기 쉬운데 나 역시도 그런 경험이 많다. 네 살인 소피를 영화관에 데려간 날이 그러했다. 소피는 예고편이 나오자마자 비명을 질러대며 양손으로 귀를 막았다. "집에 가자. 여기 너무 시끄러워." "그래도 이왕 왔는데 몇 분이라도 보는 게 어때?" "싫어!" 소피는 흐느꼈다. 더 이상 어쩔 수 없겠다는 생각이 든 나는 거기서 설득을 포기한 채 소피를 데리고 자리를 떴다. 나는 아이가 예민하다는 생각을 되뇌면서 당분간 영화는 집에서 봐야겠다고 다짐했다.

하지만 몇 달 뒤 눈이 내리던 날 아침, 소피는 다시 영화관에 가자고 조르기 시작했다. 아무래도 지난번 일을 기억하지 못하는 듯했다. "영화관에서 보면 너무 시끄럽다며." "이번에는 달라. 제발!" 내가 거절 의사를 비추자 소피는 씩씩거렸다. 그럼 혹시 모르니 헤드폰을 가져가거나 뒷자리에 앉자고 해도 "내가 무슨 아기야?"라며 반박하기만 했다. 결국 반신반의한 마음으로 극장에 도착했는데 놀랍게도 소피는 저번만큼 시끄러운 예고편을 보면서 그저 웃기만 했다.

부모도 이따금씩 어울리지 않는 소통법을 시도하곤 한다. 첫째 아이에게 하던 대로 둘째 아이를 대하거나 더는 필요하지 않은 방식으로 아이를 돕는 경우도 여기 해당한다. 스스로에게 "나는 오늘 내 앞에 있는 아이와 만나고 있는가?"라고 물어보자. 여태 매번 아이를 학교까지 데려다주었다면 아이도 이를 고맙게 생각하는지 살펴볼 필요가 있다. 아이 입장에서는 더 이상 함께 등교하기를 원치 않을 수도 있으니 말이다. 혹시 아이의 의존을 바라고 있던 건 아닌지 솔직한 마음을 돌아보자. 한 번쯤은 아이와 소통할 때 쓰는 언어를 되짚어보는 시간도 필요하다. 어쩌면 습관처럼 "쟤는 원래 저래"라고 말하는 나 자신을 발견할지 모른다.

기질 대화 4단계

아이가 질문을 하거나 문제 상황이 발생했다면 기질 대화를 활용한 4단계를 적용해보자. 예를 들어 평소 무던한 성향의 아이가 캠프에 가서 운 상황을 가정해보자. 가장 첫 번째로 해야 할 것은 듣기다. 부모인 나와 아이의 기질이 각각 어떤 역할을 하고 있을지를 염두에 두고 아이의 말을 경청하자. 어찌 보면 그저 흘러가는 상황 중 하나일 수 있겠지만 아이의 평소 성향을 고려한다면 드문 일이 맞다. 상황을 제때 파악하려면 아이의 평소 성향과 행동 범위가 어떤지를 미리 알아두어야 한다.

두 번째는 기질 부조화가 문제를 어떻게 부각하는지 주목하는 것이다. 알고 보니 아이가 활달한 친구와 말다툼을 하던 도중 "넌 대체 왜 대꾸를 안 해?"라는 소리를 들어서 운 것이라면 어떨까? 이는 아이의 조용한 기질이 친구에게 수동적인 태도로 비추어져 오해를 불러일으킨 상황이라 해석할 수 있다. 그렇다면 세 번째 단계로 넘어가 아이의 인식을 확장해보자. 대화를 통해 아이의 마음이 어땠는지 충분히 살펴보는 과정을 거쳤다면 마지막으로 부모인 나의 반응을 탐색하자. 반박하지 않는 아이의 소극적 태도에 짜증이 난다면 혹시 잘못된 접근으로 도우려 하는 것은 아닌지 돌이켜봐야 한다. 부모 입장에서는 명쾌한 해결책을 제시해주고 싶겠지만 정작 아이는 그저 귀 기울여 들어주는 쪽을 원할 수도 있다. 네 단계를 진행할 때 아이의 기질을 촉발하는 과거 경험을 살펴보는 것도 중요하다. 예를 들어 폭력적 성향을 드러내는 면이 아빠와 닮았다면 촉발 계기를 알아차려 과민 반응을 예방할 수 있다.

룸 기법으로 관계 회복하기

부조화를 완화하려면 아이와 함께 반성하는 시간이 필요하다. 내 친구 니콜은 두 딸 줄리와 루디가 저녁 내내 티격태격하더니 결국은 저녁 식사 자리에서 싸웠다는 이야기를 털어놓았다. 니콜은 결국 소리를 질렀고 둘째인 루디는 음식을 던졌다고 했다. 니콜은 앞으로의 식사 시간이 좀 더 원만하게 흘러갈 수 있는 방법을 물었다. 한참 얘기를 들은 나는 룸ROOM 기법을 추천했다. 룸 기법은 인식하기Recognize, 체계화하기Organize, 인정하기Own up, 아이에게 대화를 맞추기Match talk to your child 라는 네 가지 방법의 줄임말이다.

우리는 먼저 근본적인 문제가 무엇인지부터 인식하기로 했다. 니콜은 줄리와 가까워지고 싶었지만 자신이 주로 학교생활에 관해서만 물어보았다는 사실을 깨달았다. 노는 데 온통 신경이 쏠려 있던 줄리는 니콜의 질문을 무시하기 일쑤였기에 두 사람은 각자만의 이유로 기분이 상해 있었다. 문제를 인식한 니콜은 친해지기, 반성하기, 오해 바로잡기라는 세 가지 해결책을 중심으로 계획을 체계화했다.

또 니콜은 그간 자신의 행동들을 인정했다. 식사 자리에서 음식을 던지는 행동은 잘못된 것이지만 꼭 소리 지를 필요는 없었으니 말이다. 니콜은 퇴근 후 집에 도착하면 이미 지쳐버린 탓에 몸 상태가 좋지 않아서 예민하게 반응한 것 같다며 이유를 설명하고 반성했다. 마지막으로 그는 두 아이의 나이, 발달단계, 기질을 고려해 맞춤형 대화를 이끄는 단계까지 실행에 옮겼다.

니콜이 변화를 시도하고부터 줄리의 표정은 나날이 눈에 띄게 밝아졌다. 잠자리에 들 무렵이면 전에 없이 차분한 모습으로 동물 인형들에게 책을 읽어주기까지 했다. 루디도 전처럼 버릇 없는 행동을 하는 일이 현저히 줄어들었다. 이처럼 아이와 관계를 회복하려면 각각의 성향에 맞는 접근법으로 다가가야 한다. 조용하고 사색적인 줄리와 익살스럽고 활동적인 루디에게 서로 다른 접근법이 필요했던 것처럼 말이다.

예민한 아이와 대화하는 법

스트레스와 부정적 피드백에 민감한 반응을 보이는 예민한 아이에게는 별도의 전략이 필요하다. 캘리포니아대학교 샌프란시스코 캠퍼스 소아학과 교수 토머스 보이스는 저서 『당신의 아이는 잘못이 없다The Orchid and the Dandelion』에서 어린이 중 80퍼센트 정도는 민들레처럼 다양한 상황에 생각보다 잘 적응하며, 나머지 20퍼센트 정도는 난초처럼 좋은 환경과 나쁜 환경 모두에 생물학적으로 더 민감하게 반응한다고 설명한다. 난초 부류의 아이에게는 당연히 더 많은 도움과 격려가 필요하다. 예민한 아이들은 지나치게 경쟁적인 환경에 놓이면 남들보다 갑절의 스트레스를 받기 때문이다. 그렇다면 아이가 난초 부류에 속하는지는 어떻게 알 수 있을까? 다음 상황에 얼마나 해당하는지를 확인해보면 간단한 판단 정도는 가능할 것이다.

- 변화나 돌발 상황에 대처하기 어려워한다.
- 유달리 민감하고 강한 반응을 보이는 일이 많다.
- 소음, 광경, 맛, 냄새를 비롯한 새로운 감각에 쉽게 놀란다.
- 계획된 일정에 차질이 생기면 예민하게 반응한다.

아이가 예민한 편이라면 적절히 조화할 수 있는 방법을 찾아 천천히 적용해보자. 가장 우선은 분위기 조성이다. 보이스는 일상 속에서 편하게 즐길 수 있는 저녁 식사를 추천한다. 그게 어렵다면 정기적으로 대화할 시간을 마련하는 것도 괜찮고 자연 속이나 조용한 곳에서 아이와 일대일로 함께 있을 시간을 가져도 좋다. 조용하고 내성적인 아이라면 더욱 이런 시간이 필요하다.

나도 지난 여름날에 소피와 산으로 여행을 갔었다. 평소 반복되는 일상을 벗어난 즐거운 일탈이었다. 우리는 저녁을 먹은 뒤 놀이터로 향했다. "이게 뭐야?" 소피는 공이 매달려 있는 기둥을 바라보며 물었다. "테더 볼이야. 엄마 어릴 때 자주 하던 놀이였는데." 우리는 리듬에 맞춰 공을 치기 시작했다. 그러다 소피는 나와 눈을 맞춘 뒤 천천히 말을 꺼냈다. "있잖아, 엄마랑 이런 시간을 가지니까 좋아. 우리 매년 이렇게 놀자. 여기 와서 같이 저녁을 먹고 노는 거지!" 나는 소피의 말에 동의하며 그러자고 답했다. "가끔은 옛날이 그리워. 예전에는 엄마랑 나랑 둘이서 보내던 시간이 있었잖아."

그 말을 듣자 우리가 정신없는 일정 속에서 각자만의 바쁜 나날을 보내왔다는 사실이 새삼 와닿았다. 나는 소피와 둘이서 보낼 시간을 따로 마련해야겠다고 결심했다. 앞으로 다가올 세월 동안 소피가 추억할 기억은 거창한 여행이나 큰 기쁨보다 평화롭게 함께한 순간일 것 같다는 생각이 들었기 때문이다. 친밀감과 유대감을 쌓는 진정한 비결은 충분히 오랜 시간 동안 아무것도 하지 않는 것이다. 이런 휴식들이 쌓여 부모와 아이가 소통을 넓혀가는 동력이 되기 때문이다.

기질 대화로 갈등 해결하기

대화 습관 1. 문제 원인 들여다보기

이유 헤아리기

아이가 당황스럽거나 답답한 행동을 하면 화부터 낼 것이 아니라 지금 이 장소에서 왜 이렇게 행동하는지를 먼저 생각해보아야 한다. 예를 들어 예전에 다니던 학교는 교복을 입었는데 전학 온 학교는 사복을 입는 탓에 옷을 고르기가 힘들다고 해보자. 이 상황에서 아이가 고민하는 이유는 우유부단해서가 아니라 단지 새로운 환경이 낯설어 적응할 시간이 필요하기 때문이다.

변화의 원인 파악하기

평소 차분하던 아이가 갑자기 애정 결핍 증세를 보이거나 소리를 지른다면 왜일까? 부모가 일 때문에 출장이 잦아졌기 때문일 수도 있고 유치원에 적응하느라 스트레스를 받아서일 수도 있다. 이럴 때는 아이의 행동이 스스로의 변화 때문인지 아니면 주변 환경이 달라져서인지 곰곰이 생각해본 뒤 반응하도록 하자.

3E를 활용해 해결책 도모하기

아이가 동생과 갈등이 생겼다면 "네가 하고 싶은 이야기가 동생에 관한 게 맞아?"라고 관점을 제시한 뒤 "동생이 관심을 받고 싶었는지 사실 그동안 많이 힘들어했어"라고 생각을 **확장**시켜주자. 아침 식사에 불만을 가지고 투덜거린다면 어떨까? 그럴 때는 "네가 생각하는 이상적인 아침 메뉴는 어떤 거야?"라고 물어보며 대안을 **탐색**하자. 매번 아이가 원하는 대로 메뉴를 준비할 수는 없겠지만 일주일에 한 번쯤은 가능할 수도 있다. 반대로 아이가 문제점을 지적받은 입장이라면 그 행동이 자신과 주변 사람에게 어떤 기분을 들게 하는지 함께 **평가**하자. 스스로가 어떤 부분을 고쳐야 하는지 정확히 알고 있어야 하므로 이에 대해 이야기해보고 만약 잘 모른다면 알려주자. 또 내가 변화하는 데 시간이 필요한 만큼 다른 사람들에게도 적응할 시간이 필요하다는 걸 알려주자. 변화에 적응하는 과정은 단 한 번의 결심으로 이루어지는 게 아니라 오랜 시간에 걸쳐 모두가 받아들이며 이루어지기 때문이다.

대화 습관 2. 기질 인지하기

아이들에게는 저마다의 기질 안락 지역이 있다. 어떤 아이의 기질 안락 지역은 광범위하고 경계가 계속 변하기도 해서 가까운 친구들과 있을 때만큼이나 낯선 사람과 있을 때도 즐거움을 느낀다. 반면 범위가 훨씬 좁은 아이는 관계를 위해 무리를 할 때가 많다. 이럴 때는 아이가 편안함을 느끼고 자신감을 가지게끔 도와주는 격려가 필요하다.

상태 확인하기

아이가 파티에 참여했는데 시간이 지날수록 지친 기색이 역력하다면 활동이 끝난 뒤 상태가 어떤지 물어보자. "아까부터 말을 안 하는 것 같더라. 혹시 어디 아픈 거야?"처럼 어떤지 확인하면서 대화의 물꼬를 트는 질문을 던지면 혼자 추측하는 것보다 훨씬 정확하게 아이의 상태를 알 수 있다. 아이 입장에서는 자신이 다른 사람에게 어떻게 보이는지를 알 수 있기도 하다.

질문은 개방형으로

"우울했어?"보다는 "기분이 어땠어?"라고 물어보는 것이 좋다. 아이가 모르겠다고 답하면 그때 폐쇄형 질문으로 옮겨가면 된다. "사람들이 너무 많았나? 아니면 피곤했어?"처럼 말이다. "몸이 떨리거나 조마조마했어?"같이 감각과 감정을 나타내는 단어들을 연결해 아이의 몸 상태를 물어보는 것도 괜찮다.

아이의 말 사용하기

아이가 자신과 다른 사람을 묘사할 때 사용하는 단어들을 따라 써보자. '조용하다'라는 말을 썼다면 언제 어떻게 아이가 조용한지 탐색하고 "넌 이웃들과 있을 때 조용하구나"처럼 살핀 내용을 말하자. "쟤는 조용한 편이에요" "원래 수다스러워요"처럼 아이의 기질을 단정 짓는 일은 삼가자. 이런 말을 들은 아이는 괜히 그 꼬리표에 걸맞게 행동하려 하거나 자기 내면의 반대 부분을 차단할지도 모른다.

숨은 장점 보기

만약 아이가 너무 조심스럽다는 이유로 겁쟁이라 놀림받아 기분이 상했다면 여기에 대한 긍정적 측면을 탐색해보자. 조심스럽다는 건 신중함이 높다는 뜻이기도 하니 무턱대고 뛰어들었다가 문제에 휘말리는 일이 적을 것이다. 이처럼 아이가 좋은 면을 보게끔 유도한 뒤 같은 방식으로 부모의 기질도 함께 분석해보자. 만약 부모가 사려 깊고 분석력이 뛰어나다면 바람직한 결정을 내리는 데는 무척 유리할 것이다. 이처럼 숨은 장점을 파악하다 보면 내가 어떤 사람이고 누구와 잘 맞을지 유추하는 능력을 기를 수 있을 뿐만 아니라 한 가지 말에 담긴 여러 뉘앙스를 파악할 줄 알게 된다.

기질의 장단점 파악하기

아이가 기질 문제로 어려움을 겪고 있다면 어떤 면이 생활에 방해가 되는지 물어보고 '수정'보다 '적응'에 초점을 맞춰 해결 방법을 고려하

자. 예를 들어 계속 떠든 탓에 교사가 화가 났다면 혼날 만한 일이긴 하지만 우선은 장점부터 떠올려보는 것이다. 긴밀하게 떠들 친구가 있다는 건 좋은 점이듯 말이다. 그러고 나서 이런 기질이 불리하게 작용할 때를 생각해보자. 아무래도 빠르게 집중해야 하는 상황에서 지나친 활달함은 독이 되기 마련이다. 단점까지 파악했다면 기질에 충실하면서도 상황에 잘 적응할 수 있는 계획을 만들어보자. 친구와 수다를 떠는 시간은 수업 시작 전까지로 정해두고 미처 끝내지 못한 이야기는 방과 후에 나누기로 약속해두면 더 이상 같은 문제로 혼나는 일은 없을 것이다.

대화 습관 3. 차이를 직시하고 타협하기
가족 구성원 간의 기질 차이 확인하기

가족 구성원과 어떤 면이 안 맞는지 생각해보자. 서로를 폭발하게 하는 면이나 긍정적 활기를 불어넣는 면이 무엇인지 파악해두면 상대를 이해하고 문제를 대비하는 데 도움이 된다. 함께 식사를 해도 예민한 아이라면 조용하게 먹는 것을 좋아하고 충동적인 아이는 농담으로 분위기를 주도하고 싶어 한다. 이런 두 사람이 만나면 충돌이 일어나는 건 눈 깜짝할 새다. 그렇기에 타협점을 찾기 위해서는 차이를 명확하게 인지하고 있어야 한다. 반대로 차이가 서로를 어떻게 보완하는지 알아보는 것도 관계에 힘을 보태줄 수 있다. 한쪽이 충동적이고 한쪽이 느긋한 편이라면 대부분의 상황은 적당한 지점에서 절충할 수 있는 것처럼 말이다.

모두의 합의점 찾기

퇴근 후 집으로 돌아와 조용한 시간을 보내고 싶겠지만 아이가 놀자고 매달린다면 별다른 방도가 없다. 그럴 때는 모두가 이 시간을 최대한 즐겁게 보낼 수 있을 만한 창의적인 방법을 찾아보는 것이 좋다. 1분 동안 침묵하기 대회를 열거나 최대한 조용히 차를 우려보는 등 서로가 합의하는 지점에서 다양한 아이디어를 제안하고 실천해보자. 무신경 하게 반응한 뒤 후회했을 때, 지나치게 몰입한 아이를 받아주느라 무력과 좌절을 느꼈을 때를 떠올리며 왜 그랬는지 돌이켜보는 것도 깨달음을 얻는 방법 중 하나다. 당시에는 강렬한 감정에 사로잡혀 보이지 않던 것들을 객관적인 시선으로 살필 수 있기 때문이다.

나를 공부하는 기질 문항

내가 어떤 기질을 얼마나 가지고 있는지 궁금하다면 기질 문항을 활용해 알아보자. 우선 각 항목마다 해당한다고 생각하는 정도에 체크 표시를 한 뒤 왜 그렇게 생각했는지 구체적으로 말해보자. 첫 번째 항목 중 '장난스럽다' 쪽에 표시했다면 어떤 상황에서 장난기가 두드러지는지 생각해보는 것이다. 문항에 별로 공감이 가지 않는다면 다른 내용을 적용해도 괜찮다.

모든 항목에 표시를 완료했다면 이를 바탕으로 다양한 질문을 뽑아보자. "내가 가진 기질 중 가장 마음에 드는 것과 가장 별로인 것은?" "가장 바람직한 상황을 만드는 기질과 최악의 상황을 만드는 기질은?" "가장 편안한 상황과 제일 감당하기 힘든 상황은?" "다른 사람의 기질

중 부럽거나 감탄스러운 것은?" "앞으로 더 성장했으면 하는 자질은?" 등 질문을 정해 답을 하다 보면 나 자신이 어떤 사람인지 더 명확하게 파악할 수 있게 된다. 아이뿐만 아니라 부모도 문항에 체크한 뒤 가족들과 비교해보자. 유사점과 차이점을 짚어가며 서로에 대해 더 깊이 이야기할 기회가 될 것이다.

부모가 아이의 기질을 제대로 파악하면 아이는 자신이 이해받고 존중받고 있음을 느끼게 되고 부모 또한 구속하지 않으면서 아이 내면의 여러 기질을 인정할 수 있게 된다. 직접 대화를 나누면 상상 속에서만 세워놓은 기준을 허물고 복잡성을 존중할 이해의 기반이 생기기 때문이다. 이렇게 성장한 아이는 부모가 그랬듯 자신의 성향을 인정할 줄 아는 어른으로 자라난다. 어린 시절 부모에게 존중받은 경험들이 자기 자신인 채로 가능성을 꽃피우는 원동력이 되는 것이다.

기질 문항

* 각 항목마다 해당하는 정도에 체크 표시를 해보세요.

장난스럽다	○	○	○	○	○	○	○	진지하다
위험을 감수한다	○	○	○	○	○	○	○	조심스럽다
쉽게 들뜬다	○	○	○	○	○	○	○	침울하다
자신만만하다	○	○	○	○	○	○	○	확신이 없다
관심사가 다양하다	○	○	○	○	○	○	○	일관적이다
주도적이다	○	○	○	○	○	○	○	수동적이다
타인에게 관심이 많다	○	○	○	○	○	○	○	나 자신에게 집중한다
태평하다	○	○	○	○	○	○	○	걱정이 많다
쉽게 수긍한다	○	○	○	○	○	○	○	따지기 좋아한다
충동적이다	○	○	○	○	○	○	○	신중하다
상상력이 풍부하다	○	○	○	○	○	○	○	현실적이다

나이별 맞춤용 질문 리스트

유아~유치원생

아이에게 익숙한 경험을 시작으로 구체적인 생각을 이끌자.

Q "피곤하거나 화나거나 외로울 때 몸은 어떻게 느끼는 것 같아?"

Q "부정적인 기분이 들 때 어떻게 도와주는 게 제일 도움이 돼?"

기질 조화와 부조화를 느꼈던 상황을 떠올려보자.

Q "아빠랑 가장 잘 지낼 때는 언제야? 잘 지내기 어려울 때는? 왜 그렇게 생각해?"

Q "말싸움이 시작될 것 같다는 느낌이 들면 어떻게 하는 게 좋을까?"

초등학생

기질이 일상생활에 어떤 영향을 미치는지 물어보자.

Q "친구나 가족 때문에 차분해질 때는 언제야? 흥분할 때는?"

Q "그렇게 행동하는 이유가 뭘까? 네가 상대방 입장이라면 어떻게 행동할래?"

Q "속상하거나 스트레스를 받았을 때 기분을 차분하게 만드는 너만의 방법이 있니? 다른 사람들은 어떤 식으로 감정을 해소할까?"

다양한 기질을 어떻게 받아들이면 좋을지 이야기해보자.

Q "행동이나 반응 방식이 누구랑 가장 비슷한 것 같아? 그럼 반대로 가

장 다른 사람은 누구인 것 같아?"

Q "나와 너무 다른 사람과 사이좋게 지내려면 어떻게 해야 할까? 또 평화롭게 합의점을 찾는 방법은 뭘까?

기질을 미리 파악해서 문제 상황을 대비하자.

Q "건강한 상태로 있기 가장 힘들 때는 언제야? 시끄러운 소음, 정신 사나운 장소, 불충분한 수면 시간 같은 조건에 많이 민감한 편이니?"

Q "예민한 상태일 때 어떻게 도와주는 게 힘이 되니? 예전에 좋다고 생각했던 방법이 있다면 알려줘."

자신이 어떤 기질인지, 장단점은 무엇인지 인지하도록 돕자.

Q "너는 네 성격이 어떤 것 같아? 친구들은 뭐라고 말해? 그런 면은 학교생활에 어떤 영향을 미치니?"

Q "통제할 수 없는 상황에서 불안할 때 긴장을 풀고 마음을 다스리는 방법이 있니?"

Q "스스로의 어떤 면이 가장 마음에 들어? 반대로 고민이 되거나 거북하다고 느끼는 면은 뭐야?"

Q "긍정적인 부분을 강조하고 아쉬운 면을 발전시킬 수 있는 방법에는 어떤 게 있을까? 내일, 이번 주, 이번 달처럼 목표 기간을 정한다면 각각 얼마큼씩 나아갈 수 있을까?"

Q1. "가족들이랑 어떤 면이 비슷하고 어떤 면이 다른 것 같아?"

Q2. "언제, 어디서, 누구랑 있을 때 가장 바람직한 모습이
된다고 느껴?"

Q3. "우리 관계에서 딱 한 가지만 바꿀 수 있다면 어떤 점을
바꾸고 싶어? 어떻게, 왜 바꾸고 싶어?"

후기

대화가 우리에게
줄 수 있는 것들

두 사람의 만남은 두 화학물질이 접촉하는 것과 같다.
새로운 화학반응이 일어나듯 양쪽 모두 새로이 변화하므로.

카를 융

2020년 3월 초를 지나던 어느 날, 학교에서 돌아온 소피가 저녁 식사를 하며 무심하게 그날 있었던 일을 이야기했다. "오늘 우리 새로운 술래잡기를 했다?" "그랬어? 이름이 뭔데?" "코로나 술래잡기." 소피는 나와 시선을 맞추며 말했다. "술래잡기랑 비슷한데 '네가 술래야'라고 말하는 대신 애들이 전부 '너 코로나 걸렸다'라고 말하는 거야."

물론 코로나바이러스에 대해 들어본 적은 있었지만 그때까지만 해도 별다른 관심을 기울이지 않고 있었다. 코로나 술래잡기라는 말을 들었을 때도 그저 옛날 옛적부터 해왔던 술래잡기의 수많은 변형 중 하나라고만 생각했다. 앞으로 코로나바이러스라는 단어가 전 세계 사람들의 입에 오르내리고 외부에서도 마스크를 착용해야 하며 미국 내 모든 학교가 문을 닫게 될 거라고는 전혀 예상치 못했을 때였다. 돌이켜 생각해보면 그 놀이명은 아이들이 주변의 이야기를 언제나 듣고 있다는 걸 알려주는 강력한 경고였다. 아이들은 어른이 생각하는 것 이상으로 온갖 신호에 주의를 기울이며 살아간다. 어쩌면 아이들이야말로 누구보다도 다가오는 위험 요소를 빨리 알아차리는 존재일지 모른다.

그해 3월을 시작으로 보스턴에서 코로나바이러스 환자 수가 급증하자 우리 가족은 주에서 권고하는 대로 대부분의 시간을 집에서 보냈다. 소피와 폴의 학교 일정과 여름 캠프가 취소된 것은 물론이고 우리 가족 전체가 친구도 만나지 않고 휴가도 가지 않았으며 친척조차 보러 가지 않았다. 불과 일주일 만에 지역 대학들이 문을 닫고 학교에서 학생들을 집으로 돌려보내는 일이 벌어졌다. 덕분에 내 임상 업무도 완전히 멈출 수밖에 없었고 그간 갈고닦은 교습 능력을 발휘할 기회란 집에서 소피와 폴을 가르칠 때가 전부였다.

비교적 조용한 공간인 사무실이나 카페 같은 곳에서 글을 쓸 수도 없는 상황이었다. 결국 나는 소피와 폴의 홈 스쿨링 동영상 수업, 두 자릿수 덧셈에 관한 질문, 숨바꼭질을 하자는 외침, 스파게티와 마카로니를 두고 갈리는 의견, 이층 침대 개조, 레고 자동차 경주, 하나밖에 없는 무당벌레 접시를 누가 쓸 것인지를 둘러싼 싸움이 벌어지는 와중에 이 책을 써 내려갈 수밖에 없었다. 어떤 이유로든 함께 있는 시간이 늘어나니 웃음과 농담이 자주 들려왔고 호기심 가득한 질문과 수수께끼도 넘쳐났지만 그 안에는 평소보다 훨씬 많은 불평과 짜증, 울음소리도 공존했다. 그리고 그 모든 과정 속에는 대화가 있었다. 우리는 아침부터 밤까지 말다툼과 이야기로 가득 찬 시간을 함께 보냈다.

다른 수많은 가족과 마찬가지로 우리 가족 역시 고립감과 스트레스에 시달린 탓에 신경이 곤두서 있었다. 아프고 입원하는 사람이 점차 늘어나자 나는 두려운 마음 상태로 대화에 임하게 될 것 같다는 느낌이 들었고 그런 뉴스를 최대한 접하지 않으려 애썼다. 그런데 얼마 지나지 않아 대부분의 주변 사람이 직원과 부모로서의 역할을 동시에 감당하며 불가능에 가까운 삶을 살고 있다는 소식을 듣게 되었다. 정말이지 모두가 힘든 시기를 지나는 중이었다.

소피는 징징거렸고 폴은 음식을 던지는 행동을 비롯해 퇴행적 태도를 보였다. 학교의 사회적 기능이 아이들의 건강과 행복뿐만 아니라 어른에게도 얼마나 중요한지를 깨닫는 순간이었다. 폴이 다니던 어린이집은 몇 주가 지나고부터 온라인 수업을 진행하기 시작했지만 폴은 컴퓨터 앞에 앉아야 할 시간만 다가오면 끝날 때까지 이불 밑에 숨어 나올 생각을 안 했다. 폴의 모습은 연구자들이 '동영상 결함'이라고 부르는 현상과 동일했다. 동영상 결함이란 어린이가 학습 시 동영상으로 소통할 때 이해도가 떨어지는 현상이다. 많은 아이가 화면 속 선생님을 얼마 보지 못한 채 금방 싫증을 내며 시각 자료에는 집중해도 말소리는 쉽게 흘려듣곤 한다. 한 연구는 이런 동영상 결함이 어린 유아들에게서 가장 두드러지며 6세부터는 그 경향이 조금씩 줄어든다고 밝혔다. 이처럼 아이와 직접 나누는 대화란 기술로 대체될 수 없다. 가까이에서 직접 만나야 수준을 구체적으로 파악하고 맞출 수 있기 때문이다.

팬데믹 상황은 여러모로 세계와 개인의 삶에 불편을 가져왔지만 한편으로는 일상 대화가 얼마나 중요한지 보여주는 역할도 했다. 대화는 스트레스, 외로움, 불안을 감소시켰고 서로가 더 깊은 관계를 맺도록 도왔으며 예민한 상황 속에서 웃음이 나는 순간들을 만들었다. 이런 경험들을 거치며 나는 대화의 질이 일상생활에 엄청난 영향을 미친다는 사실을 깨달았다. 우리가 나누었거나 나누지 않은 대화는 그날의 기분을 크게 좌우했다. 아무래도 마음대로 할 수 있는 일이 크게 줄어들다 보니 소피와 폴에게도 공감과 통제감을 느낄 대화가 필요해 보였다.

한편 아이들과 보내는 시간이 늘어난 덕에 나는 나날이 발달하는 두 아이의 언어와 사고에 전보다 더 세심한 주의를 기울일 수 있었다. 폴은 한 달 만에 간단한 문장을 말하는 수준에서 책 속 에피소드를 연습해 우리에게 보여주는 수준까지 발전했다. 또 미용실에서 만난 헤어디자이너에게 배운 "얌전히 있으면 막대 사탕 줄게" 같은 말을 소피에게 하기도 했다(소피는 한껏 빈정대는 말투로 "고마워, 폴"이라 대답했다).

시간이 흐르면서 아이들은 새로운 자질을 발전시켰다. 소피와 폴은 자기들만의 작은 생태계를 만들었고 말다툼 과정에서 서로를 더 잘 알게 되었으며 대화를 통해 어떤 레고가 누구의 것인지, 오늘 샤워를 먼저 할 사람은 누구인지, 이번에는 누가 말할 차례인지를 정했다. 폴은 하루가 다르게 새로운 단어를 배워가며 "갑자기" 번개가 친다고 외치거나 길 잃은 고양이를 "인지"했다는 새로운 말들을 하곤 했다. 자기표현을 조금씩 명확하게 해버릇하고 소피와 서로 맞춰가면서부터는 짜증이 확연히 줄기도 했다.

몇 달 동안 코로나바이러스로 의도치 않게 폐쇄 상태를 겪으면서 외부 활동을 하지 못하게 된 우리 가족은 전보다 서로에게 집중하며 많은 이야기를 나누었다. 대화는 물결을 타듯 우리를 연결하고 가르치고 키웠다. 인생이 그렇듯 대화 역시 완벽한 답은 없다. 잘 흘러가는 날이 있으면 반대로 벽에 가로막힌 듯한 날도 있는 법이다. 모든 대화가 만족스럽거나 깨달음을 주는 것도 아니다. 어떤 날은 어둠 속에서 비틀거리는 기분이 들 수도 있고 다음 말을 고르기 위해 애를 쓰거나 아이의 심기를 거스르지 않도록 조심해야 하는 날도 있을 것이다. 하지만 이런 비틀거림 속에서도 의지만 있다면 언제든 경청과 대화로 나아갈 길을 찾을 수 있다.

우리는 한동안 저녁을 먹고 미래를 가정해 상상하는 시간을 가졌다. 소피는 주로 팬데믹 상황이 끝나는 날에 대한 질문들을 했다. "이전 선생님들이 다시 나를 가르쳐줄까?" "세상에서 가장 큰 워터 파크가 개장하면 갈 수 있게 될까?" "야외 수영장이 열리면 나랑 같이 다이빙해줄 거야?" 당시 나는 안 된다고 말하는 데 지쳐 있었고 소피는 안 된다는 말을 듣는 데 지쳐 있었기에 나는 더욱 미소를 지으며 질문 하나하나에 "그럼, 그럼"이라고 열심히 답해주었다. 나는 이 책이 내 대답과 같은 허락의 역할을 해내기를 바란다. 부모로서 완벽하려는 시도를 잠시 멈추고 아이와 자신에게 필요한 것을 줘도 된다는 허락 말이다. 그렇게 효율성, 올바름, 성공을 따지기보다 뒤로 물러서서 각자에게 맞는 더 큰 가능성을 열 수 있었으면 한다. 또 부디 이 책을 읽는 동안 가족을 소중하게 생각하는 마음이 커졌으면 좋겠다.

사실 양질의 대화가 곧장 효과를 나타내는 것은 아니다. 어쩌면 비생산적이거나 비효율적으로 보일 수도 있고 지쳤거나 스트레스가 심한 상황에서라면 더욱 그렇게 느껴질지도 모른다. 하지만 결과적으로 양질의 대화는 서로에게 진정으로 몰입할 시간과 공간을 제공하며 잠재력을 꽃피우는 가장 확실한 방법이다. 좋은 대화란 '아이에게 해야 할 열 가지 말' 같은 인위적인 비결 목록에서 벗어나야 시작된다. 아이에게 정말 필요한 것은 그런 리스트가 아니라 관심사가 발전하고 확장하는 동안 곁을 지켜주는 부모다. 어떤 부분이 순조롭고 어떤 부분이 어색한지, 어떨 때 얼어붙고 어떨 때 마음을 여는지 아이의 생각을 알아차린다면 대화가 번창하는 데 필요한 모든 요소를 충족한 셈이다.

굳이 거창한 단어나 복잡한 문장을 쓰지 않아도 된다. 대화의 힘은 단순함과 진실성에서 비롯되니 말이다. 가장 좋은 대화는 해야 한다는 의무감에서 벗어나 그 자체로 의미가 있는 대화다. 일상을 살아가며 마주하는 사소하고도 중대한 문제 상황에서는 무리한 난제처럼 느껴지겠지만 오히려 이럴 때 진정한 대화가 시작될 수도 있다.

만약 언쟁을 벌였다면 처음부터 다시 시작하는 방법을 찾기 위해 서로의 대응을 다른 시선으로 바라볼 필요가 있다. 부정적인 굴레에 빠졌다면 새롭게 중심을 잡고 다시 생각을 이어나가야 한다. 그래야 아이도 성장하면서 예상치 못한 우여곡절을 맞닥뜨렸을 때 건강하고 지혜롭게 대처하는 어른이 될 수 있다. 난관에 직면한다 하더라도 무조건 좋은 대화를 포기해야 하는 것은 아니다. 긍정적으로 생각할 여지는 언제 어디에나 있으니 말이다. 단 몇 분만 주어져도 대화 습관을 기르기 시작할 수 있다는 걸 우리는 모두 알고 있다.

지은이 **리베카 롤런드**Rebecca Rolland

하버드교육대학원과 하버드의과대학에서 강의를 하고 있다. 하버드교육대학원 교육학 박사학위를 받고, 보스턴어린이병원 신경과의 구어 및 문어 전문가로도 활동 중이며 국가 공인 언어병리학자로서 임상 실험을 진행하고 있다. 학교를 비롯한 여러 집단에서 대화와 소통을 주제로 강연하며 관계를 가꾸는 대화, 아이의 자신감과 창의력을 키워주는 대화법 연구에 열정적으로 임하고 있다. 현재는 미국 보스턴에서 남편 필립, 두 아이인 소피와 폴과 함께 살고 있다.

옮긴이 **이은경**

연세대학교에서 영어영문학과 심리학을 공부했다. 식품의약품안전처에서 영문에디터로 근무하며 바른번역 아카데미를 수료한 후 현재 바른번역 소속 번역가로 활동하고 있다. 역서로는『성공의 속성』『히든 스토리』『너의 마음에게』『매일 매일의 역사』『진정한 나로 살아갈 용기』『인생을 바꾸는 생각들』『우리는 어떻게 마음을 움직이는가』『긍정의 재발견』『나와 마주서는 용기』등이 있다.

부모의 문답법
아이의 마음이 보이는 하버드 대화법 강의

펴낸날 초판 1쇄 2023년 4월 24일

지은이 리베카 롤런드

옮긴이 이은경

펴낸이 이주애, 홍영완

편집장 최혜리

편집1팀 김혜원, 양혜영, 장종철, 김하영

편집 박효주, 문주영, 홍은비, 강민우, 이정미, 이소연

디자인 김주연, 박아형, 기조숙, 윤소정, 윤신혜

마케팅 연병선, 김태윤, 최혜빈, 정혜인

해외기획 정미현

경영지원 박소현

펴낸곳 (주)윌북 **출판등록** 제2006-000017호 **주소** 10881 경기도 파주시 광인사길 217

전화 031-955-3777 **팩스** 031-955-3778

홈페이지 willbookspub.com **전자우편** willbooks@naver.com

블로그 blog.naver.com/willbooks **포스트** post.naver.com/willbooks

페이스북 @willbooks **트위터** @onwillbooks **인스타그램** @willbooks_pub

ISBN 979-11-5581-597-7 03590